MINISTÈRE DU COMMERCE ET DE L'INDUSTRIE

EXPOSITION UNIVERSELLE INTERNATIONALE DE 1889

A PARIS

MONOGRAPHIE

DES

PALAIS, JARDINS, CONSTRUCTIONS DIVERSES

ET INSTALLATIONS GÉNÉRALES

COLLABORATEURS

Direction générale des Travaux

MM. BECHMANN — BOUVARD — CHARTON — CONTAMIN — DÉLIONS
DUTERT — FORMIGÉ — CHARLES GARNIER
LAFORCADE — LION — DE MALLEVOUE — PIERRON

Direction générale de l'Exploitation

MM. SÉDILLE ET VIGREUX

EXPOSITION UNIVERSELLE INTERNATIONALE DE 1889
A PARIS

MONOGRAPHIE

PALAIS — JARDINS — CONSTRUCTIONS DIVERSES
INSTALLATIONS GÉNÉRALES

PAR

A. ALPHAND

Membre de l'Institut
Inspecteur général des Ponts et Chaussées, Directeur des Travaux de la Ville de Paris
Directeur général des Travaux de l'Exposition

AVEC LE CONCOURS DE

M. GEORGES BERGER

Député, Directeur général de l'Exploitation de l'Exposition

¡PUBLICATION ACHEVÉE SOUS LA DIRECTION DE

M. ALFRED PICARD

Inspecteur général des Ponts et Chaussées, Président] de Section au Conseil d'État
Rapporteur général de l'Exposition de 1889
Commissaire général de l'Exposition Universelle de 1900

ACCOMPAGNÉE D'UN ATLAS DE 219 PLANCHES

TOME SECOND

PARIS

J. ROTHSCHILD, ÉDITEUR

13, RUE DES SAINTS-PÈRES, 13

1892-1895

CHAPITRE V

HISTOIRE DE L'HABITATION

I. — Considérations générales.

ᴇs Palais des Beaux-Arts et des Arts libéraux, le Dôme central et les Galeries des Expositions diverses, et enfin le Palais des Machines formaient le groupe principal des édifices dont la charge incombait à l'État. En dehors d'eux cependant, la Direction générale des travaux eut encore à exécuter, tant dans le Champ de Mars que sur les quais, les berges et l'esplanade des Invalides, un certain nombre de constructions diverses dont plusieurs avaient des dimensions considérables et présentaient un intérêt de premier ordre. Parmi celles-ci il convient de faire une place à part à l'histoire de l'habitation, due à l'initiative de M. Charles Garnier. Sur le quai d'Orsay, en avant du Champ de Mars, et s'étendant à droite et à gauche de la tour Eiffel, s'élevait la série de pavillons et d'édicules construits par le célèbre architecte.

Le but qu'il se proposait, en exécutant ces spécimens des habi-

tations des différents peuples dans la suite des âges, était de faire
ressortir les perfectionnements divers apportés successivement dans
l'art de la construction et dans les aménagements, au fur et à mesure des progrès de la civilisation.

Pour donner à cette exposition tout l'intérêt qu'elle comportait, il jugea indispensable de faire un classement méthodique permettant au visiteur de se livrer sans effort à des comparaisons successives ; en conséquence, l'histoire de l'habitation fut divisée en
deux parties : Période préhistorique, Période historique [1].

La période préhistorique était consacrée à la représentation
des abris en plein air, sous bois ou sous roches (âge de la pierre
éclatée), puis à la reproduction des habitations construites sur
l'eau (cités lacustres), ou sur le sol (menhirs, huttes de l'époque
du renne, de l'âge du bronze et du fer), en un mot, des habitations
construites depuis l'apparition de l'homme sur la terre jusqu'au
moment où se sont formées les nations proprement dites, où l'histoire est née.

La période historique comprenait les demeures des peuples les
plus anciens de l'histoire, de ceux qui, par leur labeur, ont engendré
les principes de la civilisation, ainsi que les demeures des peuples
qui, vivant en dehors du mouvement général de l'humanité, ont
adopté une civilisation particulière. Elle se subdivisait en trois sections :

1° Civilisations primitives ;

2° Civilisations nées des invasions des Aryas :

3ª Civilisations contemporaines des civilisations primitives.

Ces différentes indications sont d'ailleurs résumées dans le tableau ci-après.

Il y avait pour le visiteur dans cette reconstitution du passé
une sorte de revue instructive et intéressante, imposant à sa mémoire le souvenir de ses lectures et précisant par des points de

---

1. — Il est juste de rendre à M. Ammann, professeur agrégé d'Histoire et de Géo-
graphie, l'hommage qui lui est dû pour la participation qu'il a apportée dans la
méthode de classement.

HISTOIRE DE L'HABITATION

1° PÉRIODE PRÉHISTORIQUE

En plein air. — Abris sous bois. — Abris sous roches.
Dans les grottes. — Les Troglodytes (âge de la pierre éclatée).

Sur l'eau. — Cités lacustres (la pierre polie, la poterie, débuts du bronze).
Sur le sol. — Huttes en terre, Menhirs, huttes de l'époque du renne (âge du bronze et du fer).

2° PÉRIODE HISTORIQUE

1° Civilisations primitives.

ÉGYPTIENS	ASSYRIENS	PHÉNICIENS	HÉBREUX	PÉLASGES	ÉTRUSQUES
...uis 4000 ans av. J.-C. à 525 ans av. J.-C.	Depuis 3 ou 2000 ans av. J.-C. jusqu'à 538 ans av. J.-C.	Depuis 2000 ans av. J.-C. jusqu'à 332 ans av. J.-C.	Nomades et vivant sous la tente en Mésopotamie au temps des patriarches, puis sédentaires en Palestine depuis 1500 ans av. J.-C, jusqu'en 70 après J.-C.	Depuis une époque indéterminée jusque vers 900 av. J.-C.	Depuis une époque indéterminée jusque vers 400 ans av. J.-C.

2° Civilisations nées des invasions des Aryas.

Les Aryas sont établis à l'origine sur les plateaux compris entre la mer Caspienne et l'Himalaya. — Ils vivent dans leurs demeures primitives depuis une époque indéterminée abandonnent par des migrations successives faites vers le Sud-Est, le Sud-Ouest et l'Ouest, depuis environ 1500 ans av. J.-C. jusque vers 500 ans av. J.-C.

INDOUS	PERSES	GERMAINS	GAULOIS	GRECS	ROMAINS
...artir de 1500 ans av. ...continuant et se transf... t jusqu'aux temps mo...	Depuis 588 ans av. J.-C. jusque vers 330 ans av. J.-C.	Depuis 1400 ans av. J.-C. jusqu'au VIIIᵉ siècle de notre ère.	Depuis 1200 ans av. J.-C., jusqu'au Iᵉʳ siècle av. notre ère.	Depuis 1000 ans av. J.-C. florissant surtout au Vᵉ siècle avant notre ère. — Soumis aux Romains au IIᵉ siècle av. J.-C.	Depuis 752 av. J.-C. jusqu'au Vᵉ siècle de notre ère.

L'empire romain se partage, en 395 après J.-C., en deux parties qui ont désormais un développement distinct :

EN OCCIDENT

...vilisation romaine est bouleversée par plusieurs invasions :
des Huns, de 350 à 450 après J.-C. ;
des peuples germaniques et particulièrement des Francs contemporains de l'époque
...omaine, aux VIᵉ et VIIᵉ siècles ;
des Scandinaves, au IXᵉ siècle.
...suite de ces bouleversements apparaissent des types spéciaux qui se transforment
...lement dans toute l'Europe occidentale, notamment en France, en Angleterre, en
...n Allemagne.
...ie du Roman, du VIIᵉ au Xᵉ siècle.
...ie dite du Moyen âge, du Xᵉ au XVᵉ siècle.
...ie de la Renaissance au XVᵉ siècle.

EN ORIENT

La civilisation romaine subsiste dix siècles, du IVᵉ au XVᵉ, mais en prenant un caractère particulier.

LES BYZANTINS DU IVᵉ AU XVᵉ SIÈCLE

Influence des Byzantins.

Sur les Slaves. }
Sur les Russes. } au Xᵉ siècle.

Influence musulmane.

Les Arabes de 632 à 1058.
Les Turcs de 1058 à nos jours.
Les Musulmans au Soudan à partir du Xᵉ siècle.

3° Civilisations contemporaines des civilisations primitives, mais qui ne sont pas entrées en communication avec elles et n'ont exercé aucune influence sur la marche générale de l'humanité.

CHINE	JAPON	ESQUIMAUX ET LAPONS	PEAUX-ROUGES — AZTÈGUES — INCAS	PEUPLADES DE L'AFRIQUE ÉQUATORIALE ET AUSTRALIE
...ée au moins 5000 ans ... — Connue de l'Eu... ...partir du XIVᵉ siècle.	Civilisé au moins 5000 ans av. J.-C. — Le Japon fut abordé pour la première fois par un navigateur européen en 1542.	Connus dès le Xᵉ siècle par les navigateurs scandinaves.	Connus à la suite de la découverte de l'Amérique à la fin du XVᵉ et au XVIᵉ siècles.	Connues à la suite des voyages d'exploration des Portugais au XVᵉ siècle.

repère matériels la longue et souvent confuse série de ses études historiques et géographiques.

Dans cette reproduction, ce ne sont pas les somptueuses demeures qui dans tous les temps ont abrité l'existence des grands de la terre, ce sont les habitations plus modestes des hommes du peuple ou des classes moyennes que l'on s'était attaché à mettre en évidence. On faisait ainsi mieux ressortir aux yeux des visiteurs les progrès constants acquis par la civilisation de plus en plus développée, et on leur permettait d'étudier plus facilement le caractère particulier des divers peuples, les transformations successives qui d'âge en âge en ont augmenté la sécurité et le confortable.

II. — **Description.** — Toutes les constructions se succédaient dans un ordre chronologique, en commençant par la période préhistorique, dont les abris se trouvaient du côté de l'avenue de La Bourdonnais.

I. — PÉRIODE PRÉHISTORIQUE

1° *Abris naturels.* — C'étaient les abris en plein air, tels que les construisaient jadis les peuplades nomades errant à travers les plaines et sur les rivages des grandes rivières, n'ayant pour se défendre que des armes et des instruments en silex taillés à l'aide de percuteurs (âge de la pierre éclatée); puis les abris sous roches que les troglodytes (habitants des cavernes) utilisaient pour se protéger contre les intempéries et les attaques des bêtes féroces. Ce furent ces peuples qui, améliorant leur outillage, substituèrent la pierre polie à la pierre éclatée. (Série J, Pl. 1.)

2° *Abris artificiels.* — Les cités lacustres étaient des villages bâtis sur pilotis.

Les cabanes, rondes ou rectangulaires, étaient faites de branchages, de paille et de jonc entrelacés. Elles étaient reliées au sol par de simples passerelles dont l'enlèvement rendait la cité inaccessible aux ennemis de toute espèce.

Ce fut vers cette époque que l'âge du bronze succéda à l'âge de la pierre, et qu'à l'aide de nouveaux instruments ces peuples commencèrent des constructions grossières faites de branches d'arbres non équarries, enduites d'un crépi primitif de terre battue et couvertes de chaume.

On remarquait dans ce groupe les spécimens suivants :

Cabane de l'âge de la pierre éclatée ;

Cabane de l'époque du renne ;

Allée couverte ;

Menhir, Dolmen ;

Cabane de l'époque du fer, reproduction fidèle d'un modèle retrouvé aux environs d'Albano, près de Rome. (Série J, Pl. 2.)

II. — PÉRIODE HISTORIQUE

CIVILISATIONS PRIMITIVES. — Ici commençaient de véritables constructions, fidèles reproductions du passé ; elles démontraient que les peuples, qui les élevaient, possédaient déjà une civilisation et le goût du beau ainsi que du confortable.

On rencontrait d'abord :

1° *Une maison égyptienne du temps de Sésostris* (1400 ans av. J.-C.), construite en briques, surmontée d'une terrasse formant la toiture ; modèle d'une habitation confortable d'un homme appartenant à une caste déjà élevée dans la hiérarchie compliquée du pays. (Série J, Pl. 3.)

2° *Les habitations assyriennes*, représentées par une tente qui indiquait bien l'état nomade primitif du peuple, puis par une partie de palais d'une architecture imposante, mais lourde et massive. (Série J, Pl. 4.)

3° *Une maison phénicienne* (*vers* 1000 *ans av. J.-C.*), aux couleurs éclatantes, aux fenêtres garnies de stores bariolés, dont l'architecture élégante et riche rappelait un peuple de marchands se vouant aux opérations lucratives. (Série J, Pl. 5.)

4° *Une tente et une maison israélites* (*vers* 1000 *ans av. J.-C.*), la première rappelant la vie primitive nomade des Hébreux en Mésopotamie. Cette tente était en cuir de tons divers, copiée sur un spécimen retrouvé dans un tombeau. La seconde représentait une construction en briques et en bois de palmier ou d'olivier, d'une simplicité très caractéristique. (Série J, Pl. 6.)

5° *L'habitation des Pélasges* (*vers* 1500 *ans av. J.-C.*). — Ce peuple habitait autrefois la Grèce, d'où il fut chassé par les Hellènes vers 900 ans av. J.-C., lorsque les Aryas se répandirent en Europe.

La construction, d'un travail très primitif, se composait de blocs de pierre non équarris, ajustés sans ciment, et se tenant par leur propre masse. Elle fut élevée d'après des renseignements pris sur place, et copiée sur des monuments qui existent encore.

6° *Une maison étrusque* (*vers* 1000 *ans av. J.-C.*). — Les Étrusques subirent le même sort que les Pélasges et furent chassés de l'Italie lors de la conquête romaine, vers 400 ans av. J.-C.

La construction avait été élevée d'après des modèles en terre cuite provenant de fouilles, et aussi d'après le modèle de constructions antiques existant encore en Toscane. (Série J, Pl. 7.)

CIVILISATIONS NÉES DES INVASIONS DES ARYAS. — Les Aryas s'étaient primitivement établis en Asie, dans la partie comprise entre la mer Caspienne et l'Himalaya ; puis ils se répandirent vers le sud-est, le sud-ouest et l'ouest, et formèrent plus tard les peuples germains, gaulois, grecs, romains. Ils étaient animés d'un esprit plus libéral, plus expansif que les peuples dont il vient d'être question précédemment, et ce sont eux qui jetèrent les premières bases de la civilisation moderne et firent profiter les autres peuples de leurs progrès et de leurs découvertes. Les édifices types qui les caractérisaient étaient les suivants :

1° *Maison hindoue* (300 *ans av. J.-C.*). — Cette maison, d'une élégance un peu compliquée, présentait le type d'une construction antérieure de quelques centaines d'années à l'ère nouvelle. (Série J, Pl. 8.)

2° *Maison des Perses* (500 *ans av. J.-C.*). — On y remarquait deux parties bien différentes : l'une grande, large, réservée à l'habitation des hommes et à la réception des étrangers, l'autre stric-

tement fermée, aux fenêtres étroites, élevées, grillagées, réservée
aux femmes. (Série J, Pl. 9.)

Ces deux dernières constructions, d'une authenticité absolue,
représentent les types des habitations des Aryas, telles qu'ils les
construisaient en Asie avant leur émigration. Celles qui faisaient
suite étaient la reproduction des premières constructions qu'ils
élevèrent lors de leur migration en Europe.

3° *Habitation germaine.* — On rencontrait d'abord un village
germain, entouré de palissades et de branchages ; les constructions
étaient en bois et en paille ; on remarquait à l'entrée de cette sorte
de camp une petite construction en bois élevée sur de grosses
poutres, ressemblant un peu à ce qu'on nomme aujourd'hui
blokhaus. Elle pouvait servir de poste d'observation ; une tête de
bœuf sauvage en décorait un des côtés.

4° *Habitation gauloise.* — Puis venait une habitation gauloise,
sorte de cabane ronde faite de bois, de pierres et de terre battue.
Au centre, un clayage laissait passer les eaux, qui se répandaient
dans le sol. Sur une banquette, faisant le tour de la construction,
reposait le foyer dont la fumée s'échappait par un trou pratiqué
dans la toiture en chaume.

5° *Maison grecque.* — La simplicité de cette construction particulière, dont le modèle remonte au siècle de Périclès, rappelait une
coutume des Grecs de ne consacrer leur génie artistique qu'à la
décoration des temples et des édifices publics.

Un petit pavillon construit en avant de la cour formait la partie
réservée aux hôtes et aux étrangers.

On pouvait lire sur les murailles latérales diverses inscriptions,
entre autres celle-ci : « Héraclès habite ici ; que rien de mauvais
n'y entre. » (Série J, Pl. 10.)

6° *Maison romaine.* — Cette maison était une reproduction
exacte d'une maison de Pompéi : à l'intérieur, une sorte de bou-
tique servait à l'exposition de vases et de produits en vente ; les
murailles étaient recouvertes de peintures aux couleurs éclatantes, l'une cependant, qu'on appelait « l'album », était peinte en

blanc afin de recevoir les inscriptions, les affiches de toutes sortes.

A l'intérieur, une cour entourée d'un portique renfermait un bassin en forme de piscine.

Les chambres des maîtres occupaient le rez-de-chaussée; celles des esclaves étaient reléguées sous la toiture. (Série J, Pl. 11.)

CIVILISATIONS NÉES DES INVASIONS DES BARBARES. — 1° *Chariot.* — L'invasion des Barbares venant de l'Asie et s'étendant tous les jours dans les pays de l'Occident explique comment ces peuples nomades, qui poussaient devant eux leurs immenses troupeaux, leurs femmes et leur butin, ne pouvaient avoir que des habitations ambulantes dont le chariot qu'on voyait à l'Exposition donnait une idée exacte.

Cet engin était d'une construction lourde, supporté par de larges et fortes roues, et recouvert de grosse toile. Il était peint en rouge sombre. (Série J, Pl. 12.)

2° *Maison gallo-romaine.* — Les conséquences de ces invasions se traduisent par des constructions qui, au début, n'étaient faites que de ruines, fûts de colonne, chapiteaux, fragments d'arcades provenant de la destruction qu'elles avaient semée sur leur passage.

La maison gallo-romaine en était un frappant exemple. Construite elle-même de débris de toutes sortes, elle avait un aspect assez pittoresque, auquel se joignait déjà un semblant de confortable intérieur. (Série J, Pl. 12.)

3° *Maison scandinave.* — Lorsqu'au IXᵉ siècle les invasions des Northmans (hommes du Nord) marquèrent la fin de cette douloureuse période, les constructions commencèrent à subir une grande transformation.

Ces pirates scandinaves utilisèrent dans leurs habitations les ressources que leur donnaient les forêts vierges de la Norvège et de la Suède et commencèrent à construire leurs demeures complètement en bois. Celle qu'on voyait au Champ de Mars, établie d'après les documents transmis par un architecte suédois, M. Boberg, reposait sur un soubassement en granit.

4°, 5°, 6° *Maisons de l'époque romane, du moyen âge et de la renaissance*. — Après avoir traversé l'avenue principale formant l'axe du Champ de Mars, on rencontrait dans cette seconde partie : d'abord un modèle de maison de l'époque romane (x° siècle), une maison du moyen âge (époque de saint Louis, xiii° siècle), et une maison de la renaissance (époque François Ier et Henri II (xvi° siècle). (Série J, Pl. 13, 14, 15.)

Ces trois maisons étaient groupées autour d'une place publique ornée d'accessoires authentiques ; elles correspondaient aux trois périodes les plus intéressantes de la longue transformation qui eut lieu au fur et à mesure que la civilisation, s'affermissant, introduisait avec elle des types nouveaux communs à toute l'Europe occidentale.

7° *Maison byzantine*. — Cette maison, construite tout en pierre, était une copie exacte d'une maison byzantine de la Syrie centrale. Le modèle représenté remontait à l'époque de Justinien (vi° siècle), époque la plus brillante de l'empire byzantin. C'était un mélange de styles grec et romain. Elle était ornée d'inscriptions, de sentences pieuses, à côté desquelles figurait la date précise de sa construction et le nom de son architecte : *Domnos*. (Série J, Pl. 16.)

8° *Habitation slave*. — Cette reproduction était inspirée de divers croquis, dessins ou textes remontant au xi° siècle. Elle était entièrement en bois, comme toutes les constructions des pays du Nord. (Série J, Pl. 17.)

9° *Maison russe*. — Cette maison, d'un aspect très élégant, était d'une époque moins ancienne que la précédente. L'ornementation accusait déjà un progrès dans le style. Construite également en bois, elle présentait, dans le détail de l'installation, certaines ressemblances avec la maison slave, près de laquelle on la rencontrait ; toutes deux en effet étaient formées d'un premier étage isolé, avec escalier extérieur conduisant à l'appartement réservé aux femmes, selon les mœurs orientales. (Série J, Pl. 17.)

10° *Maison arabe*. — Là on se trouvait en présence d'un style tout différent, imposé par les mœurs musulmanes et datant du xi° siècle.

L'ornementation présentait cette particularité que, ne pouvant reproduire par le dessin les êtres vivants, les Arabes avaient recours à des combinaisons qui n'étaient autres que des lettres tirées de l'alphabet arabe unies à des dessins exclusivement géométriques.

Dans ce pays où les femmes ne peuvent se montrer à découvert, on comprend l'exiguïté de ces fenêtres, appelées moucharabis, percées très haut, ne permettant pas les regards indiscrets venant du dehors.

11° *Habitation du Soudan*. — Cette habitation rappelait beaucoup la construction égyptienne. En effet, malgré l'invasion de l'islamisme, la civilisation n'a pu arriver à modifier l'aspect des habitations ni la construction imposée par les exigences impérieuses du climat.

L'habitation du Soudan était d'une construction lourde, massive, présentant peu d'ouvertures, afin d'éviter dans une certaine mesure la chaleur étouffante de cette contrée.

Civilisations contemporaines des civilisations primitives, mais qui ne sont pas entrées en communication avec elles. — 1° *Maison japonaise*. — Il était bien difficile de donner une date exacte à cette maison, car le Japon, qui, depuis plusieurs années, a fait, sous l'influence des idées occidentales, de très grands progrès, était resté pendant plusieurs siècles d'une stabilité qui ne permettait pas de reporter ce modèle à une époque déterminée. (Série J, Pl. 18.)

2° *Maison chinoise*. — Tout en cherchant à reproduire très fidèlement et à donner un caractère de la plus haute antiquité à cette habitation, l'architecte s'était trouvé, comme pour la maison japonaise, en présence de cette difficulté de ne pouvoir préciser l'époque à laquelle en appartenait le style. (Série J, Pl. 18.)

En effet, les Chinois, après avoir atteint un degré de civilisation très avancée, restèrent longtemps sans apporter aucune modification dans leur manière de vivre, se contentant de ce qui existait et plaçant le bonheur dans le repos.

3° *Habitations des Esquimaux et des Lapons*. — Les deux habitations représentées remontaient aux époques les plus reculées.

L'une, formée de peaux de phoque ou de renne, était l'habitation d'été; l'autre, l'habitation d'hiver, était constituée par un entassement de blocs de glace sous lequel on ne pouvait s'introduire qu'en rampant. C'est ainsi que les navigateurs qui entrèrent, vers le xe siècle, pour la première fois en relations avec ces peuples trouvèrent leurs habitations. Il est bon de dire qu'aujourd'hui le bois entre dans la plus grande partie de leurs constructions, dont le style est tout autre.

4° *Habitations des Nègres d'Afrique.* — Construites partie en bois, partie en paille, ces cabanes avaient la forme d'une ruche; dépourvues de toute clôture, il fallait, pour en empêcher l'accès à l'intérieur, les élever au-dessus du sol. Elles exigeaient l'emploi d'une échelle pour y pénétrer.

5° *Habitations des Peaux-Rouges.* — Trois sortes de cabanes donnaient une idée des campements qu'occupaient jadis les sauvages de l'Amérique du Nord connus sous le nom de Peaux-Rouges. Cette race guerrière et cannibale a entièrement disparu aujourd'hui.

6° *Maison des Aztèques.* — Ce peuple, qui habitait autrefois le Mexique, a également disparu de nos jours en se mêlant à la race mexicaine.

La maison représentée datait d'une époque antérieure à l'exploration de Fernand Cortez. (Série J, Pl. 19.)

7° *Maison des Incas.* — La race des Incas, détruite lors de la conquête de Pizarre, habitait une partie du Pérou.

La construction qui figurait à l'Exposition était d'une époque antérieure au xvie siècle; elle était construite dans le style lourd et massif des habitations des pays chauds, c'est-à-dire toits en terrasse, ouvertures en petit nombre et très exiguës, afin de ne pas laisser pénétrer la chaleur à l'intérieur. (Série J, Pl. 19.)

III. — **Mode de construction.** — Cette reconstitution n'a pas été accomplie sans imposer à ceux qui en avaient la charge un labeur considérable.

Ce qu'ont pu être les études spéciales permettant de recueillir des indices suffisants pour que l'œuvre produite fût d'accord avec toutes les connaissances de l'histoire et de l'archéologie, la liste et l'examen rapide des habitations qui viennent d'être passées en revue l'indiquent amplement. Mais parfois les renseignements, sans faire absolument défaut, se trouvaient bien incomplets, soit pour l'ensemble, soit pour diverses parties des constructions. En pareille circonstance, il a fallu renoncer à faire de l'archéologie vraie pour se laisser guider par l'intuition, en mettant d'accord les quelques épaves recueillies d'un passé nuageux. D'ailleurs, l'imagination aidant, l'histoire ayant déjà imprimé dans l'esprit comme une sorte de caractéristique de l'époque, on pouvait essayer de créer le type des maisons d'antan, comme on se complaît parfois à créer les types des héros des temps fabuleux.

Quant au mode même de construction, il ne s'agissait pas d'élever en décor une série d'habitations plus ou moins séduisantes de loin, mais décevantes dès qu'on s'en approchait, une simple charpente sommairement établie, recouverte de toile peinte, sans solidité, n'offrant aucune utilisation possible : il s'agissait, tout au contraire, d'élever des maisons véritables, capables de résister plusieurs mois à toutes les intempéries, pouvant être meublées comme l'avaient été ou comme devaient l'être les constructions originales dont elles rappelaient le souvenir, et parfaitement habitables.

Toutefois l'emplacement un peu restreint, dont disposait l'Histoire de l'habitation, ne pouvait permettre de donner aux types présentés un très grand développement : il fallait se borner. Au surplus, la place eût-elle été suffisante, que les ressources auraient fait défaut.

En effet, s'il eût fallu édifier des habitations complètes, construire toutes les parties souvent considérables de telles demeures, c'est à peine si les crédits disponibles eussent permis d'en réaliser huit ou dix, et alors l'intérêt archéologique, artistique et comparatif eût été absent : le but eût été manqué.

Au contraire, en se restreignant aux parties les plus typiques

et les plus intéressantes, en étudiant surtout les façades, l'architecte pouvait suivre l'histoire de plus près, fournir une chaîne
presque ininterrompue de documents types. D'autre part, il n'était
pas indispensable de prendre des exemples trop importants comme
dimensions : on peut juger parfaitement du style, du caractère et
d'une époque sur des spécimens plus modestes.

L'exécution s'est donc renfermée dans les conditions imposées
par les crédits, le temps et la logique. L'architecte n'a rendu en
général praticables que les rez-de-chaussée, qui suffisaient pour
indiquer les décorations intérieures des maisons. Une partie de ces
locaux fut garnie de meubles appropriés et louée à des concessionnaires.

Pour simplifier les marchés et concentrer les responsabilités, les
travaux avaient été divisés en deux parts. Les constructions pittoresques, les décorations artistiques avaient été confiées à MM. Rubé,
Chaperon et Jambon, et les constructions architecturales à MM. Du-
naud et Cⁱᵉ. Chacun d'eux avait traité à forfait pour l'ensemble de
l'opération, en se conformant d'ailleurs aux conditions stipulées
dans les contrats analogues aux leurs déjà adoptés pour les autres
travaux de l'Exposition.

C'est dans ces conditions que l'œuvre a été menée à bonne fin ;
elle s'est achevée sans donner lieu au moindre incident et s'est
soldée au total par une dépense[1] de. . . . . . . Fr.   576 953,17

Les surfaces occupées par les divers édicules précédemment
décrits étaient les suivantes :

		mètres carrés.
Abris naturels et primitifs.	{ plein air. . .	5
	{ sous roche. .	8
Grotte et ruisseau. . . .	{ grotte. . . .	120
	{ ruisseau. . .	20
Cité lacustre	{ constructions.	110
	{ lac	230
Cabane (âge de la Pierre éclatée) . . · . . .		20
A reporter. . . . . ·. .		513

1. — Voir le détail de la dépense, 3ᵉ partie, chap. II.

		mètres carrés.
Report		513
Cabane (époque du Renne)		20
Allée couverte		30
Menhir		5
Cabane (époque du fer) . {	constructions.	12
	rochers . . .	100
Maison égyptienne . . . {	constructions.	70
	jardin	40
Habitations assyriennes. . . . {	(1ᵉʳ type) (Tente).	21
	(2ᵉ type). . . .	40
Maison phénicienne		36
Habitation des Hébreux. . . . {	(1ᵉʳ type) (Tente).	21
	(2ᵉ type)	67
— des Pélasges.		33
— des Étrusques.		40
— des Indous. . . . . {	construction .	48
	terrasse . . .	20
— des Perses. . . . . {	construction .	80
	jardins. . . .	60
— des Germains (3 typ.) {	constructions.	35
	camp	100
— des Gaulois		40
— des Grecs . . . . . {	constructions.	88
	cour et jardin.	66
— des Romains. . . . {	constructions.	137
	jardin. . . .	60
— des Gallo-Romains.		45
— des Huns. . . . . chariot.		5
— des Scandinaves.		47
Maison . . . . {	Romane . . .	58
	du Moyen âge.	35
Place publique		200
Maison de la Renaissance . . . {	constructions.	32
	jardin. . . .	60
— des Byzantins		72
— des Slaves		25
— des Russes		37
Habitation des Arabes . . . . {	constructions.	42
	cour.	30
— du Soudan.		65
A reporter		2 535

		mètres carrés.
Report		2 535
Habitation de la Chine. . . . . . . { construction .		40
{ jardin		160
— du Japon.		46
— des Esquimaux.		15
— des Lapons.		24
— des Peaux-Rouges. . . . { constructions.		40
{ jardin. . . .		60
Habitation des Peuplades d'Afrique. { constructions.		60
{ jardin. . . .		100
— des Aztèques		48
— des Incas . . . . { construction .		56
{ terrasse . . .		40
Totaux.		3 224

La dépense totale s'étant élevée à 576 953 francs, le prix moyen du mètre superficiel ressort donc à 178 francs.

CHAPITRE VI

BUREAUX, ANNEXES, PAVILLONS DIVERS
DÉPENDANT DE L'ADMINISTRATION

I. — Champ de Mars.

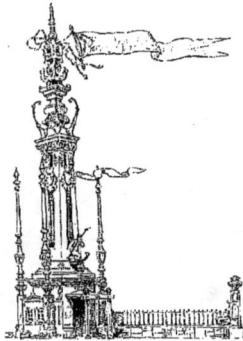

xclusivement réservé aux services de la Direction des Travaux, le pavillon Rapp construit en 1878, au sud de la rue transversale, le long de l'avenue de La Bourdonnais, fut aménagé et occupé dès que les formalités de remise du Champ de Mars le permirent. Le second pavillon Rapp, au nord de la rue transversale, fut affecté à la Direction générale des finances; quant à la Direction générale de l'exploitation, il fut nécessaire de lui construire un bâtiment spécial. On choisit pour emplacement un terrain appartenant à la Ville de Paris, situé en bordure du parc du Champ de Mars et mis à la disposition de l'État, et on édifia sur ce terrain un vaste pavillon en bois portant sur un soubassement en maçonnerie.

L'installation de la Direction générale des travaux dans le pavillon qui lui était attribué n'exigea pas de grands changements; néanmoins il y eut lieu de modifier quelques distributions intérieures afin d'obtenir un plus grand nombre de pièces, et surtout de remettre tout le bâtiment inhabité depuis plusieurs années en état de recevoir ses hôtes.

Le pavillon assigné à la Direction des finances eut à subir des changements plus considérables. Il était, en effet, impossible de concilier son maintien intégral avec l'exécution du plan général de l'Exposition et on dut, pour avoir la possibilité de faire l'entrée Rapp, démolir environ la moitié du pavillon primitif et réinstaller complètement la partie qui subsista.

Ces deux pavillons restaient en dehors de l'enceinte réservée de l'Exposition avec laquelle ils communiquaient seulement par deux portes gardées. Le sol sur lequel ils étaient construits se trouvant à l'ancien niveau de l'Exposition de 1878, on dut les isoler du nouveau sol qu'on surélevait, par un mur de soutènement surmonté d'une balustrade; les bâtiments se trouvaient ainsi entourés d'une sorte de fossé qui les séparait de l'enceinte. Les travaux qui furent exécutés dans ces deux pavillons n'eurent que peu d'importance.

Établi sur plan rectangulaire, le bâtiment de l'exploitation présentait les dimensions suivantes : 45 mètres de longueur, 15 mètres de largeur, $12^m,21$ de hauteur sous chéneau et $15^m,21$ jusqu'au faîtage; il comportait un rez-de-chaussée et deux étages, desservis par un large couloir central établi au milieu du bâtiment parallèlement aux deux côtés. Au rez-de-chaussée se trouvait le service médical, un poste et le commissariat de police, un poste de pompiers, et quelques bureaux de la Direction de l'exploitation. Les étages étaient exclusivement réservés à cette dernière administration.

Les parois extérieures étaient composées de planches brutes en sapin avec couvre-joint. Des panneaux en treillages encadraient les baies des principaux motifs. Les parois intérieures dont les faces restaient apparentes étaient faites en frises à baguette et passées au vernis ; celles recouvertes de tentures étaient construites en frises ordinaires.

Le chauffage était assuré par une série de cheminées et de poêles établis avec toutes les précautions d'usage nécessitées par une construction en bois.

Malgré ces précautions, un secours contre l'incendie fut organisé à chaque étage aux extrémités des couloirs.

La couverture de ce bâtiment était constituée par des ardoises métalliques à recouvrements et à agrafures.

Les travaux de construction furent l'objet de deux entreprises. L'une, comprenant les maçonneries de soubassement et s'élevant à une dépense de 17353 fr., fut accordée de gré à gré à la Société ouvrière : l'Union syndicale des ouvriers maçons du département de la Seine. L'autre, comprenant le surplus de la construction, fut mise en adjudication le 4 avril 1887 sur le prix à forfait de 80000 fr. et confiée à M. Laureilhe, qui consentit au rabais de 26,80 p. 100.

La dépense totale de remise en état de construction nouvelle, d'entretien et d'installations diverses pour les bureaux des trois Directions, s'éleva à la somme de 156164 fr. 76.

Pavillon de la Presse, des Postes et des Télégraphes. — Le pavillon de la Presse, des Postes et des Télégraphes était situé au Champ de Mars, dans la partie du jardin qui s'étendait entre le Palais des Beaux-Arts et l'avenue de La Bourdonnais. Il comprenait un bâtiment, élevé sur plan rectangulaire, composé d'un rez-de-chaussée et d'un étage. Il était relié, au nord, à un autre pavillon réservé à l'installation d'un restaurant et qui, précédemment édifié à l'Exposition du travail, avait été simplement reconstruit dans l'enceinte de l'Exposition ; au sud, il communiquait avec les bureaux de la Poste et du Télégraphe, élevés également sur plan rectangulaire, mais ne comportant qu'un rez-de-chaussée.

Le pavillon de la Presse proprement dit, d'une surface de 238 mètres, exécuté sous la direction et d'après les plans de M. Vaudoyer, se faisait remarquer par l'élégance, le luxe et le bon goût de sa décoration; plusieurs grands industriels avaient prêté leur concours à l'architecte, en mettant à sa disposition les produits les plus remarquables de leurs diverses industries.

Destiné à servir de lieu de réunion à la Presse parisienne, départementale et étrangère, il comprenait : au rez-de-chaussée, un grand porche suivi d'un vestibule d'entrée et de dégagement desservant les salles de réception et des téléphones, celle du comité, et enfin le salon de lecture et de correspondance, sur la droite duquel se trouvaient les guichets réservés du bureau des Postes et Télégraphes; au premier étage, une bibliothèque et deux salles réservées aux membres de la Presse départementale et étrangère. Un service de toilette était installé à chaque étage.

La construction était faite en pans de bois hourdés et enduits; les planchers étaient en bois; les plafonds enduits étaient ornés de caissons en menuiserie. On avait recouvert les murs de tentures en toile peinte au pochoir. L'escalier à la Française, avec palier de repos, était décoré au plafond d'une toile allégorique et éclairé par un vitrail peint de MM. Emmanuel Champigneulle et Charles Frittel. Les cheminées en menuiserie étaient recouvertes de panneaux de faïence peinte, genre Bérain, avec foyer également en faïence.

Quant à la décoration extérieure, elle se composait de chaînes d'angles en chêne apparent et verni, accusant la construction et portant une corniche saillante en bois, staff et terre cuite. Les baies étaient encadrées de montants, appuis et linteaux en bois, surmontés de motifs en staff avec médaillons et panneaux en mosaïque de verre. La couverture était en tuiles-écailles à emboîtement, les tuiles des pureaux supérieurs et celles contiguës aux arêtiers étaient vernissées ton or, d'un très bel effet.

Le porche d'entrée était orné de deux figures en faïence, émaux grand feu sur fond or, représentant la Pensée et la Critique, composées par M. Lionnel Roger. Toutes ces faïences, ainsi que celles qui garnissaient les foyers des diverses salles, étaient l'œuvre de M. Mortreux.

Un jardin s'étendait sur toute la façade du pavillon de la Presse et du restaurant, et l'isolait du public.

Les bureaux des Postes et Télégraphes avaient été installés au sud du pavillon de la Presse, dans une construction en pans de bois, recouverte d'un toit en ardoises très élevé et légèrement concave à la partie inférieure. Très simple, mais très gracieuse d'aspect, cette construction ne comportait qu'un rez-de-chaussée surélevé, auquel on accédait par un escalier extérieur en bois. Une porte de sortie avec communication sur l'avenue de La Bourdonnais, avait été établie pour le service des dépêches.

La dépense entraînée par ces constructions s'est élevée à 110 480 francs, non compris l'acquisition de la partie du restaurant montant à 15 489 francs. Ces chiffres correspondent à un prix de mètre carré couvert de 176 fr. 67 et à un prix de mètre cube occupé de 23 fr. 13.

Annexe du Palais des Machines. — Le Palais des Expositions diverses se trouvait réuni au Palais des Machines sur près de la moitié de la largeur du Champ de Mars par une galerie couverte, affectée à la classe 61. (Chemins de fer.)

A l'origine, l'emplacement qu'occupa cette galerie et qui mesurait $165^m \times 30$ était destiné à l'établissement d'un jardin qui aurait été certainement du plus heureux effet; mais l'insuffisance des surfaces mises à la disposition des exposants amena une modification aux plans primitifs. Tout cet espace fut couvert, et afin d'établir une communication plus facile entre cette nouvelle construction et les bas-côtés du Palais des Machines, réservé lui aussi aux exposants de la même classe, on ne construisit pas le soubassement en briques surmonté de châssis vitré qui devait fermer sur ce point, comme sur tous les autres, la façade latérale de l'édifice et on laissa la communication libre d'un bout à l'autre du bâtiment.

Cette annexe fut très simplement établie; elle se composa d'une galerie centrale de 18 mètres d'ouverture et de deux galeries latérales, de 6 mètres seulement chacune ; l'ossature en était métallique dans la partie centrale ; les fermes espacées de 5^m,375 se composaient de deux montants et de deux arbalétriers ; la hauteur au faîtage était de 8 mètres ; chacune des galeries latérales était à un seul rampant constitué par de petits fers à I s'appuyant sur des longrines en bois fixées les unes contre les piliers adossés à la galerie centrale de l'annexe, les autres sur le mur des constructions voisines.

Le poids total des fers était de 35 000 kilogrammes.

La couverture était en verre strié pour les deux galeries latérales, en zinc sur voliges jointives pour la partie centrale. Cette dernière était éclairée par un lanterneau de 5 mètres environ de largeur. Le pignon formant façade sur l'avenue de Suffren avait été très sobrement décoré. Une grande poutre en bois à jour le traversait dans toute sa largeur et, soutenant un grand vitrage qui s'élevait jusqu'à la couverture, lui donnait le caractère, absolument de circonstance, d'une gare de chemins de fer.

Cette construction n'avait pas été prévue à l'origine ; il a fallu, pour en acquitter les dépenses, prélever sur la réserve générale les sommes nécessaires à l'exécution. Ces sommes se sont élevées à 82 786 francs, représentant une dépense au mètre carré couvert de 16 fr. 70 et au mètre cube de 2 fr. 19. La construction avait fait l'objet d'un forfait avec l'entrepreneur, M. Kasel.

II. — Berge et quai d'Orsay. — *Pavillon de la classe* 65. — Les constructions destinées à abriter les expositions de la Marine et des différents matériels de sauvetage furent établies sur le bas port du quai d'Orsay[1] en amont du pont d'Iéna. Elles se composaient d'un grand pavillon et d'une annexe, et couvraient une surface d'environ 3 000 mètres.

Le grand pavillon présentait une façade de 116 mètres de lon-

1. — Ce bas port a été construit par l'État à frais communs avec la Ville de Paris et l'Exposition elle-même. La part contributive de celle-ci était de 150 000 francs.

gueur, une profondeur de 20^m,40 et une hauteur de 15^m,50 sous faîtage.

L'annexe et la passerelle couverte faisant partie de l'ensemble de cette exposition avaient à elles deux 40 mètres de longueur sur 13 et 7 mètres de largeur. Toute la construction établie sur pilotis était en bois (pitchpin à l'extérieur et sapin à l'intérieur), avec remplissage en plâtre et staff comme décoration extérieure.

Le grand bâtiment était formé d'une seule nef composée de 17 travées (de 4^m,70 de largeur), terminée à chacune de ses extrémités par un pavillon épaulé de deux tours en charpente. Ces tours étaient surmontées de sémaphores et réunies par un grand arc formant pignon. Dans l'une des tours avait été aménagé le cabinet du ministre de la Marine et dans l'autre le bureau du Comité d'installation. Courant sur la façade (côté Seine), un portique reliait les deux pavillons.

La décoration intérieure était formée par la construction même de la charpente dont les bois étaient peints ton chêne avec filets rouges sur tous les chanfreins. Au-dessus et au-dessous des 34 baies éclairant la nef (en dehors de la lanterne) s'étendait une frise décorée, peinte avec palmes, inscriptions et ornements. Dans les pavillons, un grand plafond octogonal en bois formait une immense étoile avec poinçon pendant, le tout peint ton chêne, le fond de l'étoile peint en bleu; des ornements et filets rouges rehaussaient les arêtes des bois.

Toutes les frises en staff étaient elles-mêmes peintes de différents tons, ainsi que les écussons, claveaux, motifs décoratifs du grand pignon reliant les tours. En dehors des 4 grands mâts des sémaphores, 17 mâts plus petits étaient placés au droit de chacune des fermes. Chacun de ces mâts était orné d'oriflammes aux couleurs nationales.

Cette construction fut commencée très peu de temps avant l'ouverture de l'Exposition; il avait fallu attendre, en effet, l'achèvement du bas port par le service de la navigation pour pouvoir prendre possession de l'emplacement.

A cette difficulté s'ajoutèrent bientôt celles que la mauvaise saison apporte toujours avec elle, et qui s'accrurent du voisinage de la Seine inondant le chantier. Malgré ces péripéties, l'œuvre fut menée à bien dans les délais fixés, sans dépasser les crédits accordés et de façon à donner complète satisfaction au point de vue architectural. M. Bertsch-Proust sut obtenir, par des moyens simples, surtout dans la décoration intérieure de la grande salle du pavillon central, des effets remarquables.

Les dépenses de cette entreprise se sont élevées au total à la somme de 151 215 fr. 07 [1].

Si on rapporte ce chiffre au mètre superficiel (2 839^m) et au volume occupé, on voit que les dépenses unitaires de construction ont été respectivement de 53 fr. 27 et de 3 fr. 85. C'est assurément très peu, étant donnés l'importance de l'œuvre et les résultats obtenus.

Galeries de l'Agriculture. — Le défilé intéressant des produits variés de l'agriculture occupait sur le quai d'Orsay de longues galeries qui formaient le lien entre l'Esplanade des Invalides et le Champ de Mars.

Un article spécial avait été réservé au bugdet de l'Exposition pour ces galeries; mais, en raison du peu d'importance relative du crédit, l'économie s'imposait pour la détermination du système de construction à adopter : les fermes de Dion, déjà remarquées à l'Exposition de 1878, et les fermes Milinaire parurent remplir les conditions imposées par les circonstances.

Les galeries de l'Agriculture, qui couvraient une surface totale de 26 050^{mq}, formaient, au point de vue de l'exécution des travaux, trois sections bien nettes, chacune avec une ossature métallique spéciale. Dans la première, on employa les fermes de l'Exposition du Cinquantenaire des chemins de fer sur une surface de 17 500^{mq}; dans la seconde, les fermes Baudet-Donon, sur une surface de 5 256^{mq}; et, dans la troisième, les fermes Milinaire, sur une surface de

1. — Voir le développement des dépenses au chapitre II, 3e partie.

2 800^{mq}. Il y avait un surplus de 504^{mq} recouverts par des pavillons.

La décoration, qui varia peu d'une section à l'autre, fut partagée en deux entreprises : l'une comprenant les travaux d'ornementation des fermes du Cinquantenaire, et l'autre s'appliquant aux fermes Baudet-Donon et Milinaire.

Au début des travaux de l'Exposition de 1889, la Compagnie parisienne qui traitait avec l'exposition du Cinquantenaire des chemins de fer pour la construction de ses galeries vint proposer à M. le Directeur Général des Travaux, pour les annexes projetées sur le quai d'Orsay, les fermes qui devaient être disponibles après la clôture de l'exposition de Vincennes. Cette combinaison qui assurait une double location des mêmes constructions permit d'en abaisser le prix : par un marché passé le 2 février 1887, la Compagnie parisienne s'engagea à construire en location 17 500^{mm} de galeries à raison de 9 fr. 50 le mètre carré couvert.

En ce qui concerne les façades latérales et les façades pignons qui devaient recouvrir l'ossature métallique, le travail fut également confié de gré à gré à la Compagnie parisienne pour la somme à forfait de 118 000 francs. Quelques mois plus tard, la Compagnie parisienne demandait et obtenait que M. Kasel lui fût substitué pour tous les marchés qu'elle avait signés.

Les fermes du Cinquantenaire étaient de deux types :

1° Celles de 15^{m},80, de largeur, qui ont été montées sur la contre-allée du quai d'Orsay et qui formaient 4 galeries distinctes comprenant 66 travées, entre l'avenue de La Bourdonnais et la place Rapp, et 95 travées, entre la place Rapp et le boulevard de Latour-Maubourg;

2° Celles de 13^{m},80, sur la chaussée du quai, constituant 2 galeries distinctes, chacune de 33 travées, dans la partie courbe du quai entre l'avenue de La Bourdonnais et la place Rapp.

Ces fermes élégantes et légères, du système de Dion, étaient constituées par des fers cornières et des fers plats, de dimensions aussi réduites que possible, et dont le tableau ci-après permet d'apprécier la légèreté, en tenant compte du fait qu'une partie des pannes étaient en bois.

FERMES.	LONGUEUR des TRAVÉES.	POIDS d'une FERME.	POIDS d'une TRAVÉE.	POIDS TOTAL PAR MÈTRE CARRÉ couvert.	POIDS TOTAL PAR MÈTRE CUBE abrité.
15^m,80	5^m	1 268^k	2 164^k	27^k,39	3^k,07
13^m,80	5^m	1 166^k	2 099^k	30^k,40	3^k,40

Le montage des fermes, commencé le 15 mars 1888, fut exécuté au moyen d'un échafaudage roulant permettant de lever 5 travées par jour.

Les fermes reposaient sur des massifs en béton de 1 mètre sur 0^m,80 et 0^m,60 de profondeur. Lorsque le point d'appui tombait à l'emplacement des grosses racines des arbres de la contre-allée, on le faisait poser sur des semelles composées de fers à double T, entretoisées et boulonnées.

Les galeries étaient couvertes par des ardoises en zinc, du modèle adopté pour la couverture des fermes de 25 mètres. La Planche 1, Série K, indique le mode de décoration des façades.

La dépense nécessitée par ces constructions s'éleva à 315 617 fr. 02 pour une surface de 17 500^{mq}, faisant ressortir un prix moyen de 18 fr. 03 par mètre carré, y compris tous travaux accessoires [1].

Les fermes du Cinquantenaire ne couvrant qu'une partie de la surface réservée à l'agriculture, il fallut compléter les galeries par d'autres constructions analogues. On adopta, à cet effet, la proposition de MM. Baudet-Donon de reconstruire sur la chaussée du quai d'Orsay, et en location, les fermes qui avaient servi à l'établissement provisoire du service des postes sur la place du Carrousel.

Les fermes Baudet-Donon formaient deux galeries sur la chaussée du quai d'Orsay comprise entre le pont de l'Alma et le pont des Invalides, la première composée de 27 et la seconde de 21 travées de 8 mètres.

Aux extrémités des galeries s'élevaient deux pavillons de tête

1. — Voir chapitre II, 3e partie.

formant les façades pignons (Série K, Pl. 1). Deux autres pavillons, plus petits, établis au carrefour Malar et Jean Nicot, présentaient des façades rappelant la disposition adoptée pour les galeries de la première section.

Le levage des fermes, qui commença en août 1888, se faisait au moyen de chèvres que l'on déplaçait à chaque travée. Ces fermes étaient composées de 2 arbalétriers en treillis maintenus par un tirant en fer rond et supportés par 2 poteaux en fer à U de 5^m,25 de hauteur et de 13 mètres d'écartement. Les pannes en fer à T étaient assemblées dans la hauteur même de l'arbalétrier.

Le poids de cette charpente était sensiblement plus lourd que celui de la charpente précédente, le tableau suivant en fait foi :

FERMES.	LONGUEUR des TRAVÉES.	POIDS d'une FERME.	POIDS d'une TRAVÉE.	POIDS TOTAL par MÈTRE CARRÉ.	POIDS TOTAL par MÈTRE CUBE.
14^m,60	8^m	2 200^k	4 800^k	41^k,09	6^k,55

En dehors des espaces couverts par les constructions Kasel et Baudet-Donon, il restait encore à couvrir entre l'avenue de Latour Maubourg et l'Esplanade des Invalides une surface considérable. MM. Milinaire s'engagèrent à y élever des fermes neuves et à les monter en location. Les fermes étaient construites avec des fers à U et des plates-bandes ; elles étaient très résistantes, quoique légères d'aspect.

Voici d'ailleurs les poids de leurs différentes parties :

FERMES.	LONGUEUR des TRAVÉES.	POIDS d'une FERME.	POIDS d'une TRAVÉE.	POIDS TOTAL au MÈTRE CARRÉ.	POIDS TOTAL au MÈTRE CUBE.
15^m	5^m	1500^k	2500^k	53^k,33	6^k,46
13^m	5^m	1350^k	2150^k	53^k,84	6^k,51

Les deux galeries, de 15 mètres de largeur sur la contre-allée et de 13 mètres sur la chaussée, avaient chacune 20 travées. Le montage des fermes, commencé le 2 septembre 1888, fut fini le 6 décembre 1888. La couverture était en ardoises d'Angers ; les eaux recueillies par des gouttières et des tuyaux de descente étaient conduites aux égouts voisins.

La dépense nécessitée par l'établissement des fermes Baudet-Donon et Milinaire s'éleva à 110 322 fr. 36 pour une surface de 8 056 mètres carrés, faisant ressortir un prix de revient de 13 fr. 69 par mètre carré.

L'ensemble des galeries Baudet-Donon et Milinaire ne constitua qu'un seul lot pour la construction des façades.

MM. Clément, Muriel et Clément fils, déclarés adjudicataires de l'entreprise, eurent à construire en location et à entretenir pendant l'exposition les façades de ces galeries. Les tentures-portières n'étaient pas comprises dans l'adjudication et furent l'objet d'un marché spécial. La décoration des façades fut la même que pour les galeries voisines exécutées avec les fermes du Cinquantenaire ; les façades latérales ne différaient que par les proportions.

Ces installations se complétèrent par la pose, sur les façades intérieures, de tentures formant portières (entrepreneur : Cauvin, 7 210 fr. 25) et de bannières dans l'axe des principaux pilastres (entreprise Jumeau et Jallot, 1 500 francs).

Toutes ces installations furent terminées à la fin de mars 1889 et les exposants furent, à cette date, mis en possession des emplacements qui leur étaient attribués.

La dépense s'éleva à une somme de 98 434 fr. 15.

La surface couverte comprenait les 8 056 mètres carrés des galeries Baudet-Donon et Milinaire et 504 mètres carrés des pavillons de tête, soit 8 560 mètres carrés. En tenant compte du chiffre de 110 322 fr. 36, représentant la dépense pour l'établissement des fermes, on trouve que le prix de revient par mètre carré, fermes et façades comprises, est de 24 fr. 38.

Pour conduire les eaux des galeries à l'extérieur, on ne pouvait plus se servir des caniveaux superficiels, les constructions couvrant la chaussée, et il fallut faire une canalisation souterraine pour aller rejoindre l'égout à chaque tuyau de descente. On combina l'emplacement des descentes dans les galeries dissymétriques de façon qu'une même canalisation transversale pût les desservir en restant rectiligne le plus possible. Ces canalisations étaient en tuyaux de grès vernissé de $0^m,15$, $0^m,22$ et $0^m,25$, jointoyés au ciment. L'entreprise fut confiée à MM. Huguet, Versillé et Appay, qui s'engagèrent à faire le travail en location : elle donna lieu à une dépense de 10 289 fr. 61 [1].

Les façades ayant été trouvées trop nues et trop froides, on décida d'y apporter une décoration simple au moyen de moulures en bois et en plâtre autour des baies, de faux pilastres sur socles et de panneaux décorés en staff.

Cette décoration fut divisée en deux lots.

Les décorations intérieures très simples, exécutées avec des moulures en bois et des panneaux ornés de staff, furent réparties en deux lots : l'un exécuté par M. Kasel pour la somme à forfait de 6 200 francs et l'autre par MM. Clément et Muriel pour 4 300 francs.

Les exposants réclamèrent en outre des couches de peinture sur les cloisons fermant les travées, ainsi qu'un grand nombre de menus travaux qui furent exécutés en régie.

Les crédits, quoique bien restreints, avaient été ménagés avec assez d'économie pour permettre, à la fin des travaux, la remise en état du quai d'Orsay.

Les remblais, qui cubaient environ 8 000 mètres carrés, furent enlevés par MM. Manoury et Grouselle sur la chaussée et MM. Huguet, Versillé et Appay sur la contre-allée, pour la somme de 16 869 fr. 60.

Ces différents travaux furent acquittés à l'aide de prélèvements sur les sommes à valoir des entreprises principales : c'est ce qui explique l'importance relative de plusieurs d'entre elles. Ils portèrent la dépense à la somme totale de 528 789 fr. 01, donnant pour

1. — Prélevée sur les sommes à valoir pour Régie.

une surface couverte de 26 060 mètres carrés un prix moyen de 20 fr. 12 et pour un volume de 208 480 mètres cubes, celui de 2 fr. 51.

Pavillon des Chambres du commerce maritime. — Ce pavillon, destiné à l'exposition des plans, perspectives et modèles en relief des travaux importants exécutés dans nos principaux ports maritimes, était situé sur la berge basse de la Seine, à proximité du pont de l'Alma. Il fut élevé d'après les plans de M. Ch. Girault, architecte, inspecteur des bâtiments civils.

Établie sur pilotis, de façon à mettre le plancher à l'abri des crues de la Seine, la construction était de forme rectangulaire, mesurant 49 mètres de longueur sur 15^m,10 de largeur. L'éclairage par le comble avait permis de conserver toutes les surfaces murales pour l'exposition des plans.

Une sorte d'abside avait été ménagée pour l'exposition faite par la Chambre de commerce de Boulogne d'une vue panoramique du port de cette ville : un petit portique formant promenoir assurait, de ce côté, la libre circulation des visiteurs.

Au centre de la façade, un large perron donnait accès à l'intérieur d'une grande loggia formée de 7 arcades séparées par de légères colonnes d'aspect très élégant. Les marquises latérales, recouvertes de toiles rayées supportées par de grandes lances, produisaient aussi le plus heureux effet. Les noms des principaux ports étaient inscrits sur des cartouches fixés à la frise au-dessus des arcades.

La construction, édifiée en pans de bois légers recouverts d'un enduit de plâtre, était décorée de staff et de crêtes découpées. Des sémaphores montés sur des pylones, des mâts garnis d'oriflammes et des pavillons complétaient l'ornementation.

Cette construction exécutée en location entraîna une dépense totale de 51 005 fr. 85, qui donne, rapportée à la surface de 740 mètres et au cube occupé de 4 440 mètres cubes, le prix moyen de 68 fr. 72 par mètre carré couvert et 11 fr. 48 par mètre cube abrité.

Palais des Produits alimentaires français. — Pour la première

fois, en 1889, dans une Exposition Universelle française, les produits alimentaires devaient être réunis en un bâtiment spécial.
L'absence de précédents et la disposition peu favorable de l'emplacement affecté au Palais rendaient plus délicate la tâche de
l'architecte. M. G. Raulin a surmonté toutes les difficultés et est
parvenu à réaliser une œuvre originale qui a obtenu, à juste
titre, un succès considérable.

Le Palais des Produits alimentaires était destiné aux sept
classes du groupe VII (67-73) :

    Classe 67. Céréales, produits farineux.
    — 68. Boulangerie et pâtisserie.
    — 69. Corps gras alimentaires, laitages et œufs.
    — 70. Viandes et poissons..
    — 71. Légumes et fruits.
    — 72. Condiments et stimulants, sucres et produits de la
        confiserie.
    — 73. Boissons fermentées.

Il était placé au quai d'Orsay, parallèlement aux galeries de
l'agriculture, dans la partie courbe située vis-à-vis du Garde-Meuble,
et sur la partie correspondante de la berge de la Seine dite « Port
des Cygnes ».

Les constructions épousaient la courbure du quai, de façon à
utiliser tout l'emplacement disponible et à avancer le moins possible sur la Seine. Cette solution permettait d'ailleurs d'offrir moins
de prise au courant et d'avoir des caves convenablement installées.

L'édifice se composait principalement de trois nefs juxtaposées,
légèrement cintrées en plan, l'une de 13^m,80 de largeur, les deux
autres de 13 mètres, et de trois nefs droites normales aux précédentes : l'une de 15 mètres de largeur, coupant chacune des trois
premières en son milieu, et les deux autres de 13^m,80 de largeur,
placées aux extrémités du Palais. Une des nefs cintrées, moins
longue que les autres, était établie sur le quai de manière à
laisser, entre elle et les galeries d'Agriculture, deux sortes de cours
semblables; elle n'avait qu'un rez-de-chaussée élevé de quelques

marches. Les autres nefs, en raison de la différence d'altitude du quai et de la berge, présentaient un étage sur rez-de-chaussée.

Le sol de la nef ou galerie du quai, placé à une hauteur intermédiaire entre le sol du rez-de-chaussée et celui de l'étage des galeries sur la Seine, était mis en communication avec ces galeries par de larges volées d'escalier établies dans l'axe sur toute la largeur de la galerie centrale de 15 mètres. Deux autres vastes escaliers, aux extrémités, établis sur toute la largeur des galeries de 13^m,80, réunissaient de même l'étage au rez-de-chaussée, et, par des paliers, mettaient l'intérieur de l'édifice en communication avec diverses parties du quai. (Série L, Pl. 1.)

Du côté de la Seine, la galerie centrale formait un avant-corps, baigné par les eaux, qui était flanqué d'escaliers et de tours surmontées de belvédères. Les galeries des extrémités formaient également des avant-corps, mais de moindre importance.

Dans les angles des cours, deux petits bâtiments avaient été ajoutés pour loger des générateurs transmettant le mouvement par des galeries basses.

Les espaces furent distribués de la manière suivante :

L'entrée principale du Palais se trouvant dans l'axe des bâtiments sur le quai, les trois premières travées de la nef droite centrale formèrent le grand vestibule. Les deux sections de la nef cintrée de 13^m,80 étaient affectées aux galeries de fabrication : celle de gauche pour la classe 68 (Pâtisserie, biscuiterie), et celle de droite pour la classe 72 (Distillation, boissons gazeuses, glace, chocolat, café, confiserie).

La volée du milieu du grand escalier montait à l'étage supérieur où deux travées de la galerie centrale formaient un vestibule. Les salles d'exposition occupaient ce premier étage ; celles de la classe 72, qui remplissaient toute la partie à droite de la galerie centrale, communiquaient avec la salle de fabrication par un très large escalier ou perron. De l'autre côté, les galeries d'exposition étaient bordées, du côté des salles de travail, par une balustrade formant balcon, d'où l'on jouissait de la vue de l'ensemble des fabrications et du mouvement du public dans ces salles et sur le quai.

Un buffet-restaurant ayant vue sur la Seine occupait le fond de la nef centrale et une partie de la seconde nef cintrée. Dans l'avant-corps sur la Seine, était installé un orchestre. Les tours renfermaient des cuisines, offices, etc., et des cabinets pour les jurys.

Toutes les galeries étaient éclairées et ventilées par des lanterneaux au sommet des combles et par de grandes baies vitrées percées dans les travées et les pignons sur tout le pourtour du Palais. La lumière était tamisée par des velums.

Des balcons extérieurs permettaient au public de varier ses impressions en contemplant l'animation du fleuve et les vues environnantes.

Les deux volées latérales du grand escalier central conduisaient à l'étage inférieur entièrement occupé par la classe 73 (Boissons fermentées). L'emplacement, qui formait une sorte de salle hypostyle légèrement courbe, était divisé, au moyen de points d'appui très minces, en 6 travées dans le sens de la longueur et 33 dans le sens de la largeur. Par sa situation presque au nord et au niveau de l'eau, par son éclairage uniquement vertical et par sa hauteur modérée, cette salle offrait une fraîcheur relative.

Quatre travées dans le sens de la longueur étaient consacrées aux expositions et les deux autres aux caves. Celles-ci recevaient du jour au moyen de verres-dalles placés dans le plancher supérieur.

Dans les travées de gauche, en descendant du vestibule principal, étaient placés les vins, les cidres et les spiritueux : la nef rectiligne du côté du pont d'Iéna recevait la luxueuse exposition du syndicat des vins de Champagne. Dans les travées de droite, étaient les bières avec de nombreux comptoirs de dégustation.

On entrait au Palais par trois portes dans le vestibule central et par quatre portes donnant dans· les salles de fabrication des classes 68 et 72. L'entrée aux caves avait lieu par deux portes situées au fond des cours, celle de gauche pour les vins, celle de droite pour les bières. Enfin deux autres portes existaient sur le trottoir, entre les galeries de l'Agriculture et le parapet du quai. Du côté du pont d'Iéna, une grande porte s'ouvrant sur la salle du syndicat des vins de Champagne donnait directement sur l'extérieur.

Entièrement à la charge des exposants, le Palais des produits alimentaires devait être construit avec la plus grande économie; mais la situation du bâtiment sur la berge entraînait des précautions qui devaient augmenter la dépense. D'une part, en effet, le sol de la berge, composé d'alluvions et de remblais, n'offrait pas de résistance, et il eût été imprudent de lui faire porter un grand poids. D'autre part, il y avait à craindre, pendant la mauvaise saison précédant l'Exposition, les fortes crues de la Seine et même les glaces qui pouvaient emporter des constructions légères. On parvint, grâce aux procédés employés, à résister victorieusement à l'inondation survenue en février 1889.

Le bâtiment de la berge était porté sur 200 pilots de sapin, d'environ 10 mètres, enfoncés à l'aide de sonnettes à vapeur jusqu'à refus et reliés entre eux à leurs sommets par des longrines en fer à double T formant moises.

Le plancher du rez-de-chaussée sur la Seine, établi à peu près horizontalement à partir du point culminant de la berge, était constitué par des poutres en tôle posées sur les têtes de pilots et des solives en fer entretoisées par des murettes en briques. Le parquet, composé de panneaux réunis bout à bout, n'était pas fixé aux solives, en prévision des crues du fleuve, de manière à pouvoir flotter comme un radeau (cette précaution a été justifiée par l'événement). Les longrines moisées du périmètre extérieur, garnies de brides, étaient hourdées en briques et mortier de ciment. Des piles en meulière et ciment étaient montées à l'endroit des ferrures dans la hauteur du sous-sol et du rez-de-chaussée.

Le plancher du premier étage était soutenu par ces piles, par d'autres piles en moellon et plâtre, montées sur le parapet et sur le sol du quai, et par quatre rangées de poteaux en fer à double T, avec corbeaux en cornières.

Des poutres formées de pièces jumelées portaient les solives

sur lesquelles était cloué le plancher, le tout en sapin. Les solives
étaient maintenues d'aplomb par des tasseaux cintrés posant sur
les poutres et contribuant à la décoration.

Les nefs de l'étage supérieur étaient faites de fermes démontables du système de Dion, ne présentant pas de goussets. Elles
étaient composées de fers à U travaillant à plat et non sur champ,
ainsi que les croisillons en fer plat fixés à l'intérieur. Ces fermes,
placées en éventail, dans les nefs cintrées, étaient reliées par des
pannes en sapin. Des lanterneaux vitrés terminaient les combles.
Les parties non vitrées reçurent une couverture faite d'ardoises
d'Angers posées de biais sur des voliges clouées aux pannes sans
chevrons. Par économie, les pénétrations des combles avaient été
évitées. Les parois des bâtiments qui n'étaient pas composées de
châssis vitrés et les cloisons intérieures étaient faites de panneaux
démontables, formés de tubes en fer et de résidus de découpage en
tôle, avec hourdis en plâtre ou ciment enduit sur les faces.

L'aspect intérieur des six nefs, grâce à la finesse des organes
de construction et à l'abondance de la lumière, présentait un caractère de légèreté tout à fait remarquable.

Les tours et leurs escaliers, dont le soubassement était en
meulière et ciment, étaient montés en briques avec poteaux tubulaires en fer aux angles. Les pylônes des pignons avaient aussi une
ossature en fer. Entre les piles du sous-sol sur la Seine, les
espaces vides étaient garnis de barrières à claire-voie, laissant passage à l'eau, mais s'opposant au dépôt, sous les bâtiments, des
épaves de toute sorte apportées par le courant.

On avait utilisé dans la construction, sans la détériorer, les
matériaux que les dispositions de l'édifice avaient forcé de dépo-
ser : parapets, bordures de trottoirs et pavés.

Les eaux pluviales, du côté du quai, étaient reçues dans des
tuyaux placés à l'intérieur des pylônes. Du côté de la Seine, elles
étaient rejetées directement dans le fleuve par des gargouilles.

Sur le quai, le peu de recul résultant du rapprochement des
constructions voisines et des grands arbres qui touchaient presque

le Palais n'était pas favorable à la vue des façades. Il n'en était pas de même du côté de la Seine où le palais se développait librement et pouvait être vu dans son ensemble à une distance convenable ; mais le système économique de la construction et la monotonie de nombreuses travées semblables ne prêtaient guère aux effets décoratifs et pittoresques. C'est principalement pour rompre cette monotonie que l'architecte imagina les trois nefs droites, avec leurs pignons en façade, et les tours qui servirent à loger des services accessoires.

Afin de donner aux constructions des formes un peu plus monumentales, le staff, qui procure des moyens de décoration abondants et à bon marché, fut largement employé pour l'ornementation. Les faces latérales des bâtiments sur la Seine étaient traitées comme la face principale. Les tours, décorées avec une simplicité relative dans le bas, présentaient, au sommet, une plate-forme couverte en partie et des belvédères en bois très détaillés, à deux étages, avec balustrades en bois tourné. Toute la décoration en staff avait été exécutée, sur les dessins de l'architecte, par M. Trugard.

A l'intérieur les plafonds inclinés formés par les voliges de la couverture avaient reçu une décoration variant de couleur suivant les nefs, avec encadrements d'étoffes et pannes rechampies. Des lambrequins découpés, agrémentés de glands, de sequins, de filets et de monogrammes, étaient accrochés aux chéneaux entre les fermes.

Le haut des murs, au-dessus des vitrines, était décoré d'une frise avec panneaux fond rouge portant des monogrammes accompagnés de galons et de rinceaux.

Les pignons reçurent les principales décorations peintes. Au pignon d'about de la grande nef centrale, où se trouvait l'orchestre, quatre grandes peintures avec figures sur les murs des tours représentaient la *Vendange*, la *Moisson*, la *Pêche* et l'*Élevage des volailles*. Le pignon de la salle réservée à la classe 69 était décoré de deux figures de femmes symbolisant le *Lait* et les *OEufs*. Celui de la salle de la classe 72 reçut des figures symbolisant les *Bonbons* et les

Fruits. Aux plafonds étaient disposés des treillages, oiseaux et pampres. Des cartouches, rinceaux, fleurs et galons entouraient les baies.

L'escalier qui descendait dans la salle du rez-de-chaussée affectée aux alcools contenait trois grandes peintures décoratives : l'*intérieur d'une usine pour la fabrication de l'alcool, des moulins à orge* et *un laboratoire de liqueurs*, et, autour de la grande baie, deux allégories : la *Distillerie* et le *Cordial*.

Sur le quai, les parties de pignons entourant la grande baie du vestibule principal étaient ornées d'écussons et de rinceaux, de deux coqs et de deux peintures avec figures représentant le *Laitage* et l'*Art culinaire;* les parties de pignon entourant la grande baie de la salle de fabrication de la classe 68 étaient ornées de galons, d'entrelacs avec médaillons circulaires et de céréales. A la grande porte, deux *forts de la halle au blé,* en guise de cariatides, supportaient un linteau décoré de pains, brioches, etc. Au-dessus des baies donnant sur le quai, éclairant la salle de fabrication de la classe 72, étaient quatorze motifs originaux tous différents, composés de cartouches et d'objets se rapportant aux produits alimentaires.

Toutes ces décorations intérieures ont été exécutées avec autant de rapidité que de talent par M. Henri Motte.

En dehors de la décoration générale dont il vient d'être question, le Palais des Produits alimentaires se faisait remarquer par l'originalité, la diversité et le bon goût qui ont présidé aux aménagements et à l'ornementation de la plupart des installations organisées soit par des exposants particuliers, soit par des syndicats. Leur heureuse disposition et leurs décorations variées, qu'il n'y a pas lieu de décrire ici d'une manière détaillée, ont beaucoup contribué au succès remporté par cette section.

La surface occupée par le Palais des Produits alimentaires était de 5510 mètres carrés; mais, si on tient compte des surfaces aux différents étages, on arrive à un total de 8787 mètres carrés pour la surface utilisable; quant au volume qu'il représentait, il peut être évalué à 77140 mètres cubes.

En rapprochant de ces chiffres la dépense entraînée par la construction (330 000 fr.), on en déduit les prix unitaires suivants :

	fr.	c.
Prix au mètre carré couvert	59	89
— mètre carré utilisé	37	55
— mètre cube occupé	4	27

C'est assurément très peu pour une œuvre de cette importance.

Pavillon de la Balnéothérapie. — Ce petit pavillon était situé sur la berge basse de la Seine, en face de l'Esplanade des Invalides ; élevé d'après les plans de M. Ch. Girault, il était établi sur pilotis, formé de pans de bois recouverts de planches jointives et décoré de treillages peints de divers tons.

Sur la façade, une grande porte avec auvents donnait accès au pavillon. Une autre porte latérale assurait la libre circulation du public. L'exposition des appareils hydrothérapiques était répartie dans des stalles en forme de box.

Les travaux, exécutés en location, ont entraîné une dépense de 18 000 francs s'appliquant à une surface de 370 mètres carrés, et un volume de 2 775 mètres cubes et donnant un prix de revient de 48 fr. 64 par mètre superficiel et de 6 fr. 48 par mètre cube.

III. — Esplanade des Invalides. — *Palais de l'Hygiène.* —

L'exposition d'Hygiène, installée au sud-ouest de l'Esplanade des Invalides, entre les pavillons du ministère de la Guerre et de l'Économie sociale, occupait une surface de 7 600 mètres carrés, dont 3 356 en constructions couvertes et le surplus en jardins et promenades. Son volume était de 30 204 mètres cubes.

Les études et la direction des travaux avaient été confiées à M. Girault, inspecteur des bâtiments civils, qui sut tirer le meilleur parti du crédit restreint mis à sa disposition et parvint à réaliser, malgré le peu de temps qui lui fut accordé, un ensemble des plus satisfaisants.

Les bâtiments formaient quatre parties distinctes. Au centre,

un vaste édifice à trois nefs, donnant sur un large vestibule, et
continué, du côté de la rue Fabert, par une construction quadrangulaire, était destiné à l'Hygiène de l'Habitation et à l'Assistance
publique. Un pavillon sur la gauche était affecté à l'Exposition des
Eaux minérales. Un autre pavillon, identique au précédent, et
symétriquement placé à droite, avait été réservé à l'exposition de
MM. Geneste et Herscher.

En avant du pavillon de l'Hygiène était disposée une fontaine
surmontée de la statue de la déesse Hygie et entourée d'un bassin.
Quelques massifs de verdure et des treilles avec plantes grimpantes
complétaient agréablement cet ensemble. (Série L, Pl. 2.)

La somme allouée pour la construction n'ayant pas permis
l'emploi trop dispendieux du fer, ce fut le bois qu'on mit en œuvre
pour la composition des fermes, des parois verticales et des différentes armatures formant le vestibule. L'ossature des coupoles
était seule en fer.

Le sol de l'Esplanade ayant paru offrir une résistance suffisante,
on se borna à placer, sous les points d'appui et les pans de bois,
de larges semelles en bois goudronné. La partie basse du mur
extérieur était construite en briques; mais, dans la partie supérieure, l'enveloppe des différents bâtiments était formée de minces
pans de bois enduits en plâtre.

Le vestibule, orné de plantes rares et recouvert de trois coupoles, s'ouvrait en façade par trois grandes arcades vitrées, au-
dessous desquelles se trouvaient les portes donnant accès aux
galeries d'exposition.

Les coupoles, d'une conception très hardie, de 20 mètres de hauteur
et 9 mètres de diamètre environ, présentaient une série de méridiens
en fers à T de 35×40, maintenus par six ceintures horizontales
également en fers à T. La dernière de ces ceintures était appuyée
sur les extrados de quatre arcs en bois plein cintre, dont les re-
tombées étaient fixées sur des poteaux en bois de 20×20. Un
treillis de fil de fer, passant dans les trous pratiqués dans les côtes
des fers, faisait corps avec le staff pour former l'enveloppe exté-

rieure. Le staff avait été coulé après coup directement sur les fers à
T garnis d'étoupes. Un revêtement de carton bitumé relié aux fers le
protégeait à l'extérieur. On obtint ainsi, sous une faible épaisseur,
un ensemble très rigide et d'une grande résistance.

Chaque coupole recevait la lumière par huit œils-de-bœuf ; le
bâtiment qui faisait suite aux coupoles comprenait trois galeries
parallèles constituées par une double rangée de poteaux en bois,
supportant un cours de sablières sur lesquelles reposaient de
petites fermes en planches de 10 mètres de portée, écartées de
2 mètres au maximum ; ces fermettes recevaient les chevrons sur
lesquels étaient clouées les voliges.

L'ensemble de la construction était d'une grande légèreté, bien
que présentant toutes les garanties nécessaires au point de vue de
la solidité.

La décoration du vestibule, exécutée à fresque, rappelait une
salle des Thermes Romains. Les arabesques, frises et cartouches
avaient été peints sur une légère couche d'un mortier composé de
chaux pure et de marbre en poudre. A l'extérieur, les arcs dou-
bleaux, les tympans des frontons ainsi que deux grandes niches,
ornées de vasques et de mascarons, avaient reçu une décoration
polychrome.

Le soubassement de la façade, revêtu de marbre de diverses
couleurs, était agrémenté de peintures inspirées des fresques de
Pompéi. Trois grandes portes en fer forgé et deux colonnes décoratives en porphyre des Vosges, surmontées de figures antiques,
contribuaient d'une façon très heureuse à l'ornementation générale.

Quant aux pavillons des Eaux minérales et de MM. Geneste et
Herscher, ils présentaient, en bordure sur l'avenue principale de
l'Esplanade, deux façades en parfaite harmonie avec le motif central. Leur construction s'est élevée au chiffre de 176 836 fr. 57.

La portion de la dépense à la charge de l'administration de
l'Exposition a été de 148 865 fr. 07.

Exposition de l'Économie sociale. — A côté et au sud du Palais de l'Hygiène, un espace important avait été réservé sur l'Es-

planade des Invalides au groupe de l'Économie sociale. Les constructions qui avaient été élevées en cet endroit étaient d'une grande simplicité, excluant toute ornementation frivole. Elles étaient en harmonie complète avec le caractère sérieux de l'Exposition qu'elles devaient abriter et offraient un contraste voulu avec les riches palais qui les entouraient.

L'ensemble de ce groupe comprenait, outre les constructions établies par les exposants, les pavillons élevés par l'administration de l'Exposition (les seuls dont il sera question ici) et qui consistaient en une galerie générale, un cercle d'ouvriers, et une galerie spéciale aux villes de province et de l'étranger.

La galerie générale, d'une surface de 632^m,50, était en fer et briques, avec toiture en ardoises métalliques sur parquet de sapin supportée par des fermes métalliques extrêmement légères sans tirant. Elle affectait en plan la forme d'un rectangle avec petit côté sur l'avenue principale de l'Esplanade.

Trois portes de grandes dimensions vitrées dans toute leur hauteur y donnaient accès : deux se trouvaient aux extrémités; la troisième, plus importante, au milieu de la façade latérale.

La galerie était éclairée par un lanterneau vitré s'étendant sur un tiers au moins de la toiture et par de larges fenêtres percées sur la paroi verticale sud.

La décoration de cette construction était très sobre; cependant chaque porte était encadrée de pilastres en briques surmontés d'une toiture élégante et de drapeaux; l'entrée de la façade latérale présentait, avec des pilastres plus élevés, des soubassements en pierre. La toiture en était plus compliquée et un important motif de terre cuite accompagné d'ornements en bois formait fronton.

Du côté du Palais de l'Hygiène, c'est-à-dire au nord, cette construction avait été réunie au Pavillon des Eaux minérales par une toiture vitrée. C'était le moyen de constituer une galerie supplémentaire qui communiquait librement avec la galerie générale et était comme celle-ci affectée à l'exposition d'Économie sociale.

Le cercle ouvrier se composait : en plan, de deux rectangles

presque égaux superposés à angle droit, le centre du second un
peu en arrière du centre du premier sur le grand axe de celui-ci,
avec un demi-hexagone dans chacun des angles placés en avant ;
en élévation, d'une grande salle principale, à côté de laquelle, dans
des annexes de moindre importance, se trouvaient des salles
secondaires, communiquant librement avec la première. Un avant-
corps formait vestibule.

Tout cet ensemble était bien éclairé : la nef centrale par des
baies qui s'étendaient sur toute la longueur de la construction au-
dessus des annexes latérales et par une large ouverture circulaire
dans le pignon de façade; les bas-côtés par de très larges fenêtres.

Quant au vestibule, la lumière pénétrait par la porte même,
toute vitrée et de très grandes dimensions, et par deux fenêtres.

La construction était en pans de fer avec remplissage en briques apparentes de deux tons, disposées en mosaïque, et quelques
assises et bandeaux en briques émaillées vertes.

Une frise peinte en imitation de faïence régnait tout autour du
Pavillon; la couverture était en tuiles mécaniques avec rives et
couronnement en staff.

Toute l'ossature était composée de fermes extrêmement légères.

Les bas-côtés se divisaient chacun en deux parties : l'une édifiée
dans le même genre que la construction principale (briques et fer),
l'autre à la manière d'un kiosque, avec menuiserie et baies vitrées ;
cette dernière était recouverte d'un petit dôme.

Le Pavillon des Villes, d'une surface de 256 mètres, fut simplement élevé sur plan rectangulaire en pans de bois enduits de plâtre
et recouverts en zinc. Le pignon formant façade était très sommairement décoré de quelques motifs en staff.

Ces trois constructions avaient été exécutées d'après les plans
de M. Errard, architecte : la première et la troisième en location,
la seconde en toute fourniture. Elles ont entraîné une dépense
totale de 95 600 francs.

Cette dépense correspond à un prix unitaire de 52 fr. 97 au
mètre carré couvert et de 4 fr. 07 au mètre cube abrité.

Porte monumentale de l'Esplanade des Invalides. — La porte de l'Exposition la plus rapprochée du centre de Paris avait été établie auprès du ministère des Affaires étrangères, à l'angle de l'Esplanade des Invalides.

En raison de sa situation, cette entrée devait avoir une importance particulière. Il fut décidé qu'on lui donnerait un caractère monumental, et qu'on en ferait un véritable édifice, très élevé, richement décoré et susceptible d'être brillamment illuminé de façon à attirer l'attention de très loin et à marquer d'une manière éclatante que c'était là que commençait l'Exposition.

De plus, la porte des Affaires étrangères donnant immédiatement accès à l'enceinte de l'Exposition coloniale, il était naturel de s'inspirer de ce voisinage pour grouper dans un même monument, avec les modifications nécessaires à l'harmonie de l'ensemble, les différents types des architectures de l'Orient et de l'Extrême-Orient.

Tel était le programme que l'architecte, M. Ch. A. Gautier, avait à suivre et qu'il a su réaliser avec un goût et une connaissance de son art auxquels on a rendu l'hommage le plus mérité.

L'entrée se composait de deux pylônes de 32 mètres de hauteur, reliés entre eux par une grille de 8 mètres de largeur. A leurs bases étaient ménagés des guichets et loges pour le service du contrôle et des gardiens. Chaque pylône était entouré de quatre mâts ornés de drapeaux, reliés à son pied par des motifs d'architecture. A la hauteur de l'astragale des chapiteaux, une cordelière dorée, portant les drapeaux des puissances étrangères, réunissait les deux pylônes. (Série 4, Pl. 3.)

Si l'on étudie cette construction d'après le dessin précité, on voit que les bases des pylônes, avec les motifs qui les accompagnaient, étaient inspirées des formes indiennes et égyptiennes. Les porches ménagés sur les façades principales, au-dessus du passage des piétons, se composaient de grosses pièces de bois assemblées à la manière des tours des enceintes sacrées du Japon. Le fût des pylônes, indien par son galbe et sa proportion, était décoré de pendeloques arabes et d'ornements genre Renaissance. Tout le couronnement au-dessus du chapiteau rappelait, par sa silhouette très découpée, les bronzes du Japon et de la Chine. Enfin, pour compléter la forme de ce couronnement et lui donner plus de corps sans l'alourdir, l'architecte avait disposé sur les angles, immédiatement au-dessus du chapiteau, quatre grandes cornes entièrement dorées, servant de hampes aux oriflammes, qui rappelaient les pittoresques arêtiers des toitures des édifices chinois.

Les lanternes surmontant les pylônes étaient décorées de verroteries de toutes couleurs, de pendeloques, de cabochons et d'ornements légers et variés, de façon à donner l'illusion d'une pièce d'orfévrerie. Elles étaient munies, sur leurs quatre faces, d'un réflecteur composé de glaces doublées de feuilles d'or et brillaient d'un éclat extraordinaire en harmonie avec le reste de la composition.

Au-dessus de la deuxième corniche, dans le couronnement, et soutenant la lanterne, se dressaient quatre bustes de femmes richement ornés, représentant l'*Europe*, l'*Asie*, l'*Afrique* et l'*Amérique*. Sur la face principale des pylônes, au-dessus de l'entablement des soubassements, deux élégantes figurines, supportées par des proues, œuvre de M. Ed. Pepin, statuaire, représentaient nos colonies d'Afrique et d'Extrême-Orient. Les faces opposées, du côté de l'enceinte de l'Exposition, furent décorées de trophées avec boucliers sur lesquels étaient inscrites, en lettres d'or, les dates de 1789 et 1889.

Les pylônes furent exécutés en charpente par M. Bernard, entrepreneur, qui se chargea aussi des fondations. Les bois furent recouverts de moulures et d'ornements en maçonnerie et en staff. Les lanternes et accessoires étaient en zinc estampé. MM. Beauvalet frères exécutèrent avec beaucoup de goût tous ces ornements dont les maquettes avaient été modelées par M. Trugard, sculpteur, sur les dessins de l'architecte.

Dans les peintures décoratives exécutées avec une rare habileté par M. E. Dufour, peintre, les jaunes dominaient l'ensemble des tons, rompus par quelques cabochons et ornements d'un bleu turquoise. Les couleurs vibrantes ne furent données que par les oriflammes accrochées aux mâts et aux cornes chinoises du couronnement, les drapeaux, les blasons peints dans les écussons et les porches japonais rouge rehaussé d'or.

La grille ouvrante reliant les deux pylônes à la base fut exécutée par la maison Sohier et Cie, qui la présentait comme objet d'exposition.

Une œuvre de cette importance ne put être menée à bonne fin sans efforts considérables et sans dépenses relativement élevées, bien qu'on eût décidé d'exécuter en location tout ce qui pouvait être fait en location. Entreprise dans les derniers mois seulement qui précédèrent l'ouverture, puisqu'il avait fallu jusque-là laisser libre l'accès de l'Esplanade, sa construction fut activement menée et terminée en temps utile.

Quant aux dépenses, les règlements ont été arrêtés à la somme de 44 865 fr. 22.

Telle est dans son ensemble cette œuvre intéressante à plus d'un titre. L'entrée monumentale des Affaires étrangères attira de suite l'attention du public et reçut de lui le nom de Porte d'or, qu'elle conservera dans le souvenir des visiteurs.

CHAPITRE VII

PARCS ET JARDINS

I. — Champ de Mars.

ᴇs palais occupaient une grande partie de la surface du Champ de Mars; néanmoins en dehors d'eux un espace considérable avait été réservé aux parcs et jardins : c'était d'abord l'ancien parc du Champ de Mars prolongé à niveau entre les terrasses des Beaux-Arts et des Arts libéraux par un jardin bas sur une longueur de 240 mètres, puis, à la hauteur des terrasses, par un jardin haut s'étendant entre les Galeries des Expositions diverses jusqu'au Dôme central et dans lequel avaient été installés les Pavillons de la Ville de Paris; enfin, des massifs, des pelouses, des bandes plantées d'arbustes et d'arbres, le long des avenues Suffren et La Bourdonnais, dans lesquels avaient été disséminés les Pavillons des Exposants.

La préoccupation dominante, dans toutes ces installations, avait été de ménager partout des repos pour les yeux et de faire de la verdure répandue largement un accompagnement général aux grandes lignes des édifices, sans cependant masquer leur perspective imposante.

Aussi, toute la partie centrale, depuis le pont d'Iéna jusqu'au Dôme central, avait-elle été réservée pour des arrangements dont l'exécution ne gênât point la vue.

Sous la tour Eiffel, deux grandes pelouses, de 42 mètres de longueur sur 35 mètres de largeur, séparées par une fontaine placée au centre même du carré formé par les quatre piliers, occupaient la plus grande partie de l'espace libre. Ces pelouses se continuaient, au delà des passages réservés à la circulation, par un tapis de verdure de même largeur jusqu'à la terrasse sur laquelle avaient été installées les Fontaines lumineuses.

Dans le jardin haut, une pelouse de 76 mètres sur 36 mètres occupait tout l'espace laissé libre, en dehors des chemins de circulation, entre les Pavillons de la Ville de Paris. Toutes ces pelouses avaient été décorées de massifs de fleurs et d'arbustes placés en bordure.

Dans l'ancien parc du Champ de Mars, les dispositions existantes avaient été à peu près conservées, sous la seule condition d'accommoder les chemins et allées aux nécessités d'une répartition pittoresque des constructions à élever. Le jardin bas ou jardin central des Palais des Arts, qui venait à la suite, avait, au contraire, été créé de toutes pièces. Disposé en cuvette à environ deux mètres en contre-bas des terrasses qui le limitaient de trois côtés, il occupait une surface de près de 5 hectares. Entre les tapis de gazon et les balustrades s'étendaient des jardins paysagers, dans lesquels de nombreuses percées permettaient de jouir de la vue des différentes parties des palais et des parcs. Au pied des balustrades, des plates-bandes plantées de rhododendrons et de magnolias complétaient l'ornementation. Ces plantations avaient été faites dans le but d'obtenir une floraison éclatante, se prolongeant pendant les deux premiers mois de l'Exposition, et devant laisser après elle des feuillages remarquables, en harmonie avec les constructions devant lesquelles elles s'étendaient.

A ce jardin il convient de rattacher la décoration même des terrasses au-devant des Palais des Beaux-Arts et des Arts libéraux. Ces terrasses, d'une largeur de 18 mètres environ, avaient reçu soixante palmiers (*Chamærops excelsa*) d'un volume considérable et d'une hauteur de 4 mètres. Par son caractère exotique cette ornementation présentait une originalité du plus heureux effet et complétait d'une façon tout à fait satisfaisante les vastes promenoirs des Palais.

Le jardin haut, ou jardin des Expositions diverses, occupait tout l'espace compris entre la Fontaine monumentale et les façades des Galeries, c'est-à-dire une surface de 3 hectares environ, déduction faite des parties construites. Il présentait au centre un immense tapis de verdure et de fleurs, de chaque côté duquel s'élevaient les Pavillons de la Ville de Paris. Entre ces pavillons et les galeries des restaurants, des rangées de platanes ménageant entre elles l'espace nécessaire aux kiosques à musique offraient aux visiteurs un abri contre le soleil.

Autour des constructions particulières élevées en bordure des avenues de Suffren et de La Bourdonnais, une série d'installations variées avaient été exécutées. Les nécessités de chaque cas particulier dictaient la solution à adopter et imposaient le choix d'arbres et d'arbustes en rapport avec le genre d'architecture des pavillons, ou d'espèces originaires des pays dont relevaient les Expositions.

On procéda de la même manière pour l'exécution des jardins de l'Histoire de l'habitation. C'est là surtout que s'est manifestée cette préoccupation, dont la réalisation a présenté de réelles difficultés.

Chaque construction devait avoir un jardin en harmonie avec son caractère et les mœurs de ses habitants. Dès lors il fallut s'inspirer, pour les dispositions à prendre, des descriptions des historiens et des traditions : ce fut là un travail de recherches archéologiques et géographiques des plus minutieux, qui a été poursuivi avec la plus patiente sollicitude. Il a permis de reconstituer exactement et les paysages des temps passés et ceux de l'époque actuelle dans les contrées éloignées de nous.

Ce soin, poussé jusqu'au scrupule, a eu comme conséquence des plantations extrèmement remarquables par la diversité des essences. M. Laforcade, jardinier en chef, avait d'ailleurs eu soin de créer dans les pépinières de la Ville de Paris, en vue de l'Exposition de 1889, un *arboretum* dont les richesses ont été utilisées pour l'ornementation des jardins. Il y avait en effet dans le Champ de Mars environ 400 variétés d'arbres forestiers et d'arbres d'ornement, et plus de 600 arbustes à feuilles caduques ou persistantes. Les variétés les plus décoratives du genre conifère y étaient également représentées par des spécimens remarquables et de forme irréprochable.

Parmi toutes ces essences, il convient surtout de citer les Érables, les Bouleaux, les Catalpas, les Plaqueminiers, les Feviers, les Noyers, les Mûriers, les Peupliers, les Robiniers, les Micocouliers, les Sorbiers, les Ormes, les Tilleuls et les Virgiliers.

Telle a été dans ses grandes lignes l'œuvre confiée au service du jardinage.

Pour assurer la circulation sur la vaste étendue des parcs, des voies de communication avaient été créées en nombre considérable, les unes laissées à découvert, les autres protégées du soleil par de légers vélums.

Enfin, pour compléter l'effet produit par les plantations de toute nature, des œuvres d'art de toute espèce et des fontaines avaient été réparties de la façon la plus heureuse.

Il reste, pour terminer cet exposé, à faire remarquer que, l'accès du public devant avoir lieu le soir dans cette partie de l'Exposition, il avait été nécessaire d'en assurer l'éclairage de la manière la plus brillante, et que l'on avait saisi cette occasion pour recourir à une décoration de nuit toute particulière, dessinant les lignes principales des massifs, et semant de points lumineux les arbres et les plates-bandes.

La réalisation de ces dispositions exigea un effort considérable et conduisit à des travaux de caractères très différents, dans l'examen desquels il importe d'entrer.

Ces travaux peuvent se diviser en deux catégories :

1° Jardinage proprement dit ;

2° Décoration.

Travaux de jardinage proprement dits. — Il serait trop long de faire une description détaillée des opérations qui ont dû s'accomplir pour transformer en un jardin verdoyant les surfaces sablées mises à la disposition du jardinier en chef; mais il semble bon de rappeler sommairement les différentes préoccupations auxquelles on a dû obéir et de montrer comment ce travail, qui s'appliquait à des surfaces énormes, a pu, en un laps de temps extrêmement court, être mené à bonne fin malgré les conditions dans lesquelles il a été exécuté. Faire vite, bien et aux moindres frais, tel a été le problème dont la solution était imposée aux agents du jardinage sous les ordres de M. Laforcade, et qu'ils ont résolu avec un goût et une science reconnus de tous.

Les premiers travaux auxquels ils se sont livrés ont été des travaux qu'on pouvait appeler de prévoyance. Ces travaux consistaient à mettre de côté, afin qu'on pût l'utiliser plus tard, toute la terre végétale qui se trouvait à l'emplacement des futures constructions, la Tour de 300 mètres notamment, et à prendre les mêmes précautions pour les arbustes qu'il y avait lieu d'enlever. En outre, pour éviter la dépense considérable qu'avait exigée l'achat direct au commerce des gazons de placage en 1878, on créa, dans le fonds des Princes, une gazonnière qui put fournir tout ce qui était nécessaire au service. Il y avait intérêt enfin à entretenir les massifs du parc qui devaient être conservés.

En dehors de ces travaux, il fallut pourvoir à l'exécution du projet proprement dit.

La première partie, comprenant les travaux préparatoires (déblais à faire pour la formation du vallonnement, mise au point du fond de forme, nivellement *grosso modo* avant l'apport des terres végétales, fourniture de terre végétale, vallonnement des pelouses, corbeilles et massifs), a été commencée dès le 26 août 1887 et terminée le 15 mars 1889; elle a donné lieu à une fourniture de terre végétale, mise en adjudication le 22 octobre 1887, de 16 498 mètres cubes, répartis de la façon suivante :

		fr.	c.
12 903^{m3}	terre d'alluvion à.	2	86
605	terre de maraîcher à	2	56
968	terre de bruyère à.	9	70
1 960	terreau de maraîcher à	4	16
62	paillis de champignons à.	4	50
16 498			

La seconde partie, comprenant les opérations définitives (nivellement à jet de bêche après l'apport des terres, plantation des arbustes et des arbres, tranchées d'irrigation, pose des drains, règlement du sol, etc.), a été poursuivie aussitôt que les circonstances l'ont permis, et terminée seulement à l'ouverture de l'Exposition, les emplacements ne pouvant être livrés aux jardiniers qu'au dernier moment lorsque personne n'avait plus à y revenir.

Si l'on ne comprend dans le jardin haut que la pelouse centrale et les massifs exécutés autour des pavillons de la Ville, c'est-à-dire si l'on fait abstraction de toute la partie située entre les pavillons de la Ville et les galeries des Expositions diverses (environ 3 hectares), la surface des jardins est de 130 051 mètres carrés.

Le prix au mètre carré (entretien et premier établissement) a été de 5 fr. 36.

Dès l'ouverture des jardins, il fallut organiser tout un service de garde pour la police spéciale des plantations. La création de ce service s'est imposée devant le succès de l'Exposition, qui, en amenant une foule énorme dans les parcs, rendait absolument inefficace la protection exercée par les gardiens de la paix. On installa à la même époque des clôtures en fil de fer destinées aussi à protéger les pelouses contre le piétinement de la foule.

Travaux de décoration. — Les travaux de décoration du parc peuvent se diviser en trois parties :

1° Exécution des velums et kiosques de musique ;

2° Exécution des perrons et balustrades ;

3° Exécution des œuvres d'art, fontaines, etc.

L'exécution des velums a eu pour but, tout en contribuant à la décoration générale, d'assurer aux visiteurs un abri couvert aussi bien contre le soleil que contre la pluie : l'expérience a démontré l'utilité de la mesure.

Les velums étaient constitués par une suite de fermes en bois légères, mais solidement établies ; chacune de ces fermes, de 6 mètres de portée, se composait de deux couples d'arbalétriers moisés en X pour mieux résister au vent. Elles étaient réunies entre elles par 3 cours de pannes, l'un au faîtage, les deux autres aux égouts, ces deux derniers portant sur les points d'appui des mâts décoratifs de hauteurs variées.

L'ordonnance générale était formée par des mâts de 7 mètres de haut, décorés de cartouches et surmontés de lances dorées ; ils étaient espacés de 4 mètres, suivant la largeur des travées.

Des mâts principaux, mesurant 12 mètres de hauteur, étaient placés toutes les 6 travées ; ils étaient pavoisés d'oriflammes aux couleurs nationales ; les socles octogonaux étaient moulurés ; à mi-hauteur, de grands écussons y étaient appliqués.

Sur l'ossature de la charpente une toile rayée de rouge et de blanc était tendue, comme couverture ; au-dessous, une autre toile constituait le plafond, avec les blancs et jaunes écrus alternés.

Latéralement, un membron décoré d'une torsade en zinc estampé recouvrait les sablières de rive ; au-dessous, un lambrequin de même étoffe que la toiture et largement découpé était maintenu rigide par une frange de perles en bois bronzé.

Aux abouts de chaque galerie de velums, le lambrequin se retournait en rampant sur les fermes-pignons, et deux hampes croisées suivant l'inclinaison du toit servaient d'attache à un grand écusson décoratif.

Au pied de chaque mât, en contre-bas du sol, deux contrefiches en sapin, boulonnées et moisées avec deux traverses formant patin, maintenaient l'aplomb de la construction.

Dans le jardin bas, deux galeries de velums étaient disposées parallèlement au bassin central. Elles étaient interrompues dans leur longueur au droit de la gerbe lumineuse et des entrées des Palais des Arts. Ces galeries formaient ainsi quatre portiques distincts.

Les galeries de la partie haute du jardin suivaient le même alignement et aboutissaient près du Dôme central; deux retours d'équerre joignaient l'un la galerie Rapp, l'autre la galerie Desaix. En outre, le pont d'Iéna était couvert dans toute son étendue par un velum construit suivant les mêmes dispositions. Toutefois, autant à cause de sa grande largeur (13 mètres) que pour assurer une résistance complète au vent, la charpente de ce velum, plus exposé que ceux du Champ de Mars, avait été établie avec un surcroît de solidité; la décoration du pont avait été complétée sur les faces latérales par de nombreux trophées de drapeaux fixés sur des vergues et des beauprés placés aux droits des piles et contre les parapets.

Tous ces travaux, commencés le 5 avril 1889, ont été achevés le 5 mai 1889, pour l'ouverture. Ils ont donné lieu, pour le Champ de Mars proprement dit, à une dépense de 83 226 fr. 51 et, pour le pont d'Iéna, à une dépense de 32 153 fr. 21. Les surfaces couvertes étaient de 4 296 mètres carrés pour le premier cas et 2 040 mètres pour le second.

Il en résulte une dépense au mètre de 19 fr. 37 et 15 fr. 76, compris travaux accessoires.

La soumission avait fixé des prix de 14 fr. 10 pour le type de 6 mètres et 11 fr. 35 pour celui de 13 mètres. L'exécution a été rapidement menée par la maison Cauvin, chargée de l'entreprise de la location.

En même temps que s'élevaient les velums, la Direction songeait à construire, dans les jardins, des kiosques où les musiques militaires pourraient venir jouer chaque jour, et décidait la création de quatre de ces installations : deux dans le jardin haut, entre les galeries des Expositions diverses et les Pavillons de la Ville, deux dans les jardins bas, presque aux angles sud des terrasses.

Des deux premiers, l'un était mis gracieusement, par un exposant, M. Jouffroy, à la disposition de l'Administration, qui n'avait qu'à construire le soubassement. Ce kiosque était de forme octogonale ; il avait une ossature métallique composée de colonnes supportant des fermes en treillis et recouverte d'une toiture en zinc avec voligeage apparent à l'intérieur. Les fondations en avaient été faites comme celles des galeries avoisinantes, c'est-à-dire à l'aide d'une série de puits en béton sur lesquels posaient des arcs en meulière destinés à servir d'appui au soubassement, tout en roche de Saint-Maximin et briques de Bourgogne d'un très heureux effet ; l'autre, de même forme que le précédent, était édifié en bois et recouvert d'une décoration en toile peinte : cette construction n'a nécessité aucune fondation.

L'exécution en avait été confiée à MM. Belloir et Vazelle.

Les deux kiosques du jardin bas étaient construits sur les mêmes plans, tous deux en treillages et charpente en bois, peints en vert et recouverts en zinc. Le soubassement, aussi simple que possible, était fait en béton de ciment. Leur exécution avait été confiée à M. Pombla, sous la direction de M. Girault, architecte.

Balustrades et Perrons. — Sur toute l'étendue des terrasses limitant le jardin bas et l'ancien parc, interrompues seulement aux rampes d'accès et aux perrons, s'étendaient des balustrades en béton Coignet, d'un modèle très élégant. L'exécution de ces balustrades n'avait pas été sans présenter des difficultés. Édifiées sur le sol de remblai du Champ de Mars, et d'un poids relativement considérable, elles avaient exigé des dispositions spéciales. Des pieux avaient été battus de 3 mètres en 3 mètres, et sur la tête de ces pieux avaient été posés deux fers à T de 0,12, noyés dans une rigole de béton ; puis sur la plate-forme ainsi constituée était venue s'appuyer la balustrade. On était ainsi tout à fait certain de la résistance du sol et à l'abri de tout tassement.

Des dispositions analogues avaient été prises pour les perrons, qui, au nombre de huit, savoir : un de chaque côté de la Fontaine centrale, un à chacun des angles voisins des galeries Rapp et Desaix, un au droit de chaque porche d'entrée des Palais, un à chacune des extrémités nord de la balustrade, permettaient d'accéder du jardin bas aux terrasses.

Les travaux ont été commencés seulement dans les derniers mois qui ont précédé l'ouverture; ils n'ont donné lieu à aucun incident. Le prix du mètre courant de balustrade a été (compris tous accessoires) de 74 fr. 85.

Les travaux de charpente ont été exécutés par la maison Poirier.

Les marches des perrons, comme la balustrade, étaient constituées par des blocs de béton aggloméré Coignet.

Fontaine Saint-Vidal. — L'aménagement du vaste carré compris entre les quatre piliers servant de base à la Tour de 300 mètres était assez difficile à choisir. Il ne fallait songer ni à le transformer en un vaste jardin, ni à y construire des pavillons particuliers. Dans le premier cas, on s'exposait à la monotonie, et, dans le second, on risquait de supprimer complètement la perspective ménagée entre le Trocadéro et le Dôme central.

C'était donc par un autre genre de décoration qu'il y avait lieu de rompre l'uniformité de l'ensemble. On se décida pour l'installation, au centre même de l'espace disponible, d'un imposant motif de sculpture.

Les dispositions adoptées furent simples.

Un bassin circulaire, de 23 mètres de diamètre, fut placé au centre même du carré formé par les assises des piliers. Au milieu

de ce premier bassin, et reposant sur un soubassement en maçonnerie, on établit un second bassin partagé en cinq lobes égaux,
séparés les uns des autres par des socles surmontés d'une statue.
Un groupe central dominait le tout.

L'exécution de la sculpture, confiée à M. de Saint-Vidal, mérite
une description détaillée par l'intérêt qu'elle a excité chez tous
ceux qui ont pu examiner de près cette composition importante.

L'œuvre se divisait en deux parties bien distinctes.

Autour de la vasque de la fontaine, un premier ensemble représentait les cinq parties du monde sous la forme de femmes beaucoup plus grandes que nature, dans l'attitude, la pose, les mouvements et le jeu de physionomie appropriés à la partie de la terre
qu'elles étaient destinées à rappeler. Au centre de la fontaine, au-
dessus de la vasque, se détachait un second groupe d'un imposant
effet : six figures mythologiques paraissant graviter autour de la
planisphère, qui reposait sur des nuages. Elles rappelaient les principaux éléments de la vie humaine : la *Nuit* et le *Jour*, l'une sous
la figure d'une femme, l'autre sous la forme et les traits d'un jeune
homme aux ailes déployées, constituaient un groupe symbolisant
le triomphe difficile de la vérité sur l'erreur ; *Mercure*, personnifiait
le travail et l'instinct de production, en présidant aux échanges qui
en sont la conséquence ; puis venait *Clio*, muse de l'Histoire ; enfin
le *Sommeil* et l'*Amour* complétaient la série.

L'artiste avait rattaché d'une façon ingénieuse les figures du
premier groupe à celles du second.

Ainsi, Mercure, cette divinité du commerce, se trouvait juste-
ment en face et au-dessus de l'Amérique, qu'il semblait prendre sous
sa protection ; l'Histoire planait au-dessus de l'Europe, qui a été
le théâtre des plus grands événements du passé ; auprès de l'Asie,
berceau du genre humain, pays de la volupté, se tenait l'Amour ;
le Sommeil s'étendait sur l'Afrique et l'Océanie. Cette double allé-
gorie formait un ensemble harmonieux dans sa séduisante unité.

Les travaux de la fontaine, placés sous la direction de M. l'architecte Formigé, ont été commencés, pour la partie artistique, dès

1888 et, pour le soubassement, au mois de mars 1889. Ils étaient terminés la veille de l'ouverture de l'Exposition.

En dehors des œuvres d'art disséminées dans les parcs et dont la pose n'a entraîné aucune dépense sérieuse, la Direction des Travaux a eu à se préoccuper de la construction du piédestal et de la mise en place de la statue de la République.

La statue de la République avait été offerte par le sculpteur M. Peynot à l'Administration, et il n'y eut qu'à lui attribuer une place d'honneur. L'emplacement choisi fut le milieu de la pelouse du jardin haut, devant le Dôme central. M. Blavette, architecte, construisit un piédestal. Les travaux, commencés quelque temps avant l'ouverture de l'Exposition et contrariés par la gelée, furent terminés au commencement de mai.

Enfin à tous ces travaux il convient d'ajouter l'exécution de la décoration des soubassements de la Tour de 300 mètres. Des rocaillages y ont figuré une série de rochers dans lesquels ont été disséminées des plantes; l'ensemble a été du plus heureux effet. La dépense a été mise pour la presque totalité à la charge de M. Eiffel.

II. — Trocadéro. — Au Trocadéro, les dispositions adoptées furent plus simples qu'au Champ de Mars, mais offrirent cependant certaines difficultés.

Jardinage. — On avait décidé que la plus grande partie du parc serait réservée aux Expositions d'horticulture; mais il restait à fixer l'étendue exacte des emplacements susceptibles de concession et à préparer le sol en vue de son utilisation toute spéciale.

Un premier projet, présenté au commencement de l'année 1888, proposait aux Comités d'admission du groupe IX une surface de 34885 mètres carrés pour l'Exposition des produits horticoles et des industries qui s'y rattachent. Ce projet comportait le déboisement des arbustes et arbres de deuxième grandeur et de presque tous les anciens massifs; l'Administration n'en gardait que quelques-uns, ceux par exemple situés aux amorces du boulevard

Delessert et du quai de Billy, qui formaient un encadrement de verdure aux deux portes principales ; elle maintenait également les arbres de grande dimension et respectait le tracé général dans ses grandes lignes. Elle conservait ainsi au parc, tout en donnant satisfaction aux exposants, son caractère particulier, et se trouvait à même, après l'Exposition, de rétablir en peu de temps l'ancien état de choses.

Mais dès le mois de mars 1888 la surface demandée par les exposants du groupe IX était plus que double de celle qui leur était offerte, et l'Administration, en présence de ces demandes, devait abandonner plusieurs des emplacements qu'elle s'était réservés, autoriser la création de nouveaux massifs et enfin affecter aux concours de gazons les grandes pelouses centrales du parc. Ces concessions nouvelles portèrent à 62000 mètres carrés la surface réservée aux Expositions. Cette augmentation eut pour conséquence immédiate le bouleversement de la plus grande partie du parc et sa transformation momentanée.

De tous côtés, il fallut préparer le sol pour les expositions particulières, enlever la terre végétale aux emplacements sur lesquels s'élèveraient les pavillons et les serres, enfin établir de grandes surfaces couvertes de terre végétale réservées aux horticulteurs.

Il y eut par suite de nombreux travaux à exécuter : transplantations d'arbrisseaux, arbustes et arbres d'ornement; apport de terres végétales; préparation des massifs et corbeilles fleuris réservés aux exposants et conservés par l'Administration; composition définitive et entretien de toutes les parties du parc; aménagement de tous les concours particuliers durant les onze époques horticoles échelonnées du 6 mai au 23 octobre 1889; enfin réparation des dégâts occasionnés par la foule.

L'exécution entraîna une main-d'œuvre extrêmement considérable et des fournitures de toute espèce.

Pour une surface totale de 62118 mètres, la dépense au mètre a été de 3 fr. 50, inférieure à celle du Champ de Mars; mais il importe de remarquer qu'au Trocadéro l'entretien a porté seule-

ment sur les surfaces laissées à l'Administration et non sur toute
la surface utilisée, et que la dépense de premier établissement a
été moins considérable qu'ailleurs à cause de l'état même où se
trouvait le parc.

Décoration. — La décoration comportait l'exécution de velums
sur les deux allées principales conduisant du pont d'Iéna au Palais
du Trocadéro et deux grandes tentes sur le boulevard Delessert.

Les tentes avaient 100 mètres de longueur chacune sur
13 mètres de largeur pour l'une et 15 mètres pour l'autre, avec
5 mètres de hauteur sur les côtés et $9^m,50$ au faîtage.

Leur charpente était en bois visible intérieurement et se composait de travées de 5 mètres.

La couverture était constituée par une toile imperméable formant transparent pour éclairer l'intérieur. De chaque côté, une
fenêtre à soufflet servait à l'aération. Un lambrequin de $0^m,50$ de
hauteur, dentelé et bordé d'un galon rouge et d'une décoration en
câblé avec boules, retombait à l'extérieur de la tente et des pignons.

A chaque extrémité, une entrée de 7 mètres de hauteur sur
5 mètres de largeur était garnie de toile relevée intérieurement en
forme de rideau par des embrasses. De chaque côté, et, toutes les
cinq travées était pratiquée une ouverture ornée de même façon.

Les entrées principales étant aux deux extrémités, une décoration particulière leur fut appliquée. Elle se composait de deux
grands mâts avec oriflammes et écussons, et, du côté de la porte,
de deux mâts plus petits finissant en fer de lance avec houpettes et
écussons.

Des bambous terminés par des boules avec des anneaux de place
en place formaient garniture de rives pour les toits et se croisaient
au-dessus de la porte d'entrée. Ils étaient réunis en leur milieu par
un bambou de même nature. Un écusson portant le mot HORTICULTURE
était placé au-dessus de l'entrée. Une décoration peinte complétait
l'ornementation du fronton.

La dépense que ces travaux ont entraînée s'est élevée à
28721 fr. 55, pour une surface couverte de 2800 mètres faisant

ressortir le prix du mètre carré à 10 fr. 25, y compris tous travaux accessoires.

III. — Quai d'Orsay, berge et esplanade des Invalides.

— Les travaux exécutés sur la berge, le quai d'Orsay et l'esplanade des Invalides se sont bornés, en ce qui concerne le jardinage, à l'établissement de massifs et de pelouses autour de quelques constructions particulières. La dépense totale a été peu importante.

Mais il y eut lieu de compléter l'aménagement général par la construction d'un velum sur toute l'étendue de l'allée centrale des Invalides; ce velum, exécuté dans les conditions des abris de même nature au Champ de Mars et au Trocadéro, sur une portée de 6 mètres, a été élevé par M. Cauvin, entrepreneur, dans des conditions de rapidité qui lui font grand honneur. Il a entraîné une dépense de 37 224 francs pour une surface couverte de 2 640 mètres carrés, ce qui fait ressortir à 14 fr. 10 la dépense au mètre.

Enfin la suppression des rues Saint-Dominique et de l'Université dans leur traversée de l'Esplanade a modifié le régime d'écoulement des eaux et obligé à un remaniement des bordures, ainsi qu'à la création de nouvelles bouches d'égout.

IV. — Dépenses. — La dépense totale pour l'établissement

des parcs et jardins a été de 2 377 910 fr. 84. On en trouvera le détail à l'article 4 du chapitre II (3e Partie).

CHAPITRE VIII

FONTAINES LUMINEUSES ET SERVICE DES EAUX

I. — Considérations générales.

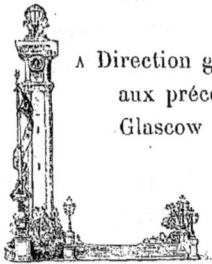

A Direction générale des Travaux, frappée du succès obtenu aux précédentes expositions de Londres, Manchester et Glascow par certains effets d'eau éclairée à la lumière électrique, décida d'ajouter des fontaines dites lumineuses aux attractions déjà si nombreuses de l'Exposition.

La fontaine monumentale placée au centre de l'Exposition, à la limite de séparation des parties haute et basse du parc, fut désignée pour recevoir toutes installations utiles et le projet d'exécution primitif subit les modifications nécessaires à l'installation des appareils. Un canal de 40 mètres de longueur la relia à un bassin octogonal de 30 mètres de diamètre établi à l'intersection de l'axe longitudinal du Champ de Mars et de la ligne des Dômes des Palais des Arts. C'est ce bassin qui devait contenir la grande gerbe lumineuse de la maison Galloway.

Il fallait, pour rendre ces fontaines dignes du cadre grandiose

qui les entourait, leur donner un caractère nettement artistique qui
pût rehausser encore le charme des effets si étranges obtenus par
la coloration lumineuse des eaux.

Il fallait en outre chercher à combiner avec les dispositions déjà
connues une série de dispositions nouvelles, destinées à donner un
aspect original et imprévu à l'ensemble de l'œuvre.

Pour arriver à ce résultat, la Direction des Travaux confia à
M. Formigé, architecte, la conception décorative de l'ensemble et
la construction des bassins, vasques et piédestaux, à M. Coutan,
statuaire, la composition et l'exécution des nombreuses figures qui
devaient y entrer soit isolément soit en groupe, et à M. Bechmann,
ingénieur, l'étude et l'aménagement des divers appareils hydrauliques et électriques.

Le succès obtenu par cette heureuse collaboration a dépassé toutes
les espérances et n'a pas peu contribué à la réussite des nombreuses
fêtes de nuit organisées pendant toute la durée de l'Exposition.

II. — **Description architecturale et décorative.** — La
fontaine située dans l'axe longitudinal du parc comprenait deux
vasques disposées en gradins superposés d'où l'eau s'échappait en
cascade. (Série N, Pl. 1 et 2.)

La vasque supérieure formait un rectangle allongé terminé à
ses extrémités par deux parties demi-circulaires; au centre, émer-
geait un très important motif de sculpture représentant le vaisseau
allégorique de la Ville de Paris dont la proue, ornée d'une tête du
bélier, portait le coq gaulois chantant. A la poupe était gravé le
mot « Progrès ».

Au centre de la nef, un piédestal richement orné supportait le
Génie de la France représenté par une majestueuse figure de femme,
les ailes déployées, qui, de la main droite brandissait le flambeau
de la civilisation, tandis que de la main gauche elle s'appuyait sur
le faisceau de la loi. Elle était assise sur l'enclume du Travail et
contrastait, par son immuable sérénité, avec l'animation des figures
mouvementées qui l'accompagnaient.

A l'arrière du vaisseau, et le regard fixé vers elle, la République, coiffée du bonnet phrygien ceint de lauriers, se penchait avec force sur le gouvernail qu'elle dirigeait d'une main vigoureuse.

Cette radieuse apothéose de la France triomphante dans ses luttes pacifiques se dressait au-dessus de 4 figures debout qui formaient autour de ce motif central un groupe plein de vie et de mouvement.

A droite du piédestal, une femme, symbolisant « les Sciences », portait un globe terrestre et un compas. Derrière elle, le dieu du Commerce, Mercure, offrait à la France le marteau de l'Industrie.

La première figure placée à gauche du socle symbolisait « les Arts », sous les traits d'une jeune femme qui, dans un gracieux mouvement, se retournait à moitié vers le Dôme central, tout en fixant les yeux vers la France; une tunique à longs plis flottants dissimulait à peine les lignes ondulées de son corps souple et laissait à nu ses épaules où était attachée une lyre, son bras droit s'élevait dans une pose inspirée, et la main gauche tenait une palette et des pinceaux. A côté d'elle, s'appuyait l'Agriculture aux formes robustes, pressant contre son sein puissant une gerbe de blé et posant son pied sur le soc d'une charrue; elle regardait aussi la France, et, de la main droite armée d'une faucille, semblait lui offrir les produits de la moisson.

Aux pieds de ces statues, et sur l'extrême bordage de la carène, étaient assis quatre petits génies appuyés sur des cornes d'abondance d'où l'eau jaillissait en jets paraboliques.

A l'avant du vaisseau, deux figures couchées embouchaient les trompettes de la Renommée.

Sur les rebords latéraux de la vasque supérieure, étaient étendues deux figures que, dans sa marche, le vaisseau du Progrès avait projetées au loin. A gauche, un homme renversé sur des rochers — et dont la face bestiale exprimait une rage impuissante — tenait dans sa main une pierre qu'il essayait de lancer. Il personnifiait la Routine. A droite, une femme, aux formes voluptueuses, symbolisait l'Ignorance. Sa main crispée s'attachait à une branche brisée.

La margelle qui entourait la vasque inférieure était limitée latéralement par des piédestaux d'angles portant des statues assises et disposées symétriquement dans des sens opposés, celles du nord vers le Trocadéro, les deux autres, vers le Dôme central. Les deux premières personnifiaient la Vérité et la Fortune.

La Vérité, placée sur le piédestal de droite, était complètement nue et sa longue chevelure flottait éparse sur ses épaules. Une légère draperie négligemment jetée s'enroulait autour de son bras droit, tandis que la main gauche tenait un miroir vers lequel elle dirigeait ses regards.

La seconde statue, placée à gauche, demi-nue et le pied gauche appuyé sur la roue symbolique de la Fortune, tournait la tête vers le groupe central. Sa main gauche soutenait une corne d'abondance d'où l'or débordait, et dont elle semait une poignée de la main droite.

Les deux autres statues symbolisaient : à droite, la Science, et, à gauche, la Vigilance. La première, le corps demi-voilé d'une draperie flottante, était assise dans l'attitude de la méditation, le pied droit posé sur un globe. Sa main gauche était repliée sur un livre placé sous le bras droit et qui lui servait d'appui. On voyait à ses pieds une branche de laurier et le hibou symbolique. La deuxième statue avait le torse drapé dans une tunique qui laissait à découvert la jambe gauche appuyée sur un cartouche portant le mot « Vigilance », qu'accompagnaient des fleurs et des fruits. Sa tête était couverte d'un casque antique et sa main gauche tenait, à la fois, une lance et des épis de blé.

Au pied de chacune de ces statues se trouvait une urne renversée d'où jaillissait un jet parabolique.

Cinq figures de tritons et de naïades montées sur des dauphins étaient disposées symétriquement dans la grande vasque autour du vaisseau qu'ils accompagnaient en se jouant et en projetant également des gerbes d'eau.

Au-dessous de cette vasque inférieure qui venait se raccorder par deux consoles renversées à la margelle du bassin recevant la cascade, une figure de femme nue, assise sur un roc, personnifiait la Nymphe de la Seine. Son bras gauche soutenait un aviron posé sur son épaule, tandis que sa main droite était appuyée sur un écusson où se voyait gravée la nef emblématique de Paris.

III. — Maçonnerie et fondations. — Les travaux de maçonnerie comprenaient l'exécution des deux vasques supérieures, du canal et du bassin octogonal avec les passages souterrains, c'est-à-dire :

1° Sous le motif principal de sculpture, une double galerie voûtée perpendiculaire à l'axe longitudinal du Champ de Mars, allant jusqu'aux extrémités mêmes du bassin (au milieu de cette galerie se présentait une grande salle, limitée par les fondations du groupe de la fontaine ; on y accédait du dehors par le côté sud) ;

2° En avant (et au sud) de ces fondations, à 2 mètres environ de la salle principale, une seconde ligne de substruction qui s'arrêtait aux galeries transversales indiquées ci-dessus ;

3° Partant de la salle principale à 45° environ sur l'axe de la fontaine, de chaque côté de cet axe, deux galeries qui, au bout de 9 mètres, s'inclinaient pour devenir parallèles au grand côté du canal (à leur extrémité, une galerie perpendiculaire à leur direction les reliait l'une à l'autre) ;

4° Au centre du bassin octogonal une cuve circulaire indépendante des autres galeries, communiquant directement à l'extérieur par un passage dirigé à l'est et desservant la grande gerbe lumineuse. (Série N, Pl. 1.)

Les fondations de cet ensemble donnèrent lieu à deux catégories de travaux : les uns se rapportant à la margelle nord du bassin le plus élevé ; les autres se rapportant aux bassins inférieurs.

Le système adopté pour les fondations dans le premier cas a été le même que celui qui avait prévalu dans la construction du Palais des Arts. Une série de puits de diamètre et de formes variables, suivant l'importance de la charge et la répartition du poids qu'ils

devaient supporter, avaient été établis à tous les angles et sur différents points des lignes de fondations; leur nombre était de 44. —
Ils reposaient sur le sable naturel du Champ de Mars et se composaient d'un massif de béton de 3^m,80. Une série d'arcs en meulière
reliaient les uns aux autres les puits d'une même ligne.

Les fondations des bassins inférieurs furent exécutées, en ce
qui concerne les margelles, comme l'avaient été les fondations des
balustrades et les perrons, par pieux battus et réunis au moyen de
fers à T sur lesquels on plaçait les pièces moulées en béton Coignet;
les radiers se composaient d'une couche de 0^m,40 de béton aggloméré posée sur la terre battue et pilonnée; un enduit de ciment
de 0^m,03 en recouvrait la surface.

Les galeries souterraines furent construites en maçonnerie de
meulière; celles qui se trouvaient sous le canal et le bassin octogonal étaient constituées par deux pieds-droits de 1^m,02 de hauteur
et 0^m,20 d'épaisseur surmontés d'une voûte circulaire; leur largeur
était de 1^m,60. Les pieds-droits s'appuyaient sur la couche de
sable naturel du Champ de Mars.

Les galeries transversales placées sous la fontaine même avaient
plus d'importance; leurs pieds-droits mesuraient 0^m,80 d'épaisseur.
Elles s'appuyaient sur des fondations par puits et étaient recouvertes par des voûtes d'arêtes.

Au-dessous du groupe de la fontaine, les voûtes s'interrompaient,
le groupe lui-même recouvrant les galeries.

Toutes ces dispositions sont d'ailleurs indiquées dans la planche
précitée.

IV. — **Effets d'eau.** — L'aménagement des fontaines et du
canal fut assuré par M. Bechmann, chargé, avec MM. les inspecteurs Richard et Meker, de l'exécution des travaux au point de
vue hydraulique et optique. (Série O, Pl. 5 à 8.)

Le bassin supérieur contenait 2 jets d'eau verticaux et 14 jets
paraboliques s'échappant de la gueule des dauphins, des urnes et
des cornes d'abondance. Ces différents jets alimentaient une nappe

d'eau retombant en cascade dans la vasque inférieure en communication avec le canal, qui était bordé lui-même de 14 gerbes de
formes variées, disposées sur deux lignes parallèles.

Les deux premières gerbes, du côté de la fontaine, présentaient
la forme générale d'une fleur dont 5 jets en lame mince et recourbée
figuraient la corolle, tandis qu'un sixième jet vertical s'échappait
de la partie centrale. Les 12 autres se composaient de jets de
petites dimensions qui, brisés par la résistance de l'air, retom-
baient en poussière.

Enfin la grande gerbe se composait d'un double jet central et de
deux couronnes concentriques comprenant respectivement 6 et
10 groupes de jets verticaux.

L'ensemble comportait 48 effets d'eau distincts et près de 300 ajutages débitant au moins 350 litres d'eau par seconde. L'eau était
fournie par des conduites qu'alimentait le réservoir de Villejuif,
dont l'altitude est de 89 mètres.

La lumière électrique, projetée dans les jets d'eau, les trans-
formait en jets de lumière. Grâce à l'interposition de verres
teintés, manœuvrés par groupes au moyen de systèmes de transmissions actionnés par des leviers, on obtenait des effets lumineux de
couleurs variées, qu'on pouvait modifier instantanément en produisant une infinité de combinaisons différentes.

Pendant la durée de l'Exposition, le courant électrique était
envoyé par la station de la société Gramme, où il était produit par
deux dynamos de 900 ampères et 120 volts couplées en tension.

Les jets verticaux étaient obtenus au moyen d'ajutages très
minces placés au-dessus de dalles en verre qui étaient elles-
mêmes disposées horizontalement un peu plus haut que le niveau
normal de l'eau dans le bassin.

L'éclairage s'obtenait en établissant sous la dalle le foyer lumineux muni d'un réflecteur, qui fournissait un faisceau de rayons
parallèles ou mieux légèrement divergents enveloppant la masse
liquide.

Pour la grande gerbe, on employait 18 lampes de 60 ampères du système Galloway, disposées dans la grande chambre circulaire. Le foyer était un régulateur à main, à crayons horizontaux, muni d'un grand réflecteur en étain, échancré pour le passage des cendres. Il était placé directement sous la dalle de verre, à une distance assez faible, quoique suffisante pour permettre l'interposition d'un châssis portant cinq cadres mobiles avec verres teintés de couleurs différentes.

Les dix régulateurs de la circonférence extérieure, au lieu d'envoyer leur lumière verticalement, émettaient des faisceaux qui convergaient vers le haut de la gerbe centrale, de sorte que celle-ci, éclairée en bas d'une couleur déterminée au moyen de ses propres lampes, pouvait l'être en haut de couleurs différentes au moyen des lampes du pourtour.

L'éclairage des petites gerbes du canal et de la vasque supérieure était réalisé au moyen de 16 lampes de 40 ampères, dont une du système Galloway et 15 du système Sauter-Lemonnier. Pour celles-ci, le régulateur était à crayons verticaux et à réglage automatique. Le réflecteur était un miroir sphérique en verre argenté fournissant un faisceau lumineux horizontal renvoyé dans la direction verticale par un miroir plan incliné à 45°. En rapprochant ou en éloignant la lampe du réflecteur, on obtenait, pour le pinceau de lumière, la forme plus ou moins divergente.

L'éclairage des jets courbes fournis par les ajutages horizontaux placés dans les cornes d'abondance, urnes, dauphins, etc., de la fontaine, présentait une difficulté particulière. En effet, bien qu'une expérience classique ait établi que la lumière lancée à l'intérieur d'un jet d'eau parabolique se réfléchit totalement et reste emprisonnée dans la veine liquide pleine qu'elle éclaire dans toute sa longueur, on constata, quand on voulut répéter l'expérience sur une grande échelle, en augmentant la section de l'orifice et la pression du liquide, que, même avec un foyer lumineux très intense, l'éclairement du jet ne se faisait plus que sur une longueur très restreinte. Le résultat cherché fut cependant obtenu grâce à une disposition absolument nouvelle imaginée par

M. Bechmann et qui a faitl'objetd'une communication présentée à la
séance du 18 mars 1889 de l'Académie des sciences.

Le jet plein était remplacé par un jet annulaire à l'intérieur
duquel arrivait le faisceau lumineux. L'appareil était composé de
deux troncs de cône en métal, de section elliptique, emboîtés l'un
dans l'autre et portant des prolongements cylindriques. L'eau
amenée dans l'espace annulaire sortait par la couronne cylindrique avec une épaisseur de quelques millimètres seulement, sous
forme d'une véritable gaine d'eau, vide à l'intérieur. Il était ainsi
possible d'éclairer une veine de $0^m,22$ de diamètre sur une hauteur
de $4^m,50$.

La lumière éclairant les 14 jets paraboliques était formée par
autant de lampes Galloway, de 40 ampères. Les dispositions des
ajutages placés dans l'intérieur même des motifs de décoration
de la fontaine ne permettant pas l'éclairage direct, un miroir plan
à 45° renvoyait horizontalement dans la partie intérieure de
l'ajutage le faisceau vertical convergent produit par chaque lampe,
et c'est dans la partie verticale du parcours de la lumière qu'étaient
interposés les verres de couleur.

Pour donner au public une illusion complète, il importait de
lui masquer complètement les foyers lumineux.

Pour les jets paraboliques, l'eau et la lumière sortaient ensemble
du même ajutage en présentant tout à fait l'apparence d'un jet de feu.

Mais, pour les jets verticaux, les dalles de verre lumineuses
placées au-dessous des ajutages devaient être dissimulées derrière
des écrans les rendant invisibles au spectateur, quelle que fût sa
position. On s'est servi, à cet effet, de roseaux en fonte figurant
des touffes isolées autour de chacune des gerbes du canal et un
grand massif au centre du bassin octogonal.

La manœuvre des verres de couleur se faisait mécaniquement
par groupes au moyens de leviers.

Pour la grande gerbe, dans la chambre circulaire, les verres
formaient cinq groupes pouvant recevoir respectivement une coloration différente. Dans chaque groupe, les verres de même couleur

étaient reliés entre eux de manière à former un circuit unique qui
pouvait être mis en mouvement au moyen d'un seul levier : une
course de 0^m,50 dans un sens ou dans l'autre amenait les verres
correspondants devant les foyers lumineux ou les en écartait.
Comme chaque groupe comprenait des verres de cinq couleurs, on
avait 25 leviers qui étaient placés les uns à côté des autres et à la
manœuvre desquels un seul homme suffisait.

Des dispositions analogues permettaient également la manœuvre
par un seul homme d'une seconde série de leviers correspondant
aux jets de la fontaine et du canal et disposés dans une chambre
pratiquée sous la vasque supérieure.

Les deux chambres communiquaient avec un pavillon établi
par M. Coignet à proximité du bassin et servant de poste d'observation au chef d'équipe, qui embrassait d'un coup d'œil l'ensemble
de la pièce d'eau et qui transmettait électriquement ses ordres aux
hommes chargés de la manœuvre.

De plus, au moyen d'un système de leviers et de tringles, il
actionnait directement les robinets des effets d'eau de la grande
gerbe et modifiait à volonté la hauteur ainsi que le débit des jets.

Grâce à la variété indéfinie des combinaisons ainsi qu'à la
simultanéité des changements s'opérant avec un ensemble parfait,
les fontaines lumineuses n'ont pas cessé d'obtenir le plus éclatant
succès.

V. — Dépenses. — Bien que la lumière fût fournie gratuitement par le syndicat des électriciens, l'installation des appareils
d'éclairage et la construction même de la fontaine imposèrent à l'Administration de lourds sacrifices dont on trouvera le détail à l'article 4 (parcs et jardins) du chapitre II, 3e Partie (Développement
des Dépenses).

VI. — Dispositions générales du service des eaux. — Pour
l'alimentation d'eau de l'Exposition, tout était à faire ou à peu près.
On devait utiliser, il est vrai, la grande cascade du Trocadéro et

les conduites et appareils en petit nombre qui desservaient le quai d'Orsay et l'esplanade des Invalides. Mais, en dehors du parc aménagé au voisinage de la Seine et qui renfermait quelques bouches d'arrosage pourvues d'eau à basse pression, il n'y avait pas une seule conduite d'alimentation, pas un appareil de distribution dans toute l'étendue du Champ de Mars, et c'est là que devait se produire la consommation de beaucoup la plus considérable.

Le Directeur des Travaux procéda à une étude d'ensemble, à la suite de laquelle fut arrêté, le 15 mars 1887, le projet à exécuter afin d'assurer les services énumérés ci-après au moyen de prises sur les conduites maîtresses des divers services de la distribution municipale des eaux.

L'alimentation proprement dite (Restaurants, Cafés, etc.) devait se faire en *eau de source* (Vanne);

L'arrosage et le nettoiement des galeries, le service d'incendie dans les Palais, celui des *fontaines* d'ornement dans le parc... en *eau de Seine à haute pression* élevée par les machines d'Ivry dans le réservoir de Villejuif;

L'arrosage des pelouses et allées du parc, en *eau de Seine à basse pression* provenant du réservoir de Grenelle et refoulée par les pompes de l'usine du quai de Javel.

Quant au *Service mécanique*, dont les besoins s'annonçaient devoir être très importants, puisqu'il ne s'agissait de rien moins que de fournir la quantité d'eau nécessaire à la production et à la condensation de la vapeur d'une série de machines motrices, dont la puissance totale pouvait atteindre et dépasser 5000 chevaux, on devait y pourvoir en installant sur la berge des machines élévatoires destinées à puiser en Seine, près du lieu d'emploi, et à refouler au niveau strictement indispensable le volume d'eau nécessaire. Le projet comportait pour ce service l'établissement de la conduite maîtresse qui devait amener l'eau ainsi puisée jusque dans le Palais des Machines et de la conduite de retour par l'intermédiaire de laquelle on rejetterait en rivière les eaux de condensation, de vidange et de trop plein.

VII.—Conventions avec la Ville de Paris et avec MM. Rogé
et Gibault. — Une heureuse combinaison, à laquelle l'Administration de la Ville de Paris s'est d'ailleurs gracieusement prêtée,
permettait de réaliser, dans des conditions remarquablement avantageuses, toute cette installation.

L'usine de Pont-à-Mousson, fournisseur des fontes de la Ville
de Paris, en vertu d'une adjudication du 16 janvier 1886, offrait en
effet de livrer les tuyaux et raccords nécessaires aux travaux de
l'Exposition moyennant un prix de location minime, à la seule condition que la Ville s'engageât à les reprendre, après dépose et
remise en état, au prix même du marché, déduction faite de la
location payée par l'Exposition. Un des entrepreneurs d'entretien
de la fontainerie de la Ville de Paris, M. Gibault, s'était d'autre
part mis d'accord avec M. Rogé, administrateur délégué des fonde-
ries de Pont-à-Mousson, pour soumissionner avec lui et d'après ces
bases l'ensemble des travaux à exécuter, moyennant des prix au
mètre courant, comprenant à la fois pose, location et dépose, pour
les conduites; il se chargeait aussi de la fourniture en location des
robinets-vannes et de tous les appareils de distribution, à raison de
40 p. 100 des prix d'achat, résultant de la série de son entreprise, et sous la condition qu'ils seraient repris par la Ville en 1890.
Il acceptait pour cette reprise la déduction d'un rabais de 15 p. 100
sur ces mêmes prix. Par compensation, il demandait le droit
exclusif d'exécuter les prises d'eau des exposants et concessionnaires, mais se soumettait pour les travaux particuliers à l'application des prix de la série de son entreprise frappés d'un rabais de
6 fr. 20 p. 100 francs.

En appliquant aux quantités prévues les prix élémentaires résultant de cette combinaison, on trouvait que l'ensemble pouvait être
exécuté moyennant une dépense totale de 162 000 francs pour le
service général et de 93 000 francs pour le service mécanique.

La combinaison fût approuvée le 21 avril 1887 par le Conseil
municipal qui consentit également à livrer à l'Exposition l'eau de
source à raison de 0 fr. 10 le mètre cube, l'eau de Seine à haute

pression à raison de 0 fr. 05 le mètre cube et gratuitement l'eau de
Seine à basse pression.

Une convention passée le 25 juin 1887, entre l'État et la Ville
de Paris, consacra définitivement ces dispositions. Le même jour,
le traité intervenu avec MM. Rogé et Gibault recevait l'approbation
ministérielle.

VIII. — Marché Rogé et Gibault. — Ce traité, outre les clauses
relatives à la fourniture, à la pose et à la dépose des conduites et
appareils, aux prix de la série spécialement établie sur les bases
convenues et, à défaut, aux prix de la série d'entretien de la fontainerie de la Ville de Paris pour les années 1883-1888, contenait
l'obligation suivante pour les soumissionnaires : « Ils exécuteront
et entretiendront au compte des exposants et concessionnaires, et
sous leur propre responsabilité, tous les travaux de raccordement
entre la canalisation générale et les installations particulières,
depuis la prise sur la conduite jusqu'au compteur ou au réservoir,
sans qu'ils puissent percevoir pour ces travaux des prix supérieurs
à ceux de la série d'entretien de la fontainerie de la Ville de Paris,
du 1er juin 1883 au 31 décembre 1888, frappés du rabais de 6 fr. 20
pour 100 francs, et à la condition de faire eux-mêmes, à leurs
frais, risques et périls, tous les recouvrements sans aucun recours
contre l'Administration. » Celle-ci se réservait d'ailleurs la faculté,
soit de prolonger la location, moyennant versement d'un intérêt
à 5 p. 100 l'an, soit de conserver tout ou partie des conduites et
appareils, à la condition de payer les prix de fourniture et de pose
consentis par les soumissionnaires à la Ville de Paris.

Le cahier des charges, joint à la convention, stipulait que les
travaux seraient terminés le 31 janvier 1889 et que les ouvrages
devaient être mis en service au fur et à mesure des besoins, entre-
tenus par les soumissionnaires jusqu'au 31 décembre 1889 et
déposés dans les quatre mois. En cas de retard, les soumissionnaires étaient soumis à des retenues de 200 francs par jour pour la
mise en service et de 100 francs pour l'enlèvement, sans préjudice

de la mise en régie et de l'exécution d'office. Pour l'entretien, les soumissionnaires devaient avoir un bureau, un poste de plombiers et un magasin, pourvus, de jour et de nuit, du personnel et du matériel jugés nécessaires et reliés par le téléphone aux bureaux de la Direction des Travaux. Ils étaient soumis en outre aux stipulations du cahier des charges de l'entreprise de fontainerie de la Ville de Paris, ainsi qu'à celles du cahier des clauses et conditions approuvées par M. le ministre du Commerce et de l'Industrie, le 25 août 1886, et devaient verser un cautionnement de 10 000 francs.

IX. — Ouverture de crédits. — Exécution des travaux.

— Les crédits nécessaires pour l'exécution des travaux ont été ouverts par arrêtés ministériels du 30 juin 1887. Ils étaient respectivement de 162 000 francs pour le service général et de 93 000 francs pour le service mécanique conformément aux prévisions du projet.

Les travaux ont été d'ailleurs immédiatement entrepris sous la direction de M. Bechmann, ingénieur en chef, assisté de M. Richard, conducteur principal des ponts et chaussées du service municipal, comme inspecteur du service des eaux.

Diverses circonstances sont venues modifier ultérieurement le programme primitif et ont déterminé des augmentations notables de travaux et de dépenses. En première ligne, il y a lieu de mentionner l'installation des *fontaines lumineuses*, décidée en principe au commencement de l'été de 1888 et autorisée par un arrêté ministériel du 14 novembre de la même année, qui a ouvert à cet effet un crédit spécial, dont 79 000 francs environ affectés aux travaux supplémentaires de canalisation et de fontainerie.

Plusieurs arrêtés successifs ont autorisé, d'autre part, des travaux de moindre importance soit pour le service mécanique, soit pour le service général au Champ de Mars, sur le quai d'Orsay et à l'Esplanade des Invalides. Par suite de ces additions, l'ensemble des crédits dont a disposé le service des eaux s'est élevé à la somme totale de 535 350 francs.

Enfin l'Administration a autorisé l'exécution de plusieurs prolongements de conduites en location, dans l'intérêt et aux frais de quelques exposants et concessionnaires tels que l'Administration des Forêts, les classes de l'Hygiène et de la Marine civile, le Syndicat des électriciens, etc., et il en est résulté une dépense supplémentaire de 20 248 francs, effectuée également sous le contrôle effectif du service.

X. — **Canalisation et appareils de distribution.** — La canalisation, exécutée au compte de l'Administration, présentait une longueur totale de 20 659 mètres, répartie comme suit par localités et par diamètres :

	0,60	0,50	0,40	0,30	0,25	0,20	0,15	0,10	0,06	TOTAUX.
SERVICE MÉCANIQUE										
Champ de Mars. Alimentation . . .	m. 1497,00	»	m. 215,50	»	»	»	»	»	»	m. 1712,50
Évacuation.	1405,00	»	215,50	»	»	»	»	591,12	»	2211,62
SERVICE GÉNÉRAL										
Champ de Mars. . .	1007,62	m. 267,17	113,97	m. 2082,39	m. 848,14	m. 1252,14	m. 2849,44	3914,95	m. 3121,77	1547,59
Trocadéro.	344,63	»	41,73	»	»	»	»	»	»	386,36
Quai d'Orsay	»	»	»	»	»	»	»	281,00	210,00	491,00
Esplanade des Invalides	»	»	»	»	»	»	»	399,20	»	399,20
TOTAUX. . .	4254,25	267,17	586,70	2082,39	848,14	1252,14	2849,44	5486,27	3331,77	20658,27

Si l'on y ajoute les 1 316m,88 de conduites posées au compte des particuliers, savoir :

0,60	0,30	0,25	0,20	0,15	0,10	0,06
28m,58	102m,94	9m,30	184m,15	135m,11	453m,62	403m,18

on arrive à un total général de 21 975 mètres.

Les appareils hydrauliques, disposés sur la canalisation générale, ont été au nombre de 276. Le tableau suivant en donne la désignation et la répartition par localités.

		BOUCHES d'incendie.	POSTES d'eau.	BOUCHES d'arrosage.	FONTAINES Wallace.	BORNES fontaines.
Champ de Mars.	Parcs et industries diverses.	15	»	198	8	»
	Machines . . .	»	8	»	»	»
	Beaux-Arts. . .	»	24	»	»	»
	Arts libéraux. .	»	8	»	»	»
Trocadéro		»	»	»	2	»
Quai d'Orsay		1	»	4	»	2
Esplanade des Invalides .		2	»	»	2	2
TOTAUX		18	40	202	12	4

XI. — **Description des divers réseaux.** — L'ensemble des conduites du Champ de Mars formait six *réseaux* distincts, dont deux pour le service mécanique et quatre pour le service général. (Série O, Pl. 1 à 4.)

SERVICE MÉCANIQUE

1° *Alimentation.* — La conduite principale, de $0^m,60$ de diamètre, avait pour origine le réservoir en tôle établi sur le quai d'Orsay, à proximité des usines élévatoires et en face de la gare du chemin de fer de l'Ouest. De là, elle gagnait le trottoir de l'avenue de Suffren, côté des maisons, sous lequel elle était posée à une distance uniforme de $0^m,80$ environ du dessus du sol, jusqu'au droit du Palais des Machines. Traversant alors obliquement la chaussée de l'avenue, elle pénétrait dans l'enceinte de l'Exposition, puis dans le Palais même, et venait se placer dans l'égout construit parallèlement à l'axe et à 20 mètres de distance du côté de l'École militaire, sous l'une des allées de circulation. Une branche de $0^m,40$

de diamètre s'en détachait en face de la section belge, traversait
normalement le milieu de la nef et venait alimenter une conduite
longitudinale de même diamètre posée également en égout, dans
une position symétrique par rapport à l'axe du bâtiment, et qui
s'étendait le long des sections suisse, belge, américaine et anglaise.

2° *Évacuation.* — Pour l'écoulement des eaux chaudes en Seine,
des conduites de $0^m,40$ et de $0^m,60$ de diamètre étaient établies
exactement sur le même parcours et tout à côté des conduites
d'alimentation, mais avec une pente continue et régulière vers la
berge, de sorte que dans l'avenue de Suffren la profondeur de la
tranchée allait constamment en croissant depuis le Palais des
Machines jusqu'à la Seine. La conduite d'évacuation, de $0^m,60$ de
diamètre, était d'ailleurs prolongée à travers le mur de quai et
passait sous la rampe d'accès et le terre-plein du bas-port pour aller
déboucher en Seine dans le prolongement de l'avenue de Suffren.

Une conduite de $0^m,10$ de diamètre, disposée tout le long de la
cour des générateurs de vapeur, venait rejoindre, à la sortie de
l'enceinte, la conduite d'évacuation de $0^m,60$.

SERVICE GÉNÉRAL

1° *Eau de source.* — L'alimentation du réseau spécial de l'eau
de source était fournie par la conduite de $0^m,40$ de l'égout de
l'avenue de La Bourdonnais, branchée elle-même à peu de distance
sur la conduite de $0^m,60$ d'eau de Vanne de l'avenue Bosquet. La
prise, de $0^m,40$ de diamètre également, avait été pratiquée en face
du jardin d'isolement; une conduite de même diamètre, traversant l'avenue, pénétrait dans l'enceinte de l'Exposition, s'engageait
dans l'égout du jardin d'isolement et s'y étendait jusqu'à la rencontre du premier égout oblique. Là elle détachait dans cette
galerie latérale un embranchement de $0^m,20$ de diamètre, qui,
après 119 mètres de parcours, se divisait en deux conduites de
$0^m,15$ formant un circuit complet dans les égouts du pourtour du

nouveau parc, précisément le long des portiques occupés par les restaurants.

En dehors du réseau ainsi constitué, l'eau de source (Vanne) était encore fournie en divers points par une conduite de 0^m,15 de diamètre qui existait dans l'égout transversal du bas parc et par des prises directes sur les conduites de la ville, avenues de La Bourdonnais et de Suffren.

2° *Eau de rivière à haute pression.* — Le service le plus important, au point de vue de la consommation d'eau, était desservi par l'eau de Seine à haute pression provenant du réservoir de Villejuif, dont le trop-plein se trouve à l'altitude 89 mètres. Cette eau est amenée du réservoir de Villejuif à celui de Passy par une conduite maîtresse, qui présente successivement les diamètres de 1^m,10, 0^m,80 et 0^m,60, et emprunte le boulevard de Grenelle, le quai d'Orsay et le pont d'Iéna. La prise d'eau destinée à desservir le Champ de Mars était pratiquée sur cette conduite, dans la partie où elle a 0^m,80 de diamètre, boulevard de Grenelle, au droit de l'avenue de La Motte-Piquet. L'embranchement, de 0^m,60 de diamètre, suivait cette dernière avenue jusqu'à l'angle de l'avenue de Suffren, pénétrait suivant une direction oblique dans l'enceinte de l'Exposition et venait se placer parallèlement à la façade du Palais des Machines, côté Suffren, immédiatement en avant des fondations. La conduite contournant ensuite la grande plaque tournante de la classe 61 s'engageait dans l'égout du jardin d'isolement qu'elle parcourait dans toute sa longueur pour aller s'appuyer contre le tronçon de conduite de 0^m,40 d'eau de source, dont elle était séparée par deux robinets-vannes successifs.

A la rencontre des deux égouts obliques, cette conduite principale détachait deux branches, de 0^m,30 de diamètre, formant un circuit complet dans les égouts du nouveau parc, parallèlement au circuit des conduites de 0^m,15 d'eau de source. Ce circuit était d'ailleurs coupé par une conduite de 0^m,30 et de 0^m,25 de diamètre, dirigée dans l'axe du Champ de Mars et entièrement en égout, qui passait sous les fontaines vers le milieu de son parcours et sur laquelle était branchée la colonne alimentant les gerbes du canal et les effets d'eau de la fontaine monumentale.

Une conduite de $0^m,50$ de diamètre, placée à la suite suivant l'axe du Champ de Mars et dans des égouts de l'ancien parc, reliait le circuit qui vient d'être décrit à la conduite de Villejuif, sur laquelle avait été pratiquée une seconde prise près du pont d'Iéna, de manière à obtenir une double alimentation par les deux extrémités. En outre, et pour parer à toutes chances d'accident, on considérait comme prise de secours le raccordement avec la conduite d'eau de source dans l'égout du jardin d'isolement.

Sur la conduite de $0^m,50$ était branchée une autre grosse conduite qui, contournant en tranchée la grande pelouse du bas parc, allait fournir l'eau nécessaire au fonctionnement de la grande gerbe, dont la prise n'avait pas moins de $0^m,40$ de diamètre.

C'était également sur la conduite de $0^m,50$ qu'était disposé le raccordement de secours au moyen duquel le service à haute pression pouvait suppléer aux manques d'eau possibles dans le réseau de l'eau de rivière à basse pression.

Des conduites principales qui viennent d'être décrites se détachaient un grand nombre de conduites de $0^m,20$, $0^m,10$ et $0^m,06$ de diamètre, qui distribuaient l'eau de lavage et assuraient les secours d'incendie dans toute l'étendue des Palais.

3° *Eau de rivière à basse pression.* — C'est le réservoir de Grenelle, dont le trop-plein se trouve à la cote 50, qui a fourni l'eau de rivière à basse pression provenant de la prise en Seine du quai de Javel. Cette eau, arrivant par une conduite de $0^m,40$ établie sur le quai d'Orsay, était amenée dans l'enceinte de l'Exposition par une canalisation de $0^m,30$, posée en prolongement dans l'égout du bas parc, qui se continuait au delà de l'axe du Champ de Mars en tuyaux de $0^m,25$ de diamètre et se reliait à l'angle de la rue de l'Université avec la conduite de $0^m,20$ d'eau d'Ourcq de l'avenue de La Bourdonnais, sur laquelle on avait pratiqué une prise éventuelle de secours.

De cette canalisation se détachait, à la rencontre de l'égout

dirigé suivant l'axe du Champ de Mars, une conduite de 0ᵐ,15, qui
suivait cette galerie et contribuait à l'alimentation des diverses
ramifications de 0ᵐ,10 et 0ᵐ,06 de diamètre portant l'eau d'arrosage dans les diverses parties du parc et sur tout le pourtour des
bâtiments.

4° *Décharge de la cascade du Trocadéro.* — Afin d'augmenter,
sans consommation d'eau supplémentaire, les nappes d'eau de la
fontaine monumentale, au moins durant le jour, et afin de fournir
des bouillonnements d'eau dans les roseaux de la grande gerbe et
autour du vaisseau symbolique du Progrès, on eut l'idée d'utiliser
l'eau de la décharge de la cascade du Trocadéro, qui sortait de la
grande vasque à un niveau suffisant pour assurer encore ce service
avant de se rendre à l'égout.

A cet effet, on modifia les trop-pleins de la grande vasque,
tant sous les derniers gradins de la cascade qu'en avant, près de la
margelle de pourtour, et on les fit aboutir à une conduite de 0ᵐ,60
de diamètre, qui, après avoir suivi en tranchée l'allée centrale du
parc du Trocadéro, venait s'engager dans la galerie disposée sous
le trottoir aval du pont d'Iéna, à côté de la conduite de même diamètre de Villejuif-Passy. Galerie et trottoir avaient d'ailleurs été
élargis spécialement à cet effet. Au débouché du pont, sur la rive
gauche, la conduite était reliée à celle de 0ᵐ,50 du réseau d'eau de
rivière à haute pression, qu'un jeu de robinets permettait d'isoler
lorsque la grande gerbe était au repos et qui transmettait alors l'eau
du Trocadéro, d'abord à la prise de 0ᵐ,40 correspondant à la tuyauterie des roseaux du bassin octogonal, puis à une conduite de
0ᵐ,30 alimentant la ceinture posée sous les flancs du navire dans le
groupe du Progrès. Par la manœuvre des robinets en sens inverse,
on supprimait cette utilisation de l'eau du Trocadéro et l'on réta-
blissait le service de la grande gerbe[1].

---

1. — En dehors des travaux qui précèdent, il fallut modifier d'une façon assez
sensible la canalisation du parc du Champ de Mars et celle du quai d'Orsay dans
toute la partie occupée par l'Histoire de l'habitation.

Dans le parc du Champ de Mars, il y eut lieu de déplacer plusieurs conduites,

XII. — Types des canalisations et appareils. — En vue de faciliter la dépose des conduites et le remploi des fontes dans Paris, toutes les canalisations avaient été établies en tuyaux cylindriques avec joints à bagues. De distance en distance, on y avait intercalé des bouts de tuyaux de 0ᵐ,40 de longueur destinés à recevoir les prises, afin d'éviter des percements de tuyaux entiers qui eussent augmenté considérablement la proportion des rebuts au moment de la reprise par la Ville.

A tous les embranchements sans exception, conformément à l'usage constamment suivi dans le service des Eaux de Paris, on avait placé des robinets. Sur les conduites de diamètre supérieur à 0ᵐ,10, c'étaient des robinets-vannes à corps cylindrique du type Herdevin, et sur les autres, des robinets à boisseau renversé, en bronze, du type Gibault.

Les appareils de distribution étaient tous des types en usage au service municipal. Des 18 bouches d'incendie de 0ᵐ,10 de diamètre pour pompes à vapeur, 13 étaient alimentées par l'eau de rivière à haute pression, et les 5 autres par l'eau de source. Les 202 bouches d'arrosage recevaient : les unes, celles du parc, l'eau de rivière à basse pression; les autres, celles des palais, l'eau de rivière à haute pression : ces dernières ont été utilisées comme orifices de puisage par addition de *cols de cygne* mobiles, et comme bouches d'incendie, des boyaux à raccord ayant été disposés partout à proximité. Les 12 *fontaines Wallace* étaient du type réduit, en usage dans les promenades et les squares de Paris, et les *bornes-*

---

par suite de l'établissement des constructions, et de remanier et d'installer des bouches d'arrosage de façon à assurer en même temps l'arrosage des chaussées ainsi que le service du jardinage.

Le long du quai d'Orsay, au droit de l'Histoire de l'habitation, il fallut isoler, à l'aide de deux robinets-vannes de 0ᵐ,20, la conduite en tôle et bitume de 0ᵐ,20 de diamètre qui passait sous toutes les constructions de M. Garnier, installer seize bouches pour l'arrosage des jardins et faire les travaux de fontainerie nécessaires pour alimenter les trois bassins établis en avant des constructions précitées, ainsi que les décharges à l'égout de ces mêmes ouvrages.

Ces travaux furent exécutés sous les ordres de M. Lion, ingénieur.

fontaines du dernier modèle à base carrée avec robinet à contre-poids.

Les *postes-d'eau* installés dans les palais des Beaux-Arts, des Arts libéraux et des Machines, faisaient seuls exception. Ils se composaient de robinets de 0^m,040 à raccord, placés ou non dans des niches, et accompagnés de boyaux d'incendie.

XIII. — Contrôle de la consommation. — En vue du contrôle de la consommation, que la convention passée avec la Ville de Paris rendait nécessaire pour l'eau de source et pour l'eau de rivière à haute pression, on avait disposé sur la prise d'eau de source et sur les deux prises d'eau de Villejuif quatre *compteurs d'eau*, à grand débit, de systèmes divers, offerts par des exposants. Deux de ces compteurs, l'un du système anglais Deacon à tige levante et enregistreur, l'autre imaginé par M. Frager et construit par la maison Michel, et donnant lieu à un petit courant dérivé mesuré par un compteur ordinaire, avaient été placés à la suite l'un de l'autre sur la conduite de 0^m,60 d'eau de Seine à son entrée dans l'enceinte, près de l'avenue de Suffren, mais de manière à pouvoir être isolés par des robinets-vannes. Les deux autres furent utilisés, l'un sur la prise de 0^m,40 d'eau de source, l'autre sur la seconde prise d'eau de Villejuif près du pont d'Iéna : le premier, construit par M. Parenthon, comportait un clapet dont la levée était proportionnelle au volume débité et s'enregistrait à la fois mécaniquement et électriquement; l'autre, imaginé par M. Parenty, mesurait l'abaissement piézométrique qui se produit à chaque instant entre deux points déterminés de la conduite.

De ces divers appareils, un seul, celui de M. Frager, a fonctionné d'une manière continue. Le compteur Deacon a dû être arrêté dès l'origine et n'a pas été remis en service. Les compteurs Parenthon et Parenty n'ont été installés que très tardivement, mais ont paru donner des résultats en somme assez satisfaisants : d'ailleurs les indications du premier ne fournissaient qu'un renseignement complémentaire, la consommation d'eau de source étant accusée par les compteurs divisionnaires des abonnés, et quelques observations au moyen du second ont suffi à la vérification de la consommation d'eau pour le service de la grande gerbe, qui par sa nature était absolument constante et identique à elle-même tous les jours.

On a pu établir de la sorte la consommation totale en eau de source ainsi qu'en eau de rivière à haute pression, qui s'est élevée à 1 803 353 mètres cubes en eau de rivière et 195 637 mètres cubes en eau de source, et a donné lieu au versement de 109 731 fr. 35 à la Caisse municipale[1].

XIV. — Service des abonnements. — Les exposants et concessionnaires qui se trouvaient avoir besoin d'eau, en dehors du service général assuré par l'administration, devaient contracter un abonnement auprès du service des eaux de l'Exposition. Des polices spéciales avaient été préparées à cet effet, sur le type de celles de la Compagnie générale des eaux pour le service de Paris, mais avec les modifications que comportait une fourniture essentiellement temporaire. Des prix notablement réduits avaient d'ailleurs été fixés par l'Administration : 0 fr. 20 par mètre cube pour l'eau de source et 0 fr. 10 pour l'eau de rivière, tandis que les tarifs de la Ville les portent à 0 fr. 33 et 0 fr. 16.

L'eau était livrée exclusivement au compteur, et le montant total de l'abonnement souscrit, payable d'avance en un seul terme.

Le montant des excédents calculé à un taux supérieur de 25 p. 100 à celui du minimum souscrit, soit respectivement à raison de 0 fr. 25 et 0 fr. 125 le mètre cube pour l'eau de source et l'eau de rivière, était exigible à la fin de chaque mois.

234 concessions ont été accordées, dont 124 pour l'eau de rivière et 110 pour l'eau de source. Elles ont donné lieu à l'établissement d'états de recouvrement s'élevant au total de 96 211 fr. 92[2] pour une consommation de 572 572 mètres cubes d'eau de rivière et

1. — Dans ces chiffres ne figure pas la dépense d'eau faite par les services administratifs des trois directions.

2. — Les recouvrements par suite de différentes circonstances se sont élevés seulement à 93 289 fr. 81.

165 868 mètres cubes d'eau de source, comprise d'ailleurs dans les chiffres d'ensemble cités plus haut.

XV. — Prix unitaires nets des principaux ouvrages.

				fr. c.
Location, pose et entretien de 2 359^m,88 de conduite de 0^m,10 au prix de.				5 40
—	—	2 730^m,45	—	0^m,15	—	7 04
—	—	1 986^m,39	—	0^m,30	—	11 03
—	—	912^m,71	—	0^m,60	—	23 45
—	—	40 robinets de 0^m,10 chaque	—	28 79
—	—	9 559^k,345 de plomb pour fonte et façon.	0 19
—	—	20 robinets de 0^m,16 chaque.	18 24
—	—	156 bouches d'arrosage à la lance. . .	39 89
—	de 14 bouches d'incendie de 0^m,10.	69 59
—	de 2 robinets de 0^m,10.	28 79
—	de 2 bouches d'incendie pour pompe à vapeur.	69 59
Pose, dépose et entretien de 351^m,93 de conduites de 0^m,10.	5 75

Le développement des dépenses du service des eaux se trouve au chapitre II, 3° Partie.

CHAPITRE IX

ÉCLAIRAGE

I. — Éclairage au gaz.

Il avait été décidé dès l'origine que la lumière électrique serait utilisée dans la mesure la plus large pour les soirées de l'Exposition; mais cette décision n'assurait pas d'une manière complète l'éclairage de toute l'enceinte et ne dispensait pas l'Administration de recourir à l'emploi du gaz, qui présentait l'avantage de constituer non seulement un agent de clarté, mais encore un combustible des plus précieux.

Il y avait donc lieu d'organiser, en dehors du Syndicat des électriciens, l'éclairage des parties des parcs et palais auxquelles l'électricité n'était pas réservée, l'éclairage de nuit pour toute la surface de l'Exposition, afin de faciliter la surveillance pendant les heures de fermeture, ainsi que l'éclairage des postes de pompiers, de police, d'octroi, et des guichets d'entrée. Il fallait en outre assurer les illuminations et alimenter les moteurs à gaz de la Galerie des Machines, ainsi que les cuisines des restaurants où le gaz seul était autorisé comme combustible.

Au Trocadéro, sur le quai d'Orsay et sur l'esplanade des Invalides, les installations existantes suffisaient aux besoins quotidiens et pouvaient assurer l'illumination du parc et du palais du Trocadéro ; mais, dans le Champ de Mars, en dehors du parc, tout était à créer pour obtenir les résultats désirés.

Au commencement de 1888, l'Administration de l'Exposition arrêta, de concert avec la Compagnie parisienne du gaz, le plan de la canalisation à exécuter. Cette canalisation devait assurer une consommation de 1100 mètres cubes à l'heure se répartissant entre :

Le Palais des Machines.	200 mètres cubes.
Le Dôme central.	300 —
La Tour Eiffel.	400 —
L'éclairage des parcs et l'éclairage privé.	200 —
	1100 mètres cubes.

La canalisation se ramifiait dans tout le Champ de Mars (Série P. Pl. 1). Elle comprenait deux conduites qui s'étendaient le long des allées centrales de l'ancien parc du Champ de Mars et du nouveau jardin bas pour se continuer dans le jardin haut en passant devant les pavillons de la Ville de Paris ; ces deux lignes se reliaient à une conduite faisant le tour des Palais pour se terminer d'un côté à la porte Rapp, de l'autre à la porte Desaix, avec raccordement en ces points avec le réseau de la Ville. D'autres conduites dans le jardin d'isolement, dans l'intérieur du Palais des Machines, plusieurs tronçons dans la Galerie de 30 mètres et différents raccordements complétaient le réseau sur lequel venaient s'alimenter tous les branchements particuliers.

En outre le service de l'ancien parc était assuré par une canalisation en fonte contournant l'ensemble des pavillons et de la Tour Eiffel.

Ces installations exigèrent l'emploi de conduites de différents

diamètres, dont la longueur totale dépassa 6 kilomètres ainsi
répartis :

T. B. de 0^m,216	361^m,90
— 0^m,162	2 202^m,75
— 0^m,108	2 118^m,45
— 0^m,081	401^m,05
— 0^m,054	163^m,20
ENSEMBLE	5 247^m,35

Auxquels il convient d'ajouter 1 069^m,85 de conduite T. B.
de 0^m,162 de la Galerie des Machines, y compris les raccordements spéciaux de cette conduite avec celles des
avenues de Suffren et de La Bourdonnais, ci . . . .   1 069^m,85

Ce qui donne au total une longueur de . . . .   6 317^m,20

Tous ces travaux furent exécutés par la Compagnie Parisienne
du Gaz avec laquelle avait été conclu, le 24 mars 1888, un marché
en vertu duquel elle s'engageait à faire, pour le compte de l'Administration, à ses frais, risques et périls :

1° Les travaux de canalisation et de branchements dans l'enceinte de l'Exposition comprenant le Champ de Mars, le Trocadéro,
les quais d'Orsay et de Billy et le pont d'Iéna, ainsi que la tranchée
du quai d'Orsay et l'esplanade des Invalides;

2° Les travaux d'installation des appareils d'éclairage;

3° Tous les travaux de branchements qui seraient demandés
soit pour l'Administration, soit pour les particuliers;

4° La fourniture du gaz, le service de l'entretien des appareils
d'éclairage pendant le temps nécessaire aux besoins de l'Exposition;

5° Enfin, la dépose et l'enlèvement des conduites destinées à
disparaître à la fin de l'Exposition, ainsi que tous les déplacements
de conduites et d'appareils nécessités par les remaniements du sol
pendant toute la durée de l'entreprise.

Il est à remarquer que ce marché stipulait formellement (art. 1
et 3) l'application des conditions adoptées pour le service munici-

pal aux conduites et appareils qui fonctionnaient avant l'Exposition dans l'enceinte réservée et à ceux qui devaient être installés dans le parc du Trocadéro, le jardin du Champ de Mars, sur le quai d'Orsay et l'esplanade des Invalides pour les besoins du service public.

II. — **Consommation de gaz.** — Le marché conclu avec la Compagnie Parisienne du Gaz fixait le prix du gaz consommé par les différents services à 0 fr. 20 ; mais il réduisait ce prix à 0 fr. 15 pour le gaz destiné à l'éclairage public. Une convention ultérieure réduisit de même à 0 fr. 15 le prix du gaz dépensé pour les illuminations.

Ce marché ne mettait en cause, vis-à-vis de la Compagnie du Gaz, pour le recouvrement des quantités consommées, que l'Administration de l'Exposition, et celle-ci devait opérer, à ses frais, risques et périls, ses recouvrements sur les abonnés.

Aussi dut-on organiser un service spécial pour opérer ces recouvrements. Chaque abonné souscrivait une police spéciale, analogue aux polices ordinaires, et déposait un cautionnement ; il acceptait le prix de 0 fr. 20 pour le gaz employé comme chauffage et de 0 fr. 30 pour le gaz destiné à l'éclairage. Chaque mois, il devait acquitter ses dépenses du mois précédent.

Cette organisation fonctionna sans donner lieu à la moindre difficulté, malgré le nombre considérable d'abonnés et l'importance de leur consommation.

La consommation de gaz par jour fut de :

Pour les abonnés (2 038^{mc} éclairage + 3 604^{mc} chauffage).	5 642^{mc}
Pour les candélabres	2 502
Pour l'illumination du Dôme central (3 752 becs).	980
Pour l'illumination de la Tour Eiffel (3 836 becs).	1 082
Pour le Trocadéro (palais et parc) (15 000 becs)	6 700
Éclairage du Palais du Gaz.	567
Galerie des Machines et Syndicat des électriciens.	203
Guichets, postes de pompiers, de police et d'octroi.	90
TOTAL.	17 766^{mc}

Les jours de fête, cette quantité était augmentée de 25 800 mètres cubes pour l'illumination complète du Palais du Trocadéro.

Ces chiffres correspondent, en ne tenant compte que du gaz consommé pour l'éclairage, à une intensité lumineuse de 23 000 carcels à l'heure pour les jours ordinaires et de 69 000 pour les jours de fête.

Le marché conclu avec la Compagnie Parisienne du Gaz fut approuvé le 25 avril 1888 par un arrêté qui ouvrait en même temps un crédit de 90 000 francs pour l'exécution des travaux. Les dépenses réellement effectuées se sont élevées à 79 328 fr. 16.

Les prix appliqués ont été, comme le prévoyait le marché, ceux du bordereau adopté pour les travaux et fournitures à faire dans la Ville de Paris pour établissement, dépose ou suppression d'appareils d'éclairage au gaz (1887), ce qui faisait ressortir aux prix suivants les principaux travaux :

			fr. c.
Conduites de 0^m,216.	Le mètre		9 00
— 0^m,162.	—		5 70
— 0^m,135.	—		4 00
— 0^m,108.	—		2 80
— 0^m,081.	—		2 35
— 0^m,054.	—		2 30

Les dépenses de la consommation ont atteint 211 700 francs.

Dans cette somme ne sont pas comprises les consommations pour les illuminations du Dôme central et de la Tour Eiffel, qui figurent au compte des fêtes.

D'autre part, les recettes provenant des abonnements se sont élevées à 246 498 francs, et le montant net, c'est-à-dire après déduction des dépenses correspondantes, a été de 38 303 francs qui constitue le bénéfice de l'Administration.

Telle a été dans son ensemble l'organisation du service du Gaz en 1889. L'éclairage a toujours fonctionné régulièrement et, le 6 novembre, date de la fête de nuit qui a clôturé l'Exposition, la pression, en hauteur d'eau, était encore supérieure à 0^m,038 au

pied du Dôme central, point le moins bien alimenté puisqu'il était
le point terminus.

III. — Éclairage électrique.

— L'éclairage électrique des parcs
et jardins et d'une partie des Palais devait contribuer dans une
large mesure au succès de l'Exposition.

Après avoir examiné la question avec soin, l'Administration se
décida à accueillir l'offre faite par un Syndicat d'électriciens ayant à
sa tête M. Fontaine. Ce Syndicat devait se charger, à ses risques et
périls, de toutes les installations, sous la condition que ses adhérents
figureraient comme exposants et qu'ils partageraient les entrées du
soir dans une proportion décroissante au fur et à mesure que le
nombre de visiteurs augmenterait. Mais après le succès de l'émission
des « Bons » qui changeait complètement la situation respective
des contractants, un traité définitif fut signé le 1er juin 1889.

Le Syndicat cessait d'être exposant pour devenir entrepreneur ;
il ne partageait plus les bénéfices, mais recevait une somme fixe de
1 800 000 francs[1] payable par sixième. Les autres articles du contrat
ne subissaient pas de changement.

Le Syndicat constituait une société en participation fondée par
les maisons Gramme, Edison, Sautter-Lemonnier, et l'Éclairage
électrique. Tous les électriciens français et étrangers adhérents à
ses statuts pouvaient en faire partie, et il compta en dernière analyse
27 sociétés dont 16 françaises, 5 belges, 3 anglaises, 2 suisses et
une alsacienne.

Il répartissait entre ses membres les espaces à éclairer et indiquait l'emplacement affecté aux dynamos.

Le Syndicat s'était engagé à exécuter, à ses risques et périls,
tous les travaux de construction, de pose, de fonctionnement et
d'entretien des machines, appareils, régulateurs, câbles, etc., et à
faire tous les frais quelconques exigés par l'éclairage public qui
s'étendait au Palais des Machines (grande nef et bas-côtés), à la cour

1. — A imputer sur les crédits de l'Exploitation.

de la force motrice et aux deux cours en retour, à la Galerie de 30 mètres et au Dôme central, aux terrasses des galeries des expositions diverses, aux galeries Rapp et Desaix, aux terrasses des palais des Beaux-Arts et des Arts libéraux, aux jardins bas du Champ de Mars, au quai d'Orsay devant le parc du Champ de Mars, au pont d'Iéna, au bâtiment de l'Exploitation, à la voie passant devant le palais des Produits alimentaires et allant du Champ de Mars au pont de l'Alma, à la passerelle de l'Alma, enfin aux fontaines lumineuses.

L'ensemble de l'éclairage public devait comprendre, aux termes du traité, une surface d'environ 300000 mètres carrés et une intensité totale d'environ 150000 becs carcel, obtenue par une puissance motrice de 3000 chevaux-vapeur.

Il fut réalisé au moyen de 1093 arcs et 8837 lampes à incandescence donnant une puissance lumineuse supérieure à celle qui avait été fixée.

L'intensité lumineuse obtenue dans les différentes parties de l'Exposition fut la suivante :

1° *Palais des Machines.* — L'éclairage comprenait :

48 foyers de	60 ampères	évalués ensemble à	48000 becs carcel.
86 —	25 —	—	30100 —
276 —	8 —	—	27600 —
Soit 410 foyers produisant.			105700 becs carcel.

La surface totale étant de 77000 mètres carrés et le volume approximatif de 2000000 mètres cubes, l'intensité était d'environ 1,4 bec carcel par mètre carré et 0,05 par mètre cube.

2° *Galerie de 30 mètres.* — L'éclairage était réalisé par 42 régulateurs de 8 ampères, correspondant à une puissance lumineuse totale de 4200 becs carcel pour une surface de 5000 mètres carrés, c'est-à-dire à une intensité de 0,84 bec carcel par mètre carré.

3° *Galeries Rapp et Desaix.* — La galerie Rapp était éclairée par 38 régulateurs de 100 becs et la galerie Desaix par 44 régulateurs de 100 becs. La superficie de chacune de ces galeries étant de 3 600 mètres carrés, l'intensité par mètre carré était de 1,05 carcel pour la première et de 1,22 pour la seconde.

4° *Jardins.* — L'éclairage comprenait 136 foyers Jablochkoff, 160 régulateurs de 8 ampères, 11 de 25, 1 362 lampes à incandescence de 10 bougies, et 5 480 de 4, donnant ensemble une intensité de 28 844 becs carcel. En retranchant de ce total 10 000 becs carcel représentant la moitié de l'intensité des foyers placés en bordure des palais, on peut évaluer approximativement à 19 000 becs carcel la lumière répandue dans les jardins sur une surface de 178 000 mètres carrés, ce qui correspond à une intensité par mètre carré de 0,10 bec carcel.

Il résulte de ce dernier chiffre que la surface des portions les moins éclairées de l'Exposition était encore vingt fois plus éclairée que ne le sont les rues de Paris, pour lesquelles la moyenne par mètre carré est de 0,005 bec carcel, et que l'intensité lumineuse y était comparable à celle des points les plus brillants de la Ville, tels que la rue Royale ou la place de l'Opéra.

Éclairage privé. — Dans le contrat passé avec l'État, le Syndicat s'était engagé à fournir l'électricité nécessaire à l'éclairage des exposants ou exploitants qui demanderaient à être éclairés à l'électricité. Le monopole des fournitures de ce genre lui était d'ailleurs assuré.

Les travaux d'installation et d'entretien étaient faits par le Syndicat; l'appareillage restait à la charge des abonnés.

Le tarif, approuvé par arrêté ministériel du 6 septembre 1888, fut établi comme il suit :

1° *Éclairage.*

Pose et entretien des foyers lumineux pendant la durée de l'Exposition.

Lampes à incandescence de 10 bougies. . . .	45 fr. l'une.	
— — 16 —	. . . 60	—
— à arc voltaïque de 500 —	. . . 500	—
— — 1000 —	. . . 750	—

2° *Force motrice.*

Jusqu'à   500 chevaux-heure (fourniture du courant).   0 fr. 50 le cheval-heure.
Au delà de 500   —   —   0 fr. 40   —

Ces prix étaient fixés pour une durée totale d'éclairage de 900
heures au maximum et étaient dus, lors même que les lampes
n'auraient pas été utilisées pendant tout ce temps.

Au delà de 900 heures, et pour chaque heure en plus, il devait
être perçu :

Pour une lampe à incandescence de 16 bougies. . .   0 fr. 04
    —   —   10   — . . .   0 fr. 03
    —   à arc de   500 bougies. . . . . . .   0 fr. 75
    —   —   1000   —   . . . .   1 fr. 00

En dehors du traité général du 1er juin 1889, diverses conventions furent passées avec le Syndicat pour certains éclairages supplémentaires, qu'on peut rattacher à l'éclairage privé.

Le rez-de-chaussée du palais des Produits alimentaires devait
être éclairé, suivant un traité spécial en date du 14 janvier 1889,
par 40 régulateurs de 5 ampères pour une somme à forfait de
20 000 francs. L'éclairage pendant le jour, d'abord convenu, ayant
été reconnu inutile, il fut décidé par la suite que l'éclairage n'aurait lieu que le soir, mais porterait sur l'ensemble du palais.

Plusieurs installations de l'esplanade des Invalides, principalement la Tunisie, l'Algérie, les Colonies, ayant obtenu l'autorisation
d'ouvrir le soir, le Syndicat accepta des polices d'abonnement et
assura l'éclairage de cette partie de l'Exposition. De plus, pour
remédier au défaut d'éclairage des abords de l'Esplanade, il fit
installer 12 arcs sous le velum et 16 bougies Jablochkoff à l'entrée
principale de l'Esplanade. L'Exposition des Invalides put être
ainsi ouverte au public le soir, à partir du 11 juin 1889.

De janvier à mai 1889, les chantiers de MM. Dutert, Bouvard
et Formigé avaient été éclairés aux conditions suivantes :

Pour chaque locomobile de 20 chevaux :

Installation première. . . . . 3 000 fr.
Par arc de 8 ampères et par heure. . .   1 fr.
Minimum garanti par jour. . . . . . . 100 fr.

Le banquet des maires du 14 juillet 1888 fut éclairé, par les soins de ces mêmes entreprises, au moyen de 60 régulateurs, de 40 bougies Jablochkoff et de 50 lampes à incandescence.

En résumé, le Syndicat a installé :

1° Pour l'éclairage public, y compris les fontaines lumineuses : 1093 foyers à arc et 8 837 lampes à incandescence ;

2° Pour l'éclairage privé :

623 foyers à arc et 4 010 lampes à incandescence.

L'entreprise totale de l'Exposition fut donc de 1716 foyers à arc et de 12 847 lampes à incandescence.

IV. — Force motrice. — Pour assurer la production de l'électricité nécessaire à l'éclairage, il fallait prévoir une force motrice considérable et, dès les débuts de la gestion, le Conseil d'administration du Syndicat s'était préoccupé d'assurer ce service sur des bases assez larges pour n'éprouver aucun mécompte.

Il se décida, d'abord, à établir un certain nombre de stations centrales dans différentes parties du Champ de Mars ; il diminuait ainsi les frais de canalisation et permettait aux grandes Sociétés d'électricité de faire une démonstration complète de leurs moyens d'action. Plusieurs emplacements furent assignés à sa demande par la Direction des Travaux pour l'établissement de ces stations.

L'un sur l'avenue de La Bourdonnais près du Pavillon de la Presse, occupé par la Compagnie Edison (force de 750 chevaux, puissance normale, à 800 chevaux, puissance maxima) ; un autre sur la berge en aval du pont d'Iéna, affecté pour partie à la Société l' « Éclairage électrique » (force 500 à 650 chevaux) et pour partie au Syndicat (force 50 chevaux) ; un troisième dans le jardin d'isolement, concédé à la Société Gramme (force 700 à 800 chevaux), à la

Société pour la transmission de la force » (force 4 à 600 chevaux) et au Syndicat (force 145 chevaux). En outre, MM. Steinlein et Cie (2 à 300 chevaux) s'installèrent dans la cour de la force motrice, près l'École militaire.

Une série de postes d'électricité établis dans le Palais des Machines devait fournir le complément du travail moteur supposé nécessaire et porté de 3 000 chevaux (évaluation du cahier des charges) à 4 500, y compris une réserve de 500 chevaux.

V. — Canalisation. — La canalisation fut établie par chacun des adhérents dans le secteur qui lui était attribué, de la façon qu'il jugea la plus convenable. Il s'agissait, en effet, de faire des expositions et non de réaliser une entreprise unique. Chaque adhérent étudiait donc son réseau de câbles sans se préoccuper du réseau de ses voisins. Toutefois les plans étaient avant exécution soumis à l'ingénieur en chef du Syndicat, mais seulement pour que celui-ci pût s'assurer que les études faites répondaient bien aux prescriptions du cahier des charges.

L'exécution rencontra d'assez sérieuses difficultés. Les conducteurs électriques menacèrent un moment de manquer à cause des demandes considérables qui s'en faisaient de tous côtés. Toutes les installations privées étant réclamées au même moment par les exposants.

La pose des appareils et des fils dans les jardins et les monuments donnèrent souvent lieu à de fausses manœuvres. Les électriciens ne pouvaient guère commencer leur travail que lorsque les autres entrepreneurs avaient terminé le leur. Les plombiers, les vitriers, les jardiniers, etc., dérangeaient fréquemment les câbles électriques, les mettaient à nu ou les coupaient, et il en résultait d'inévitables recommencements. Malgré cela, les installations furent prêtes à fonctionner peu de temps après l'ouverture de l'Exposition.

Telle est dans son ensemble l'œuvre du Syndicat. Il est assez difficile d'évaluer la dépense qu'elle a entraînée; les différents adhérents, ayant fait une exposition de leurs appareils, se sont avant tout préoccupés de les bien mettre en valeur. Leurs dépenses ont donc été dans bien des cas supérieures à ce qu'elles auraient pu être dans une entreprise ordinaire. Cependant, il ne semble pas que, au total, le chiffre de 1 800 000 fr. ait été atteint, et chacun des adhérents a pu, tout en se donnant entièrement à sa tâche et en l'accomplissant dans les conditions les plus consciencieuses, réaliser des bénéfices appréciables.

CHAPITRE X

SERVICES GÉNÉRAUX ET CONSTRUCTIONS
DÉPENDANT DE CES SERVICES

I. — Police des Chantiers.

Dès le mois de juillet 1886, une surveillance fut assurée aux abords du Champ de Mars par les gardiens des VIIe et XVe arrondissements, commandés par M. Montpellier, officier de paix, qui centralisa cet important service, durant toute la période des travaux. Il était placé directement sous les ordres du Directeur général des Travaux et de M. de Mallevoue, chef de service.

La première mesure à prendre devait être de ne laisser pénétrer sur les chantiers aucune personne étrangère aux travaux. Aussi la première adjudication eut-elle pour objet la clôture de tout le périmètre affecté à l'Exposition.

La surveillance des 18 portes ménagées pour le service des travaux et celle du passage réservé aux piétons, de l'avenue de La Bourdonnais à l'avenue de Suffren, furent confiées aux gardiens de la paix dont l'effectif comprenait 3 sous-brigadiers et 51 gardiens.

numéro correspondant inscrit sur le tableau des ouvriers de chaque entrepreneur, ce qui faciliterait en même temps à ceux-ci le contrôle du travail fait par leurs ouvriers. Le numéro inscrit sur chaque jeton permettrait facilement, en cas de perte ou de prêt de complaisance, de retrouver par le numéro correspondant du livre d'embauchage l'auteur responsable du fait. La distribution des jetons serait faite par chaque chef de chantier au moment de la sortie des ouvriers. Ceux qui, en dehors des heures de repas, seraient obligés de sortir pour des motifs reconnus, recevraient également un jeton pour assurer leur rentrée. Par ce moyen, ceux qui sortiraient sans cause justifiée ne pourraient plus pénétrer sur les chantiers et perdraient ainsi le bénéfice de leur journée ou demi-journée commencée.

Ces dispositions donnèrent naissance à l'ordre de service suivant :

« Les ouvriers des chantiers de l'Exposition universelle de 1889 ne pourront pénétrer dans le Champ de Mars que sur la présentation, au gardien de la paix, du ticket qui aura été remis à chacun d'eux par les soins de l'entrepreneur.

« Ce ticket, d'un modèle uniforme, portera le nom de l'entrepreneur et le numéro d'inscription de l'ouvrier.

« Pendant les heures de travail, les tickets resteront déposés au bureau de chaque entrepreneur pour son contrôle particulier, et ne seront remis aux ouvriers qu'aux heures de sortie. »

Ces prescriptions commencèrent à être mises en vigueur le 6 août 1888 et furent confirmées le 11 du même mois par une circulaire appelant l'attention des entrepreneurs sur la nécessité de n'en négliger aucun détail. De plus, les entrepreneurs étaient informés que chaque série de tickets n'étant valable que pendant quinze jours, l'époque adoptée pour le retrait des séries de quinzaine et pour la mise en usage des séries nouvelles était fixée au 1er et au 16 de chaque mois.

Pour assurer le fonctionnement régulier de cette mesure, les entrepreneurs devaient faire connaître, les 10 et 25 de chaque mois, au chef de service sous les ordres de qui ils se trouvaient, le nombre de tickets qui leur serait nécessaire pour la quinzaine.

Les tickets périmés devaient être rendus par chaque entrepreneur à son chef de service le jour même, ou, au plus tard, le lendemain de la distribution des nouveaux tickets. La centralisation de ce service était faite par le secrétaire de la Direction, qui faisait remettre à chaque architecte ou ingénieur, en échange des tickets périmés, le nombre de tickets nécessaires pour la quinzaine.

Ces mesures bien comprises et parfaitement exécutées assurèrent sur les chantiers un ordre d'autant plus complet que les ouvriers eux-mêmes étaient les premiers à en reconnaître l'utilité.

Une seule prescription donna lieu à quelques difficultés : ce fut l'interdiction de fumer dans le palais des Beaux-Arts à partir du mois de mars 1889; mais les observations des représentants de l'Administration et le bon sens de la majorité des ouvriers en assurèrent promptement l'exécution rigoureuse.

Le nombre des tickets distribués chaque quinzaine montre l'activité sans cesse croissante des chantiers :

2 640 tickets du 16 au 31 août 1888.
2 946   —   1re quinzaine de septembre.
3 405   —   2e   —   —
3 875   —   1re   —   d'octobre.
3 995   —   2e   —   —
5 146   —   1re   —   de novembre.
5 960   —   2e   —   —
6 240   —   1re   —   de décembre.
6 350   —   2e   —   —
6 500   —   1re   —   de janvier 1889.
8 000   —   2e   —   —
8 450   —   1re   —   de février.
12 710   —   2e   —   —
13 260   —   1re   —   de mars.
15 960   —   2e   —   —
22 730   —   1re   —   d'avril.
38 350   —   2e   —   —

Soit un total de 166 547 tickets délivrés par le secrétariat de la Direction générale des Travaux, du 16 août 1888 au 1er mai 1889.

Il est bon de noter que ces chiffres sont supérieurs de plus de moitié au nombre réel des ouvriers présents sur les chantiers, parce qu'il fallait tenir compte de fréquentes mutations dans le personnel ouvrier.

Dans le courant de l'année 1888, de nombreuses sociétés et délégations avaient obtenu du Directeur général des Travaux l'autorisation de visiter les chantiers.

Les principales de ces visites furent faites, le 15 avril 1888, par 450 membres de la Société amicale des anciens élèves de l'Association polytechnique; le 29 du même mois, par la Société centrale du Travail professionnel, accompagnée d'une centaine d'élèves de l'École des hautes études commerciales; le 25 mai, par le Comité de l'Exposition de Bolivie; le 27, par un certain nombre d'ingénieurs; le 28, par l'Association et le Comité de la presse départementale; le 14 juin, par l'Association amicale des anciens Élèves de l'École centrale (groupe de Paris); le 16 juin, par la Société centrale des architectes.

Enfin la Chambre syndicale de l'industrie du bâtiment de Saint-Germain en Laye, les membres de l'Association philotechnique, de la Société centrale du travail professionnel et du Syndicat des Entrepreneurs visitèrent également les chantiers dans le courant de l'automne.

Au mois d'octobre 1888, les travaux étaient assez avancés, particulièrement ceux des galeries des expositions diverses, pour permettre aux exposants de commencer les préparatifs de leur installation. Aussi, pour que les exposants ne fussent pas gênés par le trop grand nombre de visiteurs dont le nombre s'était élevé à plus de 26 000, M. le Directeur général décida, par un ordre de service du 1er octobre 1888, de ne plus admettre sur les chantiers aucune personne étrangère à l'Exposition.

Voici, d'après le rapport de M. Montpellier, officier de paix du VIIe arrondissement, qui depuis le commencement des travaux a assuré le service de police des chantiers avec la plus intelligente énergie, le relevé des cas où son intervention a dû se produire pendant la période du 1er septembre 1886 au 6 mai 1889 :

Morts accidentelles..	33
Vols divers..	39
Déclarations de vols	17
Atteintes à la liberté du travail..	2
Discussions, rixes, scandales.	157
Ivresse	33
Injures aux agents.	29
Dégâts.	67
Objets trouvés	53
Déclarations d'objets perdus.	9
Obus trouvé.	1
Morsures de cheval.	3
Vagabondage.	27
Cartes ou laissez-passer saisis.	68
Commencements d'incendie..	5

Le 1er mai 1889, le service de police, qui, depuis le 5 octobre 1887, se trouvait installé dans les bâtiments de la Direction générale de l'Exploitation, était complété en vue de l'ouverture de l'Exposition et comprenait dès lors : 4 officiers de paix, ceux des VIIe, XVe et XVIe arrondissements et un des brigades centrales, 5 brigadiers dont un spécialement chargé d'assurer la circulation des voitures, 39 sous-brigadiers et 710 gardiens.

A partir du 6 mai 1889, jour de l'ouverture officielle de l'Exposition, le service des entrées releva de la Direction générale des Finances (M. Savoye, secrétaire, chef de service) et le service de la police proprement dite de la Direction générale de l'Exploitation. (M. Thurneyssen, secrétaire, chef de service).

Le lendemain de la clôture de l'Exposition, le 7 novembre 1889, la Direction générale des Travaux dut organiser les chantiers de démolition et reprit, en conséquence, la direction du service de la police.

Afin d'assurer le bon ordre et pour ne pas priver trop vite les Parisiens de leur promenade favorite depuis six mois, le Directeur général des Travaux, d'accord avec ses collègues des Finances et de l'Exploitation, autorisa le public à pénétrer quelque temps encore, tous les jours de midi à 4 heures, moyennant la remise d'un ticket de 1 franc, dans les parties de l'enceinte du Champ de Mars qui pourraient être laissées accessibles sans gêner les travaux. Cette décision fut portée à la connaissance du public par note du 22 octobre. Le nombre des visiteurs s'éleva, depuis ce jour jusqu'au 1er décembre, à 117 376.

Pendant cette période, les ouvriers furent reconnus au moyen de tickets spéciaux. A partir du 1er décembre, les ouvriers employés aux travaux de démolition eurent libre accès dans leurs chantiers respectifs, clos par des entrepreneurs quand cette mesure était nécessaire.

Le public fut admis librement à pénétrer dans les jardins du Champ de Mars et, dès lors, les gardiens de la paix n'eurent plus qu'à exercer leurs fonctions habituelles d'ordre et de surveillance.

Dans ces conditions, le service de police des chantiers de l'Exposition universelle peut être considéré comme ayant pris fin le 1er décembre 1889.

II. — Poste de police sur l'avenue de Suffren, Pavillons de la Douane et de la Manutention. — Les différents services de la police, de la douane, de l'octroi et des pompiers devaient disposer d'abris nombreux placés aux endroits qui convenaient le mieux à la surveillance dont ils étaient chargés. Il fallait donc leur élever des pavillons spéciaux.

Les constructions devaient être simples, économiques, et ne pas faire un trop grand contraste avec les parties environnantes de l'Exposition. Elles furent, pour la plupart, l'objet de marchés de gré à gré. Cependant le pavillon de la Douane et de la Manutention, placé à l'angle de l'avenue de Suffren et du quai d'Orsay, et le poste de police de l'avenue de Suffren, furent mis en adjudication. L'ensemble de ces deux constructions édifiées en location fut adjugé le 11 juin 1888 à M. Pombla.

Ces services devaient fonctionner surtout pendant la période d'aménagement de l'Exposition ; aussi commença-t-on immédiatement les travaux, qui furent terminés le 30 janvier 1889.

Le pavillon de la Douane et de la Manutention présentait en plan un rectangle divisé en deux parties par une cloison qui partait de l'entrée commune et allait jusqu'à la salle de garde des douaniers, située à l'autre extrémité du bâtiment. (Série K, Pl. 1.) La partie de droite était réservée à la Douane et comprenait un cabinet du directeur général des douanes, un cabinet du sous-directeur, puis un grand bureau divisé par des cloisons grillagées, où étaient installés les caissiers, les contrôleurs et les inspecteurs ; ces pièces communiquaient avec le public par des guichets ménagés sur un long couloir servant de salle d'attente.

Enfin, au fond et sur toute la largeur du bâtiment se trouvaient trois pièces, dont deux petites réservées aux officiers et sous-officiers de la douane et une grande salle de garde pour les douaniers. Cette salle de garde communiquait directement avec l'extérieur par un petit perron de bois.

La charpente était constituée par des fermes en bois, soutenues par des poteaux posés sur des petits murs en moellons. Le remplissage des trumeaux entre les poteaux était fait par une double cloison en planches avec couvre-joints à l'extérieur et en parquet de pitchpin à l'intérieur.

Les cloisons intérieures étaient aussi en pitchpin, sauf pour les cabinets des chefs de service et la salle du corps de garde, qui étaient isolés des bureaux des employés par des cloisons en carreaux de plâtre. Tous les plafonds étaient en bois ; la couverture était en zinc. Les dallages et parquets étaient établis sur terre-plein, excepté dans la salle de garde sous laquelle une cave avait été ménagée pour le service. Enfin, les faces extérieures du bâtiment étaient décorées par des moulures qui suivaient les rampants et, sur les parois verticales, par des panneaux de treillage peints en vert clair.

L'agencement intérieur comprenait les tentures des cabinets des chefs de service, la fourniture et pose des cheminées et poêles, des compteurs et appareils à gaz, des compteurs et appareils à eau, des services électriques, l'installation des cabinets de toilette, des grillages et guichets des bureaux, d'une petite cuisine pour les hommes du corps de garde, etc. Tout cela fut exécuté en location par M. Pombla.

Dès que l'agencement intérieur fut terminé, le pavillon fut livré au service de la Manutention et à celui des Douanes, qui ne le quittèrent qu'au mois de janvier 1890; il fut démoli à cette date et enlevé par M. Pombla qui en était resté responsable pendant toute sa durée.

Le poste de police qui faisait partie du même marché que la construction précédente mesurait en plan 15 mètres de longueur sur 7^m,25 de largeur. Il se composait d'une salle de corps de garde, comprenant le bureau du brigadier, puis, sur l'un des côtés de cette salle, du cabinet de l'officier de paix et du bureau de son secrétaire, sur l'autre côté, de deux violons, fermés par des portes avec guichets de surveillance. Il était constitué par une simple charpente en bois à double paroi de planches et couvre-joints, à l'extérieur, et de frises de pitchpin, à l'intérieur. Les parements extérieurs étaient recouverts par des panneaux en treillage vert placés dans les trumeaux. Tout autour du bâtiment de petites consoles décoratives soutenaient les abouts des chevrons, qui avaient 0^m,60 de saillie.

III. — **Poste de police du Trocadéro.** — **Petits postes de police** — **Poste de douane.** — **Poste d'octroi.** — Le poste du Trocadéro était absolument semblable au précédent et fut donné à construire en location à M. Pombla.

En même temps qu'il s'engageait à construire le deuxième poste de police, M. Pombla prenait aussi l'engagement d'élever à forfait, en location, 5 petits postes de 4 mètres sur 3 mètres et destinés : le premier à la police, sur l'esplanade des Invalides; le deuxième à la douane, dans l'exposition des colonies françaises sur la rue de l'Université, et les trois autres aux employés de l'octroi.

Ceux-ci furent placés : l'un sur le trottoir du quai d'Orsay, près de la porte d'entrée de l'Esplanade; un autre, dans le Champ de Mars, près du pavillon des douanes; et le dernier dans le parc du Trocadéro.

Le prix de chacun de ces édicules fut fixé à forfait à 650 francs. Ils consistaient en de simples pavillons de bois, dont les quatre côtés démontables étaient constitués chacun par un panneau unique formé de poteaux et traverses avec remplissage en parquet de sapin à baguette. La couverture était faite de tuiles posées sur des chevrons en bois découpé avec deux pentes à gouttières et lambrequins. L'installation fut complétée par des agencements intérieurs, pour l'éclairage et l'eau, ainsi que par la fourniture de bancs et de placards.

Plus tard, un sixième poste fut installé sur le quai d'Orsay, en face la rue Malar.

IV. — **Postes de pompiers.** — L'exécution en fut confiée à M. Favaron, après adjudication restreinte.

Ces postes, qui mesuraient 6^m,25 sur 4 de largeur, étaient constitués aussi par quatre panneaux qui formaient les deux faces latérales et les deux faces-pignon. Dans chacun de ces panneaux se trouvait une ouverture, fenêtre ou porte suivant le cas. La toiture, à deux pentes, était couverte en ardoises d'Angers; elle était surmontée d'une arête en bois découpé et les rives étaient cachées par une décoration analogue. Sauf trois d'entre eux, tous furent identiques, à l'emplacement de la porte près.

Les trois qui différaient du type adopté étaient :

1° Le poste placé près du vestibule du Palais des Machines, poste qui était compris entre le vestibule, les galeries de 25 mètres et l'annexe de la classe 61, et pour lequel on avait utilisé les constructions déjà en place;

2° Le poste des Invalides, installé dans une des tourelles de l'Exposition de la Guerre;

3° Le poste de la pompe à vapeur, situé au dehors de l'Exposition, rue de l'Université, près de l'avenue de La Bourdonnais.

Ce dernier poste avait un étage où était installé le corps de garde. Au rez-de-chaussée se trouvaient les écuries pour deux chevaux, la pompe et le réchauffeur.

Les sept postes semblables étaient situés :

Le 1er, près du pavillon du Maroc,

Le 2e, près du pavillon belge,

Le 3e, près du pavillon de Guatémala,

Le 4e, près du pavillon des Forges du Nord,

Le 5e, près du pavillon des Douanes,

Le 6e, dans le parc du Trocadéro, à l'angle de la rue Le Nôtre et du boulevard Delessert,

Le 7e, sur le quai d'Orsay, au carrefour Malar.

Tous ces postes étaient peints en grenat clair avec des inscriptions en lettres blanches sur fond bleu.

L'installation des pavillons affectés aux services de la douane et de la manutention, de la police, des pompiers et de l'octroi a entraîné une dépense de 71 201 fr. 87.

Si on rapporte cette dépense à la surface couverte (965 mètres carrés au volume occupé (5 611 mètres cubes), l'exécution des travaux revient à 73 fr. 78 le mètre carré et à 12 fr. 70 le mètre cube abrité.

V. — **Guichets d'entrée.** — Les guichets d'entrée, très nombreux à l'Exposition de 1889, étaient établis suivant les dispositions et dans les mesures adoptées en 1878 ; mais on recourut à un système de construction plus simple et plus économique, bien que ne laissant rien à désirer sous le rapport de l'élégance. (Série Q, Pl. 1.)

Les bois découpés furent supprimés à cause de leur manque de solidité et de leur prix élevé, et l'ornementation consista surtout dans une exécution très soignée des menuiseries en bois apparent qui composaient ces édicules.

Chaque pavillon se posait suivant les emplacements, soit sur des pieux battus, soit sur une fondation en maçonnerie très peu compliquée. Sur cette maçonnerie on fixait la sablière basse du pan de bois formant façade. A la partie inférieure de l'édicule, un lambris en frises de sapin servait de soubassement; encastrées dans ce soubassement, s'élevaient les parois verticales constituées par de grands châssis vitrés maintenus de place en place au moyen de poteaux, au-dessus desquels régnait une frise en sapin. Dans la partie supérieure, les plafonds rampants en saillie soutenus par des balustres tournés formant potence de support étaient divisés en compartiments par des chevrons moulurés aux abouts.

La foule ayant à stationner aux abords des guichets, l'égout des eaux pluviales était rejeté à l'intérieur et les tuyaux de descente placés dans les angles du corps même de la construction. La couverture était en zinc n° 12 par feuilles entières, les combles n'étant apparents de l'extérieur qu'à grande distance. Une petite travée de grille légère et deux mâts décoratifs accompagnaient chaque guichet et le reliaient aux clôtures générales de l'enceinte.

Les visiteurs pénétraient en deux files par un petit porche central muni d'une barrière très courte placée dans l'axe du porche à l'entrée même et destinée à diviser la foule; à droite et à gauche se tenaient, dans deux loges vitrées, les préposés au contrôle chargés de l'oblitération des tickets. Au fond du porche, s'ouvrait un passage par lequel s'écoulaient les visiteurs qui remettaient à un deuxième employé leur ticket oblitéré.

La distribution intérieure comportait donc quatre petites pièces placées symétriquement deux à deux par rapport à l'axe du pavillon et séparées par un couloir central qui s'élargissait en porche vers l'extérieur.

Tous les guichets ont été établis d'après ce type; mais tous n'ont pas eu la même importance. Ceux qui ont été construits exactement sur le modèle dont la description vient d'être faite étaient des guichets simples; on a donné le nom de guichets doubles à deux guichets simples, accolés par leur plus petite façade, et celui de demi-guichets à des guichets constitués par la moitié seulement du guichet simple. Pour ceux-ci toutefois, il y eut une

modification et le pavillon ne forma plus qu'une construction rectangulaire séparée en deux parties égales par une cloison intérieure. Il n'y eut plus ni couloir central ni porche; le passage du
public se fit à l'extérieur entre le pavillon et une grille installée
parallèlement au pavillon sous la protection de l'auvent.

On établit au total :

9 demi-guichets,

26 guichets simples,

4 guichets doubles,

2 guichets triples.

En dehors des travaux de construction proprement dits, on dut
exécuter les travaux nécessaires à l'éclairage, les guichets restant
ouverts le soir.

L'entreprise s'est en conséquence trouvée scindée en deux
parties : 1° Travaux de construction proprement dits, confiés à la
maison Lecœur et Cⁱᵉ, savoir : pour un demi-guichet, 1 250 francs ;
pour un guichet simple, 2 500 francs ; pour un guichet double,
5 000 francs ; pour un guichet triple, 7 500 francs ; 2° Travaux relatifs à l'éclairage, 3 649 fr. 01.

Si on rapproche ces dépenses des surfaces (657ᵐ·ᵠ·75) et volumes
(2 322 mètres cubes) occupés, le prix moyen ressort dans le premier cas à 136 fr. 64 et dans le deuxième à 38 fr. 72.

Grâce aux dispositions prises et à la multiplicité des portes, le
service des entrées, en 1889, a pu se faire avec une grande régularité, malgré l'affluence considérable du public.

VI. — Water-closets. — Aux précédentes expositions, l'Administration s'était chargée de la construction des water-closets et
avait simplement affermé l'exploitation. L'expérience, si elle donna
des résultats satisfaisants au point de vue de l'hygiène publique,
ne laissa pas que d'entraîner de lourdes charges pour le Trésor et,
dès les premiers jours de son organisation, la Direction des Travaux était décidée à renoncer complètement à ce mode de procéder.
Elle n'avait pour cela qu'à prendre exemple sur la méthode

adoptée par la Ville de Paris et, en échange du droit de perception
qu'elle accorderait, à exiger du concessionnaire le paiement de
toutes les dépenses auxquelles donneraient lieu la construction et
l'exploitation.

Ces dépenses étaient de plusieurs sortes :

En premier lieu, il fallait compter la dépense entraînée par la
construction en location des cabinets d'aisance nécessaires à la
période des travaux d'édification des palais et à la période de démolition, avec toutes les charges accessoires d'installation de conduites
d'eau et de gaz ;

En second lieu, venait la dépense d'exécution en location des
water-closets destinés aux visiteurs de l'Exposition ;

En troisième lieu, les frais d'exploitation, consommation d'eau
et de gaz, personnel, etc. ;

En quatrième lieu, la redevance à payer à l'Administration.

En regard de ces charges, le concessionnaire avait à placer
les avantages qui lui étaient accordés :

1° Perception d'un droit sur les visiteurs entrés dans ses établissements ;

2° Publicité intérieure et extérieure.

Les dépenses d'installation des water-closets destinés aux périodes
de travaux et appelés water-closets provisoires furent réduites au
strict minimum. Les établissements devaient être édifiés aussi simplement que possible et l'entrepreneur était autorisé à se servir, pour
certains de ces établissements, de la carcasse définitive des chalets
qu'il avait à construire pour l'Exposition. Le tout à l'égout était to-
léré ; l'eau et le gaz nécessaires aux water-closets provisoires étaient
fournis gratuitement par l'Administration.

L'entreprise des water-closets fut, comme l'Exposition elle-
même, divisée en quatre parties : le Champ de Mars, le quai
d'Orsay, l'Esplanade des Invalides, le Trocadéro.

Le Champ de Mars donna lieu à la première convention ; une
adjudication fut tentée le 14 mars 1887, et M. Gontier, auquel se
substitua dans la suite M. Faust, fut adjudicataire, moyennant

une redevance de 7 fr. 20 par 1000 visiteurs payants, du monopole des water-closets dans le Champ de Mars. Par un second
marché, il obtint l'autorisation d'établir des water-closets dans les
autres parties de l'enceinte réservée. Les travaux d'installation de
cabinets provisoires furent commencés immédiatement. De simples cabines en bois à trois ou quatre compartiments furent construites et placées sur un échafaudage de 1 mètre de hauteur, sous
lequel on pouvait enfermer les tinettes. Pour certains d'entre eux,
qui occupaient la place des chalets définitifs, on avait installé le
tout à l'égout.

Conformément aux stipulations qu'elle avait faites, l'Administration arrêta tous les plans et fixa la distribution de chacun des
établissements.

Puis, au fur et à mesure de l'avancement des constructions, elle
fit édifier les divers établissements définitifs.

Ces pavillons furent exécutés d'après trois types différents :

1° Les chalets extérieurs, ayant en plan la forme d'un rectangle
de 9m,90 de longueur et 5m,40 de largeur. Ce rectangle était divisé
en deux parties par une cloison médiane longitudinale. Le côté
des dames comprenait 8 cabines, dont 2 à toilette. Le côté des
hommes avait 6 cabines, un lavabo et un urinoir à 4 stalles. Les
chalets de ce type étaient placés : dans la cour de 30 mètres,
près du vestibule des Machines; près du pavillon de la Douane
(gare du Champ de Mars); sur le quai d'Orsay, en face de l'exposition des Produits alimentaires; au carrefour Malar; sur l'esplanade
des Invalides, à l'angle des rues Saint-Dominique et Fabert; enfin,
près du pilier nord de la Tour Eiffel.

2° Les chalets extérieurs pour hommes ou pour dames seulement. Les chalets pour hommes seuls comportaient 13 cabines, un
lavabo et un urinoir à 9 stalles. Ceux pour dames avaient 17 cabines
dont deux à toilette et 1 lavabo. Ces établissements étaient placés
à côté l'un de l'autre, deux à l'angle des avenues de Suffren et
de La Motte-Piquet et deux à l'angle des avenues de La Bourdonnais et de La Motte-Piquet.

Tous les chalets extérieurs étaient du même type ; on les avait formés de panneaux en fonte et tôle, séparés par de petites colonnettes.

3° Les installations intérieures, au nombre de trois, l'une près de la porte Rapp, la seconde près de la porte Desaix et la troisième dans le bâtiment de l'Exploitation, donnèrent lieu à des opérations sensiblement moins compliquées, puisqu'on mettait à la disposition de l'entrepreneur un espace clos et couvert.

Il n'eut donc qu'à faire les canalisations, pour rejoindre les égouts, à poser le parquet et à diviser l'espace par des cloisons afin de séparer les cabines et les lavabos.

L'installation de la porte Rapp occupait un espace de 16^m,44 de longueur et 10 mètres de largeur divisé en deux parties. Le côté des hommes avait 19 cabines, un grand lavabo et un urinoir de 16 stalles. Le côté des dames comprenait 22 cabines et un grand lavabo-toilette.

L'installation de la porte Desaix occupait le même espace. Le côté des hommes avait 15 cabines, un grand lavabo et un urinoir de 12 stalles. Celui des dames avait 25 cabines et une grande toilette commune.

Enfin celui du bâtiment de l'Exploitation comportait 5 cabines et un lavabo de chaque côté.

L'entreprise des cabinets d'aisance dans l'intérieur de l'Exposition donna lieu à deux marchés, l'un avec la Société anonyme des Chalets de nécessité et l'autre avec le concessionnaire du Champ de Mars.

Par le premier marché, l'Administration autorisait la Société anonyme des Chalets de nécessité à conserver dans l'Exposition les deux chalets que la Ville avait concédés sur les surfaces qui devaient être incorporées à l'Exposition, l'un au Trocadéro, dans le parc, l'autre sur le quai d'Orsay, près du boulevard La Tour-Maubourg ; mais ce dernier dut être transporté près de la rue de Constantine sur l'esplanade des Invalides.

Par le deuxième marché, M. Gontier obtenait l'autorisation

d'installer : un établissement sur l'esplanade, à l'angle de la rue
Fabert et de la rue Saint-Dominique ; deux sur le quai, l'un près
de la rue Jean-Nicot, l'autre près du palais des Produits alimentaires ; enfin, un dernier au Trocadéro derrière le Palais. Mais ce
dernier, ne faisant point d'affaires, fut supprimé.

Le tarif fut fixé par l'Administration et établi de la façon suivante :

> Cabines de luxe. . . . . 0 fr. 15
> Cabines ordinaires. . . . . . 0 fr. 05
> Urinoirs gratuits.

Ces installations se complétaient par celles qui se trouvaient
déjà en place sur toute l'étendue des parcs et des promenades de
la Ville de Paris occupés par l'Exposition. Néanmoins l'affluence
des visiteurs fut telle qu'elles devinrent insuffisantes. De nombreux urinoirs furent exécutés en toute hâte, dissimulés dans les
massifs, donnant avec les urinoirs en place un total de 223 stalles ;
deux voitures roulantes (système Cassard) furent établies en permanence sur le quai d'Orsay, à l'extrémité de l'avenue de La Bourdonnais et à l'entrée de l'esplanade des Invalides.

La dépense qu'entraînèrent ces installations peut être évaluée
ainsi qu'il suit :

> Concession Gontier (Champ de Mars). . . . . 150 000 fr.
> Concession Gontier (autres parties de l'Exposition). . 36 000 fr.
> Concession Lainé. . . . . 1 200 fr.

Tous ces frais furent à la charge des concessionnaires.

Quant aux installations d'urinoirs en location, y compris tous
travaux accessoires, exécutées par la Direction des Travaux à son
compte, leur prix fut de 32 648 fr. 90.

C'est, en définitive, à ce dernier chiffre que s'est élevée la
charge supportée par l'Administration. En regard de cette somme,
il convient de faire figurer le montant des recettes que l'entreprise

des water-closets a procurées à l'Exposition et qui est de
95 490 francs ; savoir :

Concession Gontier (Champ de Mars). . . . . 93 600 fr.
Concession Gontier (autres parties de l'Exposition). . 1 300 fr.
Concession Lainé. . . . . 5 590 fr.

ENSEMBLE. . . . . 100 490 fr.
Réduit à. . . . . 95 490 fr.

par suite d'une indemnité accordée au concessionnaire des water-
closets du Champ de Mars[1].

Ce résultat, surtout si on le compare à ceux obtenus aux Expositions précédentes et qui s'est traduit par un déficit à la charge de
l'Administration, justifie complètement la manière de procéder
adoptée par la Direction des Travaux. Il y a lieu d'ajouter qu'il
s'est traduit pour les concessionnaires eux-mêmes par des bénéfices considérables, les recettes brutes ayant certainement dépassé
500 000 francs.

1. — La redevance devait à l'origine être établie d'après le nombre des visiteurs
admis dans l'enceinte ; mais l'émission des Bons ayant fait prévoir un plus grand
nombre de visiteurs que n'en auraient donné les conditions d'entrées prévues au
moment du marché, oh transforma la redevance proportionnelle en une redevance
fixe calculée sur 13 millions de personnes.

CHAPITRE XI

SERVICE MÉDICAL

I. — Organisation du service.

'EXÉCUTION des grands travaux a pour conséquences inévitables des accidents et des
maladies de différentes natures pour les
ouvriers. A plusieurs reprises, le législa-
teur s'est préoccupé de prendre des mesures de protection pour les victimes toujours trop nombreuses d'entreprises où la
vie humaine est à chaque instant en danger.

Dès 1848 et 1851 des règlements avaient été élaborés sur la
matière. La question s'était posée à nouveau lors des Expositions
de 1867 et de 1878. A ces deux époques, des mesures spéciales
furent prises et appliquées, sans toutefois donner complète satisfaction.

Pour l'Exposition de 1889, le problème du service médical
revenait une fois de plus, et d'autant plus pressant que l'œuvre à
accomplir exigeait l'emploi d'un nombre exceptionnel d'ouvriers

exposés à des dangers incessants par suite de la nature et de la dimension des ouvrages.

Le décret du 28 juillet 1886 créa le service médical et le plaça dans les attributions du Directeur général des Travaux. Cette décision fut suivie à quelques jours d'intervalle d'une autre par laquelle MM. Moizard et Veyrières étaient nommés l'un médecin, l'autre pharmacien de l'Exposition.

Le service médical était donc né; il restait à le constituer complètement, c'est-à-dire à arrêter les règles qui devaient présider à la distribution des secours en médicaments et en argent, et à doter le service de ressources financières suffisantes.

Le 13 octobre 1886, sur la proposition de M. Alphand, M. Lockroy prenait un arrêté qui contenait en substance les dispositions suivantes :

« Le service médical a pour objet de donner les premiers soins aux malades et aux blessés; il est chargé de prendre les mesures d'hygiène propres à assurer la santé des ouvriers pendant la durée des travaux.

« Le personnel se compose, en dehors du médecin, de deux élèves et de deux gardiens infirmiers.

« Des secours pécuniaires, s'élevant à la moitié du salaire qui aurait pu être gagné, sont accordés aux blessés et malades.

« L'incapacité partielle de travail et l'incapacité totale donnent, comme le décès, droit à des indemnités[1] payées par l'administration.

« Les dépenses de toutes natures du service médical sont couvertes par une retenue de 1 p. 100 sur les travaux exécutés par chaque entrepreneur de l'Exposition. En cas d'insuffisance, le budget de l'Exposition doit fournir les sommes nécessaires au

1. — « Lorsque, par suite de blessures, un ouvrier sera devenu impropre aux travaux de sa profession, il recevra, en outre des indemnités quotidiennes payées pendant la maladie, moitié de son salaire pendant une année. Une indemnité de 600 francs sera accordée aux héritiers d'un ouvrier tué sur les chantiers ou mort de ses blessures » (art. 5 et 6).

paiement de la différence. L'excédent, s'il y en a, doit être versé
à l'Assistance publique.

« Une comptabilité spéciale est organisée à la Direction des
Travaux pour surveiller, contrôler et tenir état des retenues et des
dépenses. »

A la suite de cet arrêté, un règlement précis et détaillé assura
le fonctionnement du service dans ses différentes parties.

L'ambulance, installée d'abord au pavillon Rapp (nord), et depuis
le mois de septembre 1887 dans le pavillon de l'Exploitation, se composa de cinq pièces : antichambre, salle de pansements, pharmacie,
cabinet des médecins adjoints, cabinet du chef de service. Les
médicaments et appareils de première nécessité y furent réunis.

Le médecin en chef dut faire deux visites par jour au poste médical, en dehors de celles faites aux ouvriers blessés à domicile.
Le service quotidien fut imposé aux médecins adjoints, dont l'un
devait toujours être présent pendant l'ouverture des chantiers. La
permanence de jour fut une obligation pour les infirmiers et chacun
d'eux, à tour de rôle, dut passer la nuit à l'ambulance.

Le pharmacien ou l'un de ses aides était tenu d'assister à la
consultation et d'avoir sous la main les médicaments et fournitures
nécessaires aux premiers soins.

Dans aucun cas, le malade ou blessé ne devait être gardé dans le
local affecté au service médical; suivant l'avis du médecin, il était
envoyé à l'hôpital ou reconduit chez lui. Des certificats délivrés par
le médecin constataient la maladie ou l'incapacité de travail et servaient de base à l'allocation du secours attribué par l'Administration.

Un cahier de visites tenu à jour indiquait le nombre des malades et la nature des maladies. Un registre spécial portait les noms
des malades à l'hôpital ou soignés chez eux. Toutes les ordon-
nances étaient signées du médecin en chef et portaient les prix détaillés des médicaments fournis par le pharmacien. Les bons pour
fournitures diverses étaient également signés par le médecin en chef.

Enfin les indications les plus précises furent données pour éviter, d'une part, que des personnes étrangères aux travaux ne

pussent se présenter au service médical et réclamer les secours, et, d'autre part, que les malades traités à domicile ne vinssent à prolonger indûment la période de maladie.

II. — **Fonctionnement du service médical pendant la période des travaux.** — Constitué en octobre 1886, le service médical eut à fonctionner dès sa création jusqu'à la fin de la période de démolition.

Le service médical devait comprendre, à l'origine, un médecin, deux élèves et deux infirmiers. Mais deux médecins adjoints ayant été nommés au lieu de deux élèves, il fut nécessaire de compléter l'organisation par la nomination d'un troisième médecin adjoint et d'un interne. En outre, on dut, dans la nécessité de donner aux ouvriers traités à domicile le moyen d'avoir facilement les médicaments nécessaires, autoriser ces ouvriers à prendre leurs médicaments chez les pharmaciens de leur quartier.

Une circulaire fut, en conséquence, adressée aux pharmaciens, pour leur indiquer les conditions auxquelles ils seraient admis à livrer les médicaments aux ouvriers de l'Exposition; puis on dressa une liste de tous ceux qui déclarèrent se soumettre à ces conditions. Le nombre en fut de 377, répartis à peu près uniformément dans tout le département de la Seine. Grâce à ces mesures, le traitement médical a eu lieu dans des conditions satisfaisantes. Les blessés ont trouvé, le jour comme la nuit, les soins que réclamait leur état.

Le nombre des consultations, qui s'élevait à une moyenne de 400 par mois en 1887, a été de 1452 dans le mois de septembre 1888 et de 1653 en avril 1889. Le nombre total des consultations fut de 21 023.

Ces chiffres témoignent de la conscience avec laquelle M. Moizard et ses aides se sont acquittés de leur devoir.

De nombreuses visites à domicile et la tenue hebdomadaire d'une clinique spéciale pour les ouvriers doivent encore figurer à leur actif et augmenter la reconnaissance qui leur est due.

III. — Mesures d'hygiène. — L'attention donnée aux malades et aux blessés ne faisait point perdre de vue les mesures à prendre dans l'intérêt des travailleurs valides.

Pendant la période des grandes chaleurs, de mai à octobre des années 1887 et 1888, une police sévère interdit l'introduction d'alcools et de vins nuisibles à la santé. Des distributions de boisson hygiénique composée de rhum, gentiane et eau empêchèrent bien des imprudences.

La consommation de cette boisson a été, pour 1887, de 63 550 litres, et, pour 1888, de 104 400 litres.

L'établissement de lieux d'aisances bien aménagés fut une mesure d'hygiène qui exerça une heureuse influence sur la salubrité générale.

En mai 1887, M. le Dr Proust, représentant le Conseil de salubrité publique, proposa à la direction d'organiser un service de vaccination obligatoire pour les ouvriers. Cette proposition ne put être accueillie. La vaccination obligatoire entraînait de lourdes dépenses à cause des indemnités de chômage qu'elle aurait provoquées.

Il n'était pas possible d'employer ainsi les capitaux fournis par la Société de garantie à une dépense relativement considérable, insuffisamment légitimée. Pour trois ans de travaux, il n'était point exagéré d'évaluer à plus de 16 000 le nombre total des ouvriers devant travailler sur les chantiers; la vaccination de cette petite armée aurait coûté plus de 50 000 francs. Il eût été, d'autre part, très difficile d'obtenir des ouvriers qu'ils vinssent volontairement à la vaccination.

IV. — Paiement des secours. — Le paiement des secours s'effectuait sans trop de difficultés.

Dès qu'un accident arrivait, le blessé, muni d'un bulletin portant son nom, celui de l'entrepreneur, le salaire, la date et la cause de l'accident, était amené à l'ambulance d'où, après avoir reçu les premiers soins, il était transporté à son domicile ou à l'hôpital.

Un double du bulletin était ensuite envoyé au chef de service de l'Exposition dont dépendait l'entrepreneur; le chef de service contrôlait les indications et remettait à l'agent chargé de la comptabilité une note précisant les différents points nécessaires à connaître pour l'établissement de l'indemnité. Dès que l'ouvrier pouvait reprendre son métier, le médecin lui délivrait un certificat constatant la durée de l'incapacité du travail. Ce certificat était apporté à l'agent chargé de la comptabilité. Sur la représentation de ces différentes attestations, le paiement était opéré entre les mains du blessé ou du malade.

Le nombre des individus payés a été considérable : il y eut plus de 2 000 versements opérés : aussi le travail de comptabilité a-t-il été important, et le contrôle très minutieux; mais on n'a pu adopter une combinaison plus avantageuse.

Deux compagnies d'assurances contre les accidents, le *Secours* et le *Soleil*, avaient cependant fait des ouvertures pour se substituer à l'Administration dans la distribution des soins médicaux et secours pécuniaires à donner aux victimes d'accidents.

La première avait demandé une prime absolument inacceptable, 80 p. 100 des retenues. La seconde réclamait 85 centimes p. 100 du montant de toutes les dépenses afférentes aux travaux effectués dans l'Exposition. Le calcul donnait une prime de 297 874 fr. 35, supérieure de près de 100 000 francs à celle que le tarif maximum des compagnies d'assurances basé sur la main-d'œuvre totale aurait produite.

En outre, et malgré le sacrifice qu'elle aurait ainsi consenti, l'Administration conservait à sa charge les boissons hygiéniques et la fourniture des désinfectants. Tous ces inconvénients empêchèrent de donner suite à la proposition.

V. — Accidents. — Maladies. — Leurs caractères. — L'importance exceptionnelle des travaux métalliques de l'Exposition de 1889 avait fait craindre des complications graves en cas d'accidents. Presque toujours, il y avait à lutter contre la dépression physique et morale du blessé, sa négligence complète de l'hygiène et son penchant pour l'alcool.

L'application rigoureuse de la méthode antiseptique et des précautions minutieuses de toutes sortes ont conjuré les aggravations, et, à part sept ou huit, tous les blessés ont repris leurs travaux.

Cette constatation favorable n'est pas la seule qui ait été faite.

Les travaux de terrassements ou de constructions produisent ordinairement des cas de fièvres intermittentes et typhoïdes. L'Exposition de 1878 en est une preuve frappante ; le rapport médical d'alors constatait 405 cas, dont 366 fièvres intermittentes et 39 typhoïdes.

On devait s'attendre à voir le même fait se renouveler pour l'Exposition de 1889 ; il n'en fut rien. Soit par suite de l'assainissement du quartier, soit par suite du rapport de terres neuves, il ne se déclara que 15 cas de fièvre typhoïde et pas un de fièvre d'origine tellurique.

Deux autres faits ont sollicité plus particulièrement l'attention des médecins : la diarrhée et la colique de plomb.

La première, sous forme de légère épidémie, est née pendant les chaleurs, et provenait de la consommation par les ouvriers d'une eau souillée, servant à la préparation des matériaux. Elle a disparu dès que les sources suspectes eurent été consignées.

Les accidents saturnins ont été nombreux et souvent accompagnés d'albuminerie. Ils furent surtout remarqués chez des ouvriers peintres d'occasion, négligents de leur personne, passant du chantier à la table avec les mains, la figure et les vêtements imprégnés de couleurs. Cette absence de propreté chez eux était évidemment la cause de la maladie, car les espaces où ils travaillaient étaient assez vastes et aérés pour rendre négligeable l'absorption du carbonate de plomb par les voies respiratoires. Les ouvriers peintres étrangers, plus soigneux d'eux-mêmes et prenant les précautions nécessaires, n'ont pas été atteints.

Les blessures des yeux appellent aussi quelques observations. Presque toutes ont été produites dans plusieurs ateliers d'ouvriers riveurs par la projection de bavures de fer dans l'œil. Implantées dans le globe comme une lame de couteau, ces parcelles produisaient des désordres graves. Quatre ouvriers ainsi frappés ont dû subir l'énucléation totale de l'œil.

Enfin, il reste à signaler le nombre considérable de fractures. La majeure partie a consisté dans des fractures comminutives; il n'y a pas eu à enregistrer d'amputation. Les seules complications assez difficiles à traiter, mais non incurables, ont été l'atrophie musculaire du membre, le cal difforme et l'arthrite consécutive.

En résumé, la période des travaux se distingue par la rareté vraiment remarquable des maladies infectieuses et par l'extrême activité qu'elle a donné au service médical; cette activité ne saurait être mieux mise en lumière que par des chiffres.

Les malades traités au service ont été de 6458.

Les affections traitées se décomposent ainsi :

Affections d'origine externe. 5610
Affections d'origine interne. 729

Les décès se sont élevés à 33, se décomposant ainsi :

Morts de maladie. 9
Morts sur les chantiers. 24

Cette dernière catégorie est due presque uniquement à des fractures du crâne, résultat de chutes de grandes hauteurs.

Le chiffre des ouvriers tués est supérieur à celui de 1878; mais il y a lieu de tenir compte des différences dans les matériaux employés aux deux époques, et surtout des hauteurs absolument inusitées auxquelles on a travaillé en 1889. La Tour Eiffel seule a coûté la vie à cinq ouvriers. La santé générale a été meilleure pendant la dernière Exposition, puisqu'on a compté 8659 ouvriers soignés en 1878, et plus de 25000 consultations. Le nombre des individus devenus impropres à leur profession avait atteint 32, à la même date : il ne s'est guère élevé qu'au tiers pour l'Exposition de 1889.

VI. — Fonctionnement du service pendant la période d'exploitation. — Dès l'ouverture de l'Exposition, les conditions du service médical se trouvaient complètement changées.

Il ne s'agissait plus, en effet, de donner des consultations ou des soins aux ouvriers blessés ou malades, mais d'être continuellement à la disposition du public menacé d'accidents multiples, par le fait de l'encombrement qui devait résulter du succès prévu. Pour obtenir ce résultat, il fallait augmenter le nombre des médecins.

La Direction générale des Travaux songeait, en conséquence, à créer 3 postes auxiliaires, à chacun desquels auraient été affectés 2 externes et un infirmier. Mais le Directeur général de l'Exploitation insista pour la création d'un personnel nombreux de docteurs faisant de courtes séances. On adjoignit au personnel existant pendant la construction 27 médecins attachés et 4 infirmiers; 3 ambulances auxiliaires furent établies en dehors du poste central, l'une à la galerie des Machines, l'autre à l'esplanade des Invalides, la troisième à la Manutention (gare du Champ de Mars), et l'Exposition fut divisée en circonscriptions affectées à chacune d'elles. Une consigne spéciale réglait les conditions dans lesquelles les médecins seraient appelés à porter secours aux malades.

Les médecins attachés furent chargés d'assurer la permanence du service de garde dans les ambulances auxiliaires. Ils furent partagés en trois brigades (une par ambulance); chacune d'elles, placée sous les ordres d'un médecin adjoint, changeait de poste tous les mois suivant un roulement arrêté d'avance. Un infirmier était attaché à chaque ambulance secondaire, deux au poste central de l'avenue La Bourdonnais; le sixième faisait les remplacements dans les postes auxiliaires et permettait d'abréger la longueur de la journée (8 heures du matin à 11 heures du soir) imposée aux hommes de service.

Le poste central situé dans le bâtiment de la Direction générale de l'Exploitation fut desservi par les médecins adjoints et l'interne, le médecin en chef se réservant la haute direction du service.

La tâche du service ne pouvait être restreinte aux soins à donner aux visiteurs, et devait être étendue à la surveillance des nombreux étrangers constituant le personnel des villages annamites, tonkinois, javanais, de la rue du Caire, etc... Il était indispensable, en effet, de prescrire des mesures spéciales, de faire appliquer des dispositions particulières pour assurer le bon état sanitaire et prévenir l'éclosion d'affections contagieuses ou épidémiques qui, connues du public, auraient pu avoir une influence désastreuse sur le succès de l'Exposition.

Les mesures adoptées ont eu le meilleur résultat ; les détails suivants en font foi. Dès leur arrivée, tous les contingents étrangers furent soumis à un examen rigoureux ; tous furent vaccinés. Bien que l'alimentation fût assurée par l'eau de la Vanne, des filtres Pasteur furent installés, par surcroît de précaution, dans chacun des campements d'indigènes. Les cabinets d'aisances furent canalisés, les chambres aérées, désinfectées et tenues avec autant de propreté que possible.

En outre, pendant la durée de leur séjour à Paris, ces étrangers restèrent soumis à de fréquentes visites sanitaires. Aussi, malgré les bruits qui, à un certain moment, ont circulé sur l'état sanitaire de l'esplanade des Invalides et du Champ de Mars, il n'y a eu à signaler aucune affection épidémique ou contagieuse, à part quelques cas d'oreillons qui ont d'ailleurs vite disparu.

En dehors de cette catégorie toute spéciale, les visiteurs sont venus en grand nombre au service médical ; plusieurs cas de mort ont été constatés. Le service médical eut, en outre, à s'occuper des cas de maladies ou de mort des ouvriers qui continuèrent à travailler pendant cette période, pour le fonctionnement des machines ou pour les diverses installations.

Voici d'ailleurs le résumé statistique des opérations effectuées par le service médical depuis l'ouverture jusqu'à la fermeture de l'Exposition.

Dans cette statistique entrent trois éléments : les ouvriers ; les contingents étrangers ; les visiteurs.

CONSULTATIONS ET PANSEMENTS

Ouvriers 2 170
Contingents étrangers 1 818
Visiteurs 4 540

TOTAL 8 528

Accidents gastro-intestinaux 903
Attaques d'hystérie 732
Syncopes et faiblesses 197
Contusions 501
Plaies 1 401
Affections diverses 4 791

TOTAL ÉGAL 8 525

VACCINATION

Annamites 280
Tunisiens 190
Égyptiens 65
Algériens 51
Javanais 60

TOTAL 646

ACCIDENTS GRAVES N'AYANT PAS ENTRAÎNÉ LA MORT

Plaies 29
Fractures 18
Hémorrhagies cérébrales 12

TOTAL 59

MORTALITÉ

Ouvriers.

Tour Eiffel. Fracture du crâne 1
Machines. Écrasement 1

TOTAL 2

Visiteurs.

Apoplexie   9
Rupture d'anévrisme.   1
Écrasement au chemin de fer Decauville. .   1

TOTAL   11

Si on compare ces chiffres à ceux de 1878, on voit qu'ils présentent sur ces derniers une grande augmentation, conséquence du
plus grand nombre de visiteurs. En 1878, en effet, le service n'a
donné ses soins qu'à 702 visiteurs, sur lesquels trois seulement
sont décédés.

VII. — **Situation financière.** — Voici quelle était la situation
du service à la fin de son fonctionnement :

	fr.	c.
Personnel	67 474	89
Matériel	5 275	67
Secours	104 231	56
Médicaments et instruments	35 962	35
Dépenses diverses, hygiène.	15 771	44
TOTAL	228 715	91

Les recettes étant de 329 273 fr. 83, il en résultait un excédent
de 100 557 fr. 92 sur les dépenses.

VIII. — **Fonctionnement du service médical pendant la
période de démolition et de liquidation.** — Dès la clôture de
l'Exposition, les visiteurs cessèrent presque complètement de venir
au Champ de Mars et les exposants s'empressèrent d'emporter ce
qui leur appartenait. Le service médical vit donc ses opérations
se restreindre dans une très large mesure, et la direction put,
par suite, réduire le personnel à deux internes, 1 pharmacien et
4 infirmiers.

Le nombre des ambulances fut également réduit, celle de la

manutention supprimée de suite. Les travaux d'enlèvement marchant rapidement sur l'esplanade, l'ambulance établie en ce dernier endroit cessa de fonctionner le 15 décembre 1889; le 15 janvier 1890, le poste de la galerie des Machines disparaissait également. Il ne restait plus que le poste central de l'avenue de La Bourdonnais comptant 2 externes et 2 infirmiers. Le personnel de ce dernier poste se trouvait ramené, vers la fin de mars, à 1 externe et 1 infirmier; enfin, le 30 juin 1890, le service disparaissait complètement, les travaux à terminer n'exigeaient plus son intervention.

Pendant cette période, les opérations se réduisirent au traitement de 408 malades ayant reçu 767 consultations; ces 408 malades peuvent être classés de la façon suivante :

1º Affections d'organe externe. . .	370
2º — — interne. . .	38

Quant aux dépenses, elles ont été très peu importantes et se sont, en réalité, bornées aux frais de personnel ainsi qu'à l'acquisition de quelques médicaments.

IX. — Conclusion. — Si l'on compare le nombre d'ouvriers soignés et d'ouvriers admis au chômage en 1878 et en 1889, on constate qu'il a été à peu près le même aux deux époques; cela tient à ce que, si les travaux de 1889 ont été un peu moins importants (comme quantités d'ouvrages) que ceux de 1878, ils ont, par contre, offert beaucoup plus de difficultés et de dangers. C'est cette dernière cause qui explique l'augmentation constatée des décès en 1889.

L'organisation du service médical de l'Exposition a permis d'obtenir de bons résultats; mais il serait exagéré de dire qu'elle n'a offert prise à aucune critique.

De ces critiques, les unes se rapportent à la distribution des secours pécuniaires, les autres au recrutement du personnel.

L'intervention de l'Administration dans le paiement des indemnités pécuniaires aux ouvriers a donné lieu à des abus de différents ordres.

Tout d'abord quelques entrepreneurs se sont crus dégagés, par le fait de l'intervention de l'Administration, de toute responsabilité en cas d'accidents ; cette conséquence ne pouvait être déduite ni des termes mêmes, ni de l'esprit de l'arrêté, et il n'a pas été difficile de rectifier sur ce point des appréciations erronées.

Une plus grosse difficulté a été provoquée par les ouvriers. Ceux-ci ont toujours voulu considérer les indemnités qu'ils recevaient de la Direction comme un secours gracieux et exiger de leurs entrepreneurs les indemnités du chômage qui leur étaient versées sur les chantiers ordinaires, de telle façon qu'en ajoutant l'une à l'autre les sommes reçues ainsi des deux côtés, ils arrivaient à gagner davantage quand ils chômaient par suite d'indispositions, que pendant les périodes de travail. Cette circonstance devait naturellement faire naître ces maladies simulées et dépeupler les chantiers.

Bien des fois, en effet, des faits de ce genre ont été constatés, presque impossibles à réprimer, parce que les maladies dont se plaignaient les ouvriers (lombago, tour de reins, etc.), ne pouvaient être niées par le médecin. La situation est même devenue assez sérieuse un moment, à cause de la jurisprudence adoptée par les prudhommes qui accueillaient constamment ces demandes des ouvriers.

On ne put mettre un terme à de tels abus qu'en surveillant de très près les ouvriers et en refusant de recevoir sur les chantiers ceux qui, après s'être absentés pour une maladie non caractérisée, revenaient se proposer à l'embauchage.

Une autre difficulté se présentait encore dans la distribution des secours pécuniaires par suite de connivence entre les entrepreneurs et leurs ouvriers.

La Direction prenait pour prix de base, dans le calcul de l'indemnité, le prix de la journée indiqué par l'entrepreneur ; comme, dans certains cas, la somme attribuée d'après cet élément n'était pas aussi élevée que celle résultant du tarif ordinaire des Compagnies d'assurances, l'entrepreneur était obligé de parfaire la différence, et afin que cette différence fût aussi réduite que possible, il majorait d'une façon presque constante les salaires de ses hommes dans ses indications. On ne put arriver à remédier à cet inconvénient que par une enquête sur chaque cas douteux ; c'était là, malgré tout, un palliatif insuffisant.

Enfin, il aurait été utile, mais c'est là une correction que la pratique a amenée tout naturellement, de modifier quelques articles difficiles à appliquer, tel que celui qui n'accordait pas d'indemnité de chômage à l'ouvrier célibataire soigné à l'hôpital, tel aussi que l'article 5, qui accordait la même indemnité à l'homme devenu incapable de continuer les travaux de sa profession et à celui qui était devenu incapable de tout travail, et qui ne distinguait pas entre les différentes causes mettant l'ouvrier dans l'impossibilité de continuer ses occupations habituelles, perte d'une jambe, d'un bras, d'un œil, etc.

Il est vrai que l'arrêté, permettant d'augmenter dans certains cas particuliers les allocations qu'il fixait, donnait les moyens de remédier à ces inconvénients ; peut-être cependant eût-il mieux valu fixer un tarif officiel analogue à celui des Compagnies d'assurances pour les différents cas les plus fréquents.

Telles sont, en résumé, les observations qu'appelle la distribution des secours pécuniaires. Une autre observation est à faire en ce qui concerne le recrutement du personnel.

Le principal service imposé aux infirmiers, comme aux médecins, consistait dans le service de garde : or, ce service n'était pas compatible avec l'existence d'une clientèle même réduite ; il obligeait donc l'Administration à choisir pour les emplois d'adjoints au médecin de chantiers des élèves non encore docteurs. Ceux-là seuls pouvaient donner sans inconvénient tout le temps que l'Administration demandait. En s'adressant, au contraire, à des docteurs, on était obligé de réduire leur temps de présence et, par suite, d'augmenter leur nombre et les dépenses qui en résultaient.

Cet inconvénient s'est surtout fait sentir pendant la période d'exploitation, où la nomination de 27 docteurs est venue modifier complètement les conditions d'existence du service. Il y a dans cette expérience du passé un enseignement utile à recueillir pour l'avenir.

Quoi qu'il en soit, cependant, et malgré les quelques critiques auxquelles il peut donner lieu, le service médical de l'Exposition de 1889 ne laisse derrière lui que d'excellents souvenirs.

Au point de vue de l'hygiène et des soins aux blessés, les résultats ont été particulièrement satisfaisants : aucune affection épidémique ou contagieuse ne s'est produite, pas plus que les accidents consécutifs aux plaies et blessures, tels que gangrène, sphacèle, tétanos, etc.

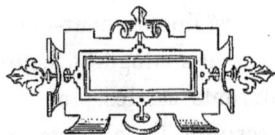

CHAPITRE XII

TOUR EIFFEL

I. — Préliminaires.

L semble que l'idée d'élever des monuments à grande hauteur ait toujours hanté l'esprit humain depuis l'origine des civilisations. Sans remonter à l'antiquité, la pensée de l'érection d'une tour de 300 mètres datait déjà elle-même de plus d'un demi-siècle.

Les Anglais en ont été les premiers inventeurs : en 1833, l'ingénieur Trevitick proposa, lors du bill de réforme et pour en perpétuer le souvenir, d'élever une tour en fonte de 304^m,80 de hauteur, de 30 mètres de diamètre à la base et de 3^m,60 au sommet. Le projet fut présenté au roi Guillaume d'Angleterre, mais Trevitick mourut et ses propositions, d'ailleurs encore peu étudiées, ne reçurent aucune suite.

Vers 1874, des Américains, MM. Clarke et Reeves, désireux

d'édifier un monument commémoratif de l'Exposition de Phila-
delphie, reprirent les idées de Trevitick et dressèrent le projet
d'une tour de 300 mètres; mais, malgré leur hardiesse, ils recu-
lèrent devant l'exécution, et les États-Unis se contentèrent d'achever
l'obélisque en maçonnerie de Washington qui devait être le plus
haut monument du monde (169 mètres).

La tour de MM. Clarke et Reeves aurait été en fer, composée
d'un cylindre formant noyau, d'un diamètre de 9 mètres, renforcé
par des contre-forts métalliques reliés à une base de 45 mètres de
diamètre.

En 1881, M. Sébillot présenta, pour éclairer la ville de Paris, le
dessin d'un monument de 300 mètres de hauteur surmonté d'un
foyer électrique. MM. Bourdais et Sébillot reprirent en commun
l'idée de cet édifice qui devait avoir 300 mètres de hauteur en
pierre et 70 mètres en métal, soit un total de 370 mètres.
En 1885, M. Bourdais présenta seul à la commission de l'Exposition un autre projet de tour complètement en fer. Tous ces projets,
quoique fort intéressants, se bornaient à des dessins et à des
études sommaires. La solution ne fut définitivement obtenue que
par le projet de tour en fer qui a été exécuté pour l'Exposition
de 1889.

Au moment où celle-ci fut décidée, deux ingénieurs de M. Eiffel, MM. Nouguier et Kœchlin, étudièrent, avec le concours de
M. Sauvestre, architecte, l'avant-projet d'une tour de 300 mètres et
le soumirent à M. Eiffel, qui, après examen, prit dès ce moment
ce projet sous sa responsabilité, en fit une étude complète dans
ses bureaux et le présenta à M. Lockroy, alors ministre du Commerce et de l'Industrie, qui s'y montra très favorable. Par suite,
le programme du concours pour l'Exposition de 1889 imposa aux
concurrents l'obligation de faire figurer la tour de 300 mètres sur
le plan du Champ de Mars.

Dès cette époque la décision de principe était prise.

D'ailleurs, peu de jours après (12 mai 1886), une commission
était nommée par M. Lockroy pour l'examen du projet de

M. Eiffel. Cette commission, après avoir entendu les explications fournies par M. Eiffel, confia l'étude détaillée des plans et la vérification des calculs à un sous-comité composé de MM. Phillips, Collignon et Contamin.

Dans sa séance du 12 juin, sur l'invitation du Ministre, elle se livra à l'examen de divers autres projets présentés par différents architectes et ingénieurs, mais elle les écarta tous soit comme irréalisables, soit comme insuffisamment étudiés, et finalement, sur la proposition de M. Alphand, déclara que « la Tour à édifier en vue de l'Exposition universelle de 1889 devait offrir un caractère nettement déterminé, apparaître comme un chef-d'œuvre original d'industrie métallique, et que seul le projet de M. Eiffel semblait répondre pleinement à ce but ». En conséquence, adoptant à l'unanimité les conclusions du rapport présenté au nom du sous-comité spécial par M. Collignon, elle en soumettait l'acceptation à M. Lockroy sous la double réserve que le constructeur étudierait d'une façon plus précise le mécanisme des ascenseurs et que trois spécialistes seraient appelés à donner leur avis motivé sur les mesures à prendre au sujet des phénomènes électriques qui pourraient se produire.

Extraits du Rapport de la sous-commission d'examen. — Voici d'ailleurs des extraits du rapport important du sous-comité :

Le dossier a d'abord été examiné successivement par chacun des membres de la sous-commission. Puis une réunion préparatoire a eu lieu le 25 mai, pour convenir des questions que l'on poserait aux auteurs du projet et des vérifications qui seraient à faire. La sous-commission s'est mise en rapport avec M. Eiffel et ses collaborateurs dans une conférence qui a eu lieu le 1ᵉʳ juin. Les réponses de M. Eiffel ont été communiquées à la sous-commission le 5 juin, et elle a pu arrêter le même jour ses conclusions définitives.

Les calculs présentés par M. Eiffel, opérés pour la plupart à l'aide de la méthode graphique, reposent sur certaines hypothèses relatives à l'intensité du vent. L'habile ingénieur en a admis deux successives : dans l'une, la tour subirait du haut en bas une poussée horizontale de 300 kilogrammes par mètre carré de surface choquée; dans l'autre, la poussée du vent varierait régulièrement et par degrés insensibles, depuis 200 kilogrammes à la base jusqu'à

400 kilogrammes au sommet. Ces limites sont notablement supérieures aux pressions du vent observées dans nos climats.

Le projet comporte l'emploi du fer, de préférence à l'acier, qui exigerait de moindres sections et des poids plus faibles, mais ne présenterait pas les mêmes garanties d'homogénéité et ne pourrait être travaillé dans les mêmes conditions.

L'accroissement de poids qu'entraîne l'adoption du fer contribue d'ailleurs à la stabilité de l'ouvrage.

La limite de résistance admise pour le métal est de 10 kilogrammes par millimètre carré. Ce chiffre, qui dépasse les limites généralement admises dans les études des tabliers métalliques, ne devant être atteint que dans les cas tout à fait exceptionnels où se réaliseraient les hypothèses faites sur les actions dues aux vents, nous semble pouvoir être admis partout où les influences non calculées des vibrations, s'ajoutant aux efforts moléculaires déterminés dans le mémoire, donneraient une fatigue inférieure à la limite d'élasticité du métal.

La tour se compose essentiellement de quatre piliers ou montants, qui forment les angles de l'édifice et en constituent l'ossature. Ils ont une forme courbe qui les amène graduellement à converger au sommet, tandis que leurs pieds s'écartent à la base et y dessinent un carré de 100 mètres de côté. Le tracé des arbalétriers a été fait de telle sorte que l'action du vent y développe seulement des actions longitudinales : soit des compressions qui augmentent celles que produit le poids propre; soit des extensions qui se retranchent au lieu de s'ajouter, mais en laissant toujours prédominer la compression qui règne en tout point du sommet à la base. Dans ces conditions, l'entretoisement des arbalétriers devient inutile, et on les a rendus indépendants les uns des autres, disposition qui donne à la construction son caractère particulier. Il est vrai qu'en toute rigueur cette indépendance suppose une répartition déterminée des efforts dus à l'action des vents. Dès qu'on admet successivement, comme l'ont fait les auteurs du projet, deux hypothèses distinctes pour la répartition de ces efforts, à chacune de ces hypothèses correspondrait un tracé particulier de la ligne moyenne des arbalétriers, et le tracé réel que l'on adopte n'est plus que le résultat d'une interpolation entre ces deux tracés préparatoires. De là résulte qu'aux efforts longitudinaux s'ajoutent dans les diverses sections des moments fléchissants, dont la valeur n'est nulle part, du reste, bien considérable.

La sous-commission a discuté toutes ces hypothèses et repris la plus grande partie des calculs, en les faisant par d'autres méthodes.

L'accord constaté entre les résultats obtenus de diverses manières est une garantie de l'exactitude des opérations.

La tour peut être partagée en deux parties principales :

Dans la première, d'une hauteur de 114 mètres, les quatre montants sont réunis et se fondent, pour ainsi dire, en une seule et même poutre droite à section rectangulaire.

Dans la seconde partie qui supporte la première, les quatre arbalétriers s'y écartent de plus en plus à mesure qu'on descend, et sont reliés seulement, de distance en distance, par des brides horizontales dans la portion la plus haute et plus bas par les planchers des étages de la tour et les arcades qui les accompagnent.

Nous examinerons ces deux parties successivement.

Dans le tronçon de 114 mètres, les efforts de compression, rapportés au millimètre carré et calculés séparément pour les bandes longitudinales des arbalétriers et pour les barres de treillis qui les rendent solidaires, atteignent dans la partie la plus fatiguée une valeur totale de 9 kilogrammes. Bien que ces efforts soient inférieurs à la limite de résistance, 10 kilogrammes, admise pour le métal, ils paraissent un peu élevés.

La compression des barres de treillis approche de la limite qui pourrait y produire une flexion latérale. La compression des bandes des arbalétriers est due en grande partie à l'action du vent, qui y produit des efforts bien supérieurs à ceux que produit le poids propre. Si l'on tenait compte des mouvements vibratoires qu'un vent violent, soufflant par rafales, pourrait communiquer à la tour, on serait conduit à admettre que la part due au vent dans l'effort total peut être accidentellement doublée, et, alors, au lieu d'un effort total de 9 kilogrammes, décomposé en 2 kilos dus au poids propre et 7 kilos dus à la poussée du vent, on obtiendrait un effort de 16 kilogrammes par millimètre carré, bien voisin de la limite d'élasticité du fer.

Mais il ne faut pas oublier que ces résultats supposent un vent de 400 kilos par mètre carré soufflant dans la région la plus haute de la Tour. Or, on n'a jamais observé à Paris, ni même ailleurs, un vent atteignant une pareille intensité. Dans nos climats, les plus grandes tempêtes ne développent pas d'efforts supérieurs à 90 kilos. On serait donc autorisé à réduire au quart environ les résultats obtenus dans une hypothèse évidemment exagérée; dans ces conditions, les 9 kilos de compression s'abaisseraient à $3^k,75$, à l'état statique, et à $5^k,50$, si l'on double l'effort dû à la composante horizontale, pour tenir compte des vibrations. Rien ne serait plus facile, du reste, que d'augmenter notablement la rigidité de cette partie de la Tour, par un léger accroissement des épaisseurs attribuées au métal.

Les calculs de résistance de la seconde partie ont été présentés par M. Eiffel sous une forme très simple, grâce à l'adoption de certaines hypothèses. Il a admis, par exemple, que la résultante des forces extérieures qui agissent sur une portion d'arbalétriers, comprise entre une section quelconque et le sommet de la Tour, passe toujours par le centre de gravité de la section qui lui sert de base. Il a réduit aussi, pour certaines parties, la section utile de l'arbalétrier à deux membrures, tandis qu'il eût été plus rigoureux d'en introduire trois dans les calculs. Il était essentiel d'examiner la légitimité de ces hypothèses, et de voir si elles ne conduiraient pas à des efforts moindres que ceux qui seraient réellement développés.

Entre la base de la première partie et la section qui coïncide avec le plancher du second étage, le mémoire de M. Eiffel signale des compressions qui varient de 9^k,40 à 9^k,90, et dans lesquelles le poids propre entre seulement pour 1 kilo à 1^k,90. Ces efforts paraissent un peu élevés, par les raisons exposées tout à l'heure. Mais il y a une manière bien simple d'améliorer de beaucoup la stabilité de cette région, et d'y introduire un surcroît de raideur qui profitera à tout l'ensemble. Les quatre arbalétriers, sans être jointifs comme plus haut, sont encore, jusqu'au plancher du second étage, à des distances assez faibles pour qu'il soit possible de les entretoiser par des diagonales, de manière à en faire une seule et unique poutre rigide. Les efforts se répartissent alors beaucoup plus également, et la compression maximum s'abaisse immédiatement de 9^k,90 à 4^k,50. La modification que l'on signale ici ne change rien d'ailleurs à l'aspect général de l'ouvrage.

Entre le plancher du second étage et la base de la Tour, les compressions indiquées par M. Eiffel s'élèvent à 9^k,96 au plus, limite qui n'a plus rien d'inquiétant, car si on la décompose en deux parts, l'une due au poids propre, l'autre à l'action du vent, on reconnaît que la première part passe graduellement de 3^k,10 à 6^k,20, tandis que la part de l'action du vent diminue de 5^k,90 à 3^k,76 ; de sorte que la portion stable l'emporte de plus en plus sur la portion qui peut subir un accroissement du fait du mouvement oscillatoire. On reconnaît aussi que les simplifications admises par les auteurs du projet ne les ont pas conduits à la détermination de valeurs trop faibles. Le calcul complet, fait pour la section située au-dessous du premier plancher, conduit à une limite de 7^k,40, au lieu de 9 kilos qu'avait trouvés M. Eiffel par la méthode plus sommaire dont il a fait usage.

La sous-commission a signalé aux auteurs du projet une objection que l'on peut faire aux hypothèses qui servent de base au calcul de l'action du vent. Ces hypothèses consistent, comme on l'a vu, à admettre une répartition uniforme, ou uniformément variée, de la poussée horizontale, qui agirait sur toute la construction, de la base au sommet. Or, rien n'autorise à supposer que le vent réalisera toujours une répartition aussi régulière, et la sous-commission a pensé qu'il fallait prévoir les cas où elle s'exercerait seulement sur une portion de la Tour, à partir du sommet, sans agir également sur toute la hauteur. Dans ces conditions, la poussée résultant du vent ne passe plus au niveau qui permet de la décomposer tangentiellement aux arbalétriers ; il en résulte la production d'un couple qui doit être équilibré par la résistance des mêmes sections dans le métal, et dont le bras de levier acquiert parfois des valeurs considérables. M. Eiffel a présenté à la sous-commission une nouvelle série de calculs dans lesquels il tient compte de ces poussées incomplètes. Il a supposé successivement qu'un vent de 300 kilos au mètre carré agissait d'abord sur le quart supérieur de la Tour, puis sur la moitié supérieure, et enfin sur les trois quarts, à partir du sommet, le reste de la Tour ne subissant aucune poussée analogue. Il résulte de ces calculs que les augmentations produites dans les efforts limites de compression par ces poussées incomplètes ne sont jamais bien grandes. Si le couple à équilibrer peut acquérir de grands bras de levier, la force, par contre, est d'autant moindre que le bras de levier est plus grand; de là une sorte de compensation qui restreint l'augmentation des efforts.

Le calcul des *ceintures*, présenté par les auteurs du projet, n'intéresse pas la résistance de l'ossature, seule question dont la sous-commission ait eu à se préoccuper. Elle a laissé de même de côté la question d'assemblages et de rivures dont elle est loin de méconnaître l'importance, mais qui pourront être étudiées seulement lors de la rédaction du projet d'exécution définitif.

En résumé, le projet de Tour présenté par M. Eiffel paraît conçu dans de bonnes conditions de stabilité générale, surtout si l'on a égard à l'exagération évidente des hypothèses faites sur la violence du vent.

Des quatre étages que renferme la Tour, le rez-de-chaussée, où le poids propre prédomine, et l'étage supérieur, où les quatre arbalétriers sont invariablement réunis, présentent toute la rigidité nécessaire; on ne voit d'autre observation à faire à propos de ces deux parties que d'engager les auteurs du projet à faire reposer leurs arbalétriers, coupés à angle droit, sur des assises inclinées, dressées normalement à l'axe des pièces auxquelles elles servent de base.

Le second étage, compris entre le second plancher et le troisième, peut être amené au degré de résistance de l'étage supérieur, en introduisant entre les arbalétriers, deux à deux, une liaison par des barres diagonales.

Le premier étage, au-dessus du premier plancher, est, dans le projet actuel, la partie la plus faible de la Tour, parce qu'il y a dans cette région prédominance des efforts dus au vent sur ceux qui correspondent au poids propre, et que l'écartement des arbalétriers ne permet pas de les entretoiser.

La sous-commission est, en définitive, d'avis que le projet de M. Eiffel peut être approuvé au point de vue de la stabilité et de la résistance, sous les réserves suivantes :

1° Les arbalétriers seront réunis deux à deux dans la partie désignée plus haut sous le nom de second étage ;

2° Les sections des arbalétriers dans la partie dite du premier étage devront être légèrement grossies, de telle manière qu'il en résulte une réduction de la part proportionnelle du vent dans l'effort total ;

3° Les pieds des arbalétriers, à la base de la Tour, seront coupés normalement à l'axe moyen des pièces, et devront porter sur des assises réglées à la même inclinaison.

La sous-commission estime qu'il y a lieu d'appeler l'attention des auteurs du projet sur l'importance des questions relatives aux assemblages et aux rivures, comme aussi sur la convenance qu'il y aurait à assurer l'invariabilité des angles des arbalétriers au moyen de goussets et de cornières.

Enfin, reprenant une idée exprimée par M. Brune, notre regretté collègue, la sous-commission pense qu'il est à propos, au point de vue architectonique, de faire saillir dans le projet d'exécution les arbalétriers dans toute la hauteur du rez-de-chaussée, sauf à réduire l'épaisseur de l'archivolte de la voûte voisine.

Avis de la sous-commission des électriciens. — Les précautions à prendre pour protéger la Tour contre les accidents de la foudre furent précisées par la note suivante, remise le 24 juin 1886 à M. le ministre du Commerce. Cette note émanait de MM. Becquerel, Berger et Mascart.

La Tour de 300 mètres de hauteur, dont la construction est projetée au Champ de Mars, dans l'enceinte de l'Exposition, pourra jouer le rôle d'un immense paratonnerre protégeant un très large espace autour d'elle, à condition que sa masse métallique soit en communication parfaite avec la couche aquifère du sous-sol par le moyen de conducteurs capables de débiter la quantité considérable de fluide électrique dont il y aura lieu d'assurer l'écoulement pendant les jours d'orage.

Grâce à ces précautions, l'intérieur de l'édifice, avec les personnes qui s'y trouveront abritées, sera absolument assuré contre tout accident pouvant provenir des coups de foudre fréquents qui frapperont infailliblement les parois de la Tour à différentes hauteurs.

Pour réaliser la non-isolation de la Tour dans les meilleures conditions, on noiera dans la couche aquifère qui se rencontre à 7 mètres environ au-dessous du niveau moyen du sous-sol actuel du Champ de Mars deux lignes de tuyaux de fonte de fer parallèles à deux faces opposées du soubassement de la Tour.

Chacune de ces lignes de tuyaux aurait ainsi la longueur de 124 mètres, égale à la largeur de la base d'appui de la Tour. Les tuyaux employés pourront utilement avoir un diamètre de 0^m,60; ils seront du genre de ceux qu'on emploie pour les conduites de gaz. Chacune de ces lignes de tuyaux sera mise en communication avec les parties métalliques basses de la Tour au moyen de câbles, de barres ou de lames de cuivre à grandes sections. Ces conducteurs émergeront du sol par des puits maçonnés de 1 mètre de diamètre au moins, et chemineront à découvert, le long de la maçonnerie des socles de la Tour, jusqu'aux pièces métalliques auxquelles ils se souderont en s'épanouissant de façon à multiplier les points de contact. Les puits permettront d'aller constater fréquemment l'état des soudures et des attaches des conducteurs de cuivre avec les tuyaux.

Quant à l'extérieur de l'édifice, il s'agira de protéger spécialement toutes les parties où le public pourra séjourner à l'air libre; ces parties sont les balcons qui règneront probablement autour de la Tour, aux trois étages indiqués par son dessin d'élévation.

On obtiendra la protection nécessaire en plaçant d'abord des paratonnerres obliques à pointes de bonnes longueurs à chacun des quatre angles de chaque balcon. Ensuite on disposera le long des faces de ces balcons une série de paratonnerres à pointes ou d'aigrettes de dimensions appropriées et convenablement espacées.

On pourra mettre également au sommet de l'édicule culminant de la Tour un paratonnerre vertical à pointe de hauteur modérée.

Il sera nécessaire que les travaux destinés à assurer la non-isolation de la Tour soient entamés en même temps que ceux de fondation des socles pour préserver les ouvriers de tout accident de coups de foudre une fois que la construction aura atteint une certaine hauteur.

Analyse du traité Eiffel. — M. Eiffel accepta les diverses conditions qui précèdent et, en conséquence, le 8 juin 1887, fut signée la convention définitive.

En voici les principales conditions :

M. Eiffel s'engage à construire, en qualité d'entrepreneur, dans l'enceinte de l'Exposition de 1889, au Champ de Mars, une Tour de 300 mètres de hauteur, conformément aux avant-projets soumis à la commission spéciale nommée par arrêté du 17 mai 1886. Il est chargé des études définitives et de l'exécution complète sous sa responsabilité, mais sous la direction des Ingénieurs de l'Exposition et le contrôle de la commission spéciale par laquelle il doit faire approuver ses projets de détail et recevoir ses travaux avant la mise en exploitation.

M. Eiffel s'engage à supporter tous les dommages-intérêts qui pourraient résulter de la construction et de l'exploitation de la Tour sans qu'il puisse invoquer la garantie de la Ville ou de l'État. Enfin il accepte les conditions diverses imposées aux personnes admises à construire dans les parcs de la Ville de Paris.

En échange de ces charges, il reçoit :

1° Une subvention de 1 500 000 francs, payable :

— 500 000 francs quand l'ossature métallique sera parvenue à la hauteur du plancher du 1er étage;

— 500 000 francs quand l'ossature métallique sera parvenue au 2e étage;

— 500 000 francs quand l'ouvrage sera terminé et reçu provisoirement pour l'exploitation.

2° Le droit de percevoir pendant toute la durée de l'Exposition et les 20 années qui suivront une taxe sur les visiteurs qui feront l'ascension.

A la fin de sa concession, la Tour deviendra la propriété de la Ville de Paris à laquelle elle devra être livrée en bon état d'usage et d'entretien.

Dès que cette convention fut signée, les travaux furent commencés et menés avec la plus grande activité, de manière à pouvoir être terminés dans la période très courte qui allait s'écouler avant l'ouverture de l'Exposition.

Choix de la matière. — L'avant-projet présenté à la commission spéciale prévoyait l'emploi du fer. Cette matière s'imposait-elle au constructeur? Pouvait-on lui substituer pour tout ou partie la maçonnerie ou l'acier? Afin de résoudre cette question, il y a lieu d'examiner les deux hypothèses de la construction en maçonnerie et de la construction mixte maçonnerie et métal, puis celle de la construction purement métallique, et enfin de comparer les avantages respectifs, dans ce cas particulier, du fer et de l'acier.

On écarta de suite la solution mixte, maçonnerie et métal, car elle était peu pratique. Elle présentait, en effet, les inconvénients des deux autres, et en outre, avec des éléments aussi différents comme dilatation, résistance et propriétés élastiques, il était impossible de calculer le partage des efforts dans les différents matériaux.

L'emploi de la maçonnerie seule conduisait à une dépense infiniment plus considérable que l'emploi du métal, et cela s'établit aisément.

Les considérations de résistance à l'action du vent doivent, dans le cas d'une construction de ce genre, n'intervenir que d'une façon secondaire : ce sont celles relatives à l'écrasement des matériaux par leur poids qui sont prédominantes.

Lorsqu'on veut, en effet, édifier un grand ouvrage où les matériaux travaillent à une très forte charge, on ne doit pas perdre de vue que ces matériaux ne sont pas superposés l'un à l'autre par des surfaces parfaitement dressées ; ils sont forcément séparés par des lits de mortier destinés à répartir convenablement la pression de l'un à l'autre. Il faut donc non seulement que les matériaux résistent, mais que le mortier interposé ne s'écrase pas ; et un des éléments principaux du calcul se trouve précisément la limite de résistance à l'écrasement du mortier. Or les traités classiques indiquent comme résistance maximum des mortiers de ciment la valeur de 150 à 200 kilogrammes par centimètre carré. Si on admet le coefficient pratique de 1/10ᵉ comme sécurité, on arrive à ce fait, qu'il ne faut pas faire supporter à la maçonnerie plus de 15 à 20 kilogrammes par centimètre carré et exceptionnellement 25. C'est du reste ce qui a lieu pour les édifices existants cités ci-dessous :

Piliers de Saint-Pierre de Rome. . .	16^k,36 par centimètre carré.
Piliers de Saint-Paul de Londres. . .	19^k,36 —
Piliers de la tour Saint-Merri à Paris.	29^k,40 —
Piliers du dôme du Panthéon. . . .	29^k,44 —
Monument de Washington.	26^k,50 —

Qu'on adopte ce coefficient de travail, même un peu forcé et porté à 30 kilogrammes, et qu'on se rende compte dans ces conditions du prix de la construction : le calcul établi sur ces bases donne, pour le volume de l'édifice, un cube supérieur à 70 000 mètres ; avec ce volume la dépense, au prix de 200 francs en moyenne le mètre cube, ressort à 14 millions, non compris les fondations. Or celles-ci devraient cuber 38 000 mètres environ et coûter, à raison de 50 francs le mètre cube, encore 2 millions de francs; le montant total s'élèverait donc à 16 millions de francs, et cela sans qu'il soit rien alloué pour la décoration.

La question de dépense devait, en conséquence, faire repousser l'idée d'une tour en maçonnerie et, comme conclusion, faire préférer le fer ou l'acier dans des travaux de ce genre. Lequel des deux métaux convenait-il d'adopter?

Il était assez difficile de choisir entre eux. Toutefois une première observation s'imposait : le principal avantage de l'acier sur le fer consiste en ce fait qu'il permet une réduction de poids considérable; or il était ici peu important d'avoir une extrême légèreté, c'était plutôt une condition mauvaise, puisqu'il s'agissait surtout de résister à l'effort du vent, et qu'on devait compter pour cela, dans une grande mesure, sur le poids de la construction. D'autre part, étant donné le coefficient à adopter pour l'acier, on eût été conduit à donner aux pièces des sections réduites, et elles auraient offert, à cause de leurs grandes dimensions, une trop faible résistance au flambage. En outre les vibrations et les flèches des pièces eussent été plus considérables.

Telles sont les considérations qui ont fait choisir le fer.

Description de la Tour. — L'emplacement de la Tour fut choisi au bord de la Seine, dans l'axe longitudinal du Champ de Mars dont elle devait former l'entrée triomphale.

La Tour est portée sur quatre pieds ou groupes de massifs de fondation qui ont été désignés, lors de la construction, sous le nom de piles (1), (2), (3), (4) et qui se trouvent : la pile (1) au nord, la la pile (2) à l'est, la pile (3) au midi, la pile (4) à l'ouest.

Elle est partagée dans sa hauteur en trois étages ou plate-formes :

Le premier est à $57^m,63$ au-dessus du sol;

Le deuxième à $115^m,73$;

Et le troisième à $276^m,13.$

Entre les deux derniers étages, se trouve un plancher servant seulement au service des ascenseurs et qu'on a désigné sous le nom de plancher intermédiaire.

La dernière plate-forme est couronnée par un campanile dont la terrasse supérieure se trouve à 300 mètres en contre-haut du Champ de Mars.

Des quatre groupes de fondations partent quatre groupes de montants rectilignes jusqu'au premier étage; ces montants, entretoisés et croisillonnés, forment quatre piliers à jour.

Chacun des quatre piliers a une section carrée de 15 mètres de côté; le plus grand carré circonscrit à cette ossature mesure 115 mètres de côté à la base.

A la hauteur du premier étage, les quatre piliers sont réunis par deux séries de grandes poutres. La première agit comme élément de la construction; la seconde, presque exclusivement décorative, surmonte les quatre grands arcs qui donnent à la partie inférieure de l'édifice son aspect monumental.

Au-dessus de cet étage les piliers prennent une forme courbe et leur section, tout en restant carrée, va en diminuant; elle n'est plus que de 10 mètres au deuxième étage. Au delà de cette limite les quatre montants sont réunis et forment un seul pylône.

La première plate-forme est supportée par les poutres inférieures qui entretoisent les piliers; elle compte quatre restaurants placés entre les montants (l'espace compris dans l'intérieur des montants eux-mêmes est réservé au service des ascenseurs et à la circulation) et une galerie couverte de 282 mètres de longueur qui règne en encorbellement sur les quatre côtés de la construction.

Cette plate-forme mesure 70^m,69 de côté et présente à sa partie centrale un vide carré de 33 mètres laissant voir tout l'intérieur de la construction, depuis le sol jusqu'au deuxième étage. Sa surface est au total de 4 200 mètres carrés, dont 1600 affectés aux restaurants et galeries.

La deuxième plate-forme est sensiblement moins grande. Elle ne mesure que 37^m,63 de côté et présente seulement une surface de 1400 mètres. Elle est d'un seul tenant sans aucun vide central.

Une galerie en encorbellement de 150 mètres de longueur l'entoure à l'extérieur. Des abris fermés, des kiosques, une boulangerie et une imprimerie du *Figaro* y étaient installés pendant l'Exposition.

La troisième plate-forme compte 240 mètres carrés. Elle est couverte complètement. Au-dessus d'elle se trouvent des laboratoires de physique et les grandes poutres qui portent les poulies des ascenseurs.

Enfin, se dresse, au sommet, un phare supporté par quatre grands arcs; on parvient à ce dernier point au moyen d'une échelle intérieure. La plate-forme du phare à $1^m,70$ de diamètre et est située à 300 mètres en contre-haut du sol. Au-dessus d'elle, il n'y a plus que le paratonnerre.

Le service des différents étages est fait par des ascenseurs et des escaliers.

Deux ascenseurs du système Roux, Combaluzier et Lepape et deux escaliers desservent le premier étage; deux ascenseurs du système Otis font le service du premier et du second étage, auquel ou peut également accéder par les escaliers.

Enfin un ascenseur Edoux permet, moyennant un transbordement au plancher dit intermédiaire, d'effectuer l'ascension du deuxième au troisième étage (on peut également faire ce trajet à l'aide d'un petit escalier en vis).

Les machines génératrices destinées à produire l'électricité et à élever l'eau des ascenseurs sont placées dans le sous-sol de la pile sud. L'eau est refoulée dans des réservoirs installés aux différentes plates-formes.

II. — Fondations. — Les sondages nombreux exécutés dans toute la superficie du Champ de Mars ont montré que le sous-sol est formé, au-dessous des remblais, par un lit de 5 à 7 mètres de sable et gravier éminemment propres à recevoir des fondations, reposant sur une couche d'argile plastique, sèche, compacte, d'environ seize mètres d'épaisseur; cette argile est résistante et peut porter avec sécurité une charge de trois à quatre kilogrammes par centimètre carré. Au-dessous d'elle, on trouve la craie. Ces différentes couches sont très légèrement inclinées, depuis l'École militaire jusqu'à la Seine.

La couche de sable et gravier diminue d'épaisseur en s'approchant des anciens affouillements du fleuve et est alors surmontée par une couche d'argile sableuse, sur laquelle il était impossible de songer à établir les fondations de la Tour.

Des sondages spéciaux furent exécutés au droit de chaque pile. Ils révélèrent aux endroits choisis pour les piliers sud et est la présence, à 7 mètres au-dessous du niveau du sol, de la couche de sable qui présente à cet endroit une épaisseur de $6^m,50$. La cote d'établissement des fondations pouvait donc être prise à la partie supérieure de cette couche, soit à 27 mètres, c'est-à-dire à peu près à la cote de retenue du barrage de Suresnes, et en conséquence toute la maçonnerie put être exécutée à sec.

Pour les piles près de la Seine, au contraire, les sondages ne rencontrèrent la couche de sable et gravier qu'à 11 mètres au-dessous du niveau du sol, soit à la cote $23^m,50$ qui est de $3^m,50$ environ au-dessous de l'eau. Cette couche est heureusement d'une épaisseur de plus de 5 mètres, et il suffisait de l'atteindre pour avoir toute sécurité; mais on ne pouvait y parvenir que par l'emploi de l'air comprimé.

Chaque montant de la Tour est composé d'une ossature prismatique à section horizontale carrée, dont les arêtes sont les nervures destinées à transmettre de panneau en panneau les compressions résultant : d'une part, du poids de la partie de la Tour située au-dessus du point considéré, et d'autre part, de l'action du vent. Ces efforts de compression à la base de la Tour sont égaux aux réactions des maçonneries de fondation et dirigées en sens contraire. Par suite de cela, il était évident que les fondations devaient offrir une forme particulière, appropriée à l'effort qu'elles auraient à supporter, et aussi être disposées de façon à transmettre au sol une pression uniformément répartie. De cette façon, on pouvait

faire travailler partout ce sol à son maximum de résistance, avec
une sécurité constante en tous ses points; ce résultat a été obtenu
grâce à une série de considérations simples.

La pression exercée par l'arbalétrier à son point d'appui vers la
fondation est oblique par rapport à la verticale. Mais cette pression, à mesure qu'on étudie ce qui se passe à des niveaux de
plus en plus bas dans les massifs, se compose successivement
avec le poids des différentes tranches horizontales de maçonnerie
et se rapproche de plus en plus de la verticale. Si l'on calcule les
dimensions de ces tranches de façon que la courbe des pressions
vienne couper la surface d'appui sur le sol, en son centre de gravité, la pression sera uniformément répartie et pourra se décomposer en une pression verticale et une pression horizontale. Cette
dernière tendrait à faire glisser les fondations sur le sol; mais
elle est trop faible relativement à la pression verticale pour qu'un
déplacement latéral puisse se produire; telles ont été les considérations qui ont conduit aux dispositions suivantes.

Pour les piles qui pouvaient être établies à sec, quatre massifs
de béton de 6×10 et de 2 mètres de hauteur furent coulés
sur le bon sol. Au-dessus d'eux s'élevèrent des pyramides de
maçonnerie de 8 mètres de hauteur ayant leur face antérieure verticale, leur face postérieure inclinée à 45° et les deux faces latérales
symétriquement inclinées. Ces pyramides sont tronquées du côté
où s'appuient les arbalétriers, de façon que la surface d'appui soit
normale à ces arbalétriers.

Pour les piles voisines de la Seine les mêmes dispositions furent
prises; mais les massifs de béton remplissaient des caissons en
tôle de 15^m,6 de surface et de 6 mètres de hauteur.

Chacun des quatre arêtiers des montants a sa fondation
établie d'après ces conditions, fondation distincte de celle de
l'arêtier voisin. La pression sur la maçonnerie de fondation est de
565 tonnes, lorsqu'il ne fait pas de vent, et de 875 tonnes aux
arêtiers les plus fatigués, lorsqu'on suppose un vent de 300 kilogrammes par mètre carré.

Au niveau des fondations des deux piles les plus voisines de la Seine, à une profondeur de 14 mètres, la pression verticale sur le sol est de 3 320 tonnes avec le vent, qui, pour la surface d'appui de 90 mètres carrés, correspond à une charge de $3^{kil},7$ par centimètre carré.

Sur le sol de fondation des deux autres piles, la pression verticale sur le sol, à 9 mètres de profondeur, est de 1 970 tonnes, qui, pour une surface d'appui de 60 mètres carrés, correspond à une pression de $3^{kil},3$ par centimètre carré.

Les fondations sont donc établies de façon à donner toute sécurité en ce qui concerne la résistance du sol.

La partie principale des massifs a été établie en moellons de Souppes hourdés en mortier de ciment de Boulogne à la dose de 250 kilogrammes par mètre cube de sable. Cette maçonnerie ne travaille pas à plus de 4 à 5 kilogrammes par centimètre carré.

Les massifs précédents reposent, aux piles (2) et (3), sur une épaisseur de béton de ciment de deux mètres, à la dose de 250 kilogrammes de ciment de Boulogne pour un mètre cube de sable, et, aux piles (1) et (4), les plus rapprochées de la Seine, sur des caissons à air comprimé remplis d'un béton de même composition.

Pour répartir la pression sur les massifs, on les a couronnés par deux assises de $0^m,50$ d'épaisseur en pierre de taille de Villebois, dont la résistance à l'écrasement est considérable. Cette assise travaille à 30 kilogrammes par centimètre carré.

Les fondations ont donc été établies dans des conditions exceptionnelles de solidité et de résistance. Il y avait encore lieu d'assurer une répartition parfaite des pressions sur chacun des seize points d'appui. Dans ce but, on a fait reposer les arêtiers sur leurs fondations par l'intermédiaire de sabots creux et de contre-sabots en acier. Ces pièces ont été combinées de façon que les contre-sabots, et par suite les arêtiers, pussent au besoin être soulevés au moyen de presses hydrauliques de 800 tonnes introduites à l'intérieur des sabots. Des cales d'acier, placées entre les deux surfaces d'appui des sabots et contre-sabots, permettaient un nivellement rigoureux des points d'appui, lorsque cela était nécessaire.

Enfin, à titre de précaution supplémentaire, on a noyé dans chaque massif en maçonnerie deux boulons de $0^m,100$ de diamètre pour servir à l'ancrage des montants de la Tour, par l'intermédiaire des sabots en fonte.

Ces ancrages, toutefois, ne sont pas indispensables à la stabilité du monument; mais le calcul indique qu'avec eux il faudrait un vent d'une intensité de 830 kilogrammes par mètre carré, agissant sur toute la Tour, pour la renverser; or c'est là une hypothèse absolument en dehors des conditions observées jusqu'à ce jour.

Le premier coup de pioche fut donné le 28 janvier 1887 et les fouilles furent poussées de suite avec la plus grande activité.

Les terrassements des piles est et sud (n°s 2 et 3) n'offrirent rien de particulier. Ils furent exécutés au tombereau.

Commencée le 17 mars, la descente des caissons des piles (1) et (4) s'effectua régulièrement; ces caissons présentaient une chambre de travail de $1^m,80$ de hauteur; le plafond était constitué par des poutres en fer de $0^m,70$; on ajouta deux séries de hausses, à mesure que l'enfoncement se produisait.

Au milieu de mai, le dernier caisson de la pile (4) était descendu à fond, et les travaux de la pile (1) étaient en pleine activité : ils étaient terminés un mois après.

Dès le 10 mars, les maçonneries furent commencées à la pile (2). La pile (3) suivait avec quelques jours de retard. Auprès de chaque pile était installée une locomobile actionnant un malaxeur qui fournissait le mortier nécessaire à la liaison des matériaux.

Les tuyaux de $0^m,50$ en fonte destinés à perdre l'électricité atmosphérique étaient aussi, dès cette époque, mis en place. Conformément aux instructions de la sous-commission spéciale d'électricité, on les immergeait au-dessous de la nappe aquifère sur une longueur de 18 mètres, puis on les relevait verticalement jusqu'au sol, où on les mettait en communication avec la partie métallique de la Tour.

.. Si le prisme est rencontré par le vent suivant la diagonale (fig. 342), l'effort oblique sur une de ses faces est : $p\,a\cos\alpha$,

et l'effort normal sur la face sera : $p\,a\cos^2\alpha$.

Si $\alpha = 45°$, cette expression devient : $\dfrac{p\,a}{2}$,

et pour les deux faces frappées : $p\,a$.

Fig. 341.

Il en résultera donc que les montants d'angle A_1 et A_4 supporteront les mêmes efforts que si le vent frappait normalement une des faces $A_1\,A_2$ ou $A_1\,A_3$ (fig. 343).

La courbe des pressions dans l'arbalétrier A_4 est aussi la même que dans le cas d'un vent normal, puisque en chaque point les efforts du vent sont les mêmes.

Le vent oblique n'est donc pas à considérer dans les calculs.

Il a fallu faire ensuite des hypothèses sur l'*intensité du vent*.

Fig. 342.

On a fait les deux hypothèses dont il a déjà été parlé plus haut; soit un vent de 300 kilos par mètre carré, agissant uniformément sur toute la hauteur de la Tour, soit un vent variant de 200 kilos, au niveau du sol, à 400, au sommet. Ces deux hypothèses sont bien supérieures aux conditions observées à Paris.

Dans la partie supérieure de la Tour, la plus grande partie des efforts résulte du vent; dans la partie inférieure la moitié environ provient du vent, et l'autre des charges.

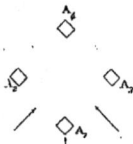

Le coefficient de travail maximum est de 11 kilos par millimètre carré, effort n'ayant rien qui puisse inquiéter, étant donné surtout qu'on est à peu près certain qu'il ne sera jamais atteint.

En temps ordinaire, le coefficient ne dépasse pas 6 kilos.

Les *lignes de pression* ont été déterminées graphiquement dans une épure, au moyen d'un polygone funiculaire, dans les deux hypothèses de vent.

Fig. 343.

Ces lignes de pression donnent facilement en chaque point le moment des forces extérieures, et à la partie inférieure le *moment de renversement*.

Du reste, la vérification du moment de renversement a été faite analytiquement dans les deux hypothèses, et résumée dans deux tableaux disposés comme il suit.

La somme de la dernière colonne de chaque tableau donne le moment de renversement.

TABLEAU N° 1 (Vent de 300 kilos.)

NUMÉROS des ÉLÉMENTS.	HAUTEUR h DU CENTRE DES ÉLÉMENTS au-dessus de la base.	SURFACE des ÉLÉMENTS.	EFFORT F.	PRODUIT hF.

TABLEAU N° 2 (Vent de 400 kilos en haut et 200 kilos en bas.)

NUMÉROS des ÉLÉMENTS.	HAUTEUR h DU CENTRE DES ÉLÉMENTS au-dessus de la base.	$\dfrac{h}{300}$	SURFACES des ÉLÉMENTS.	S × 200.	S × $\dfrac{h}{300}$ × 200.	EFFORT TOTAL. F.	PRODUIT h F.

Ce moment de renversement est d'environ 175 000 000 pour la première hypothèse, et de 166 000 000 pour la seconde. La résultante des efforts du vent est égale à environ 2 250 000 kilos dans le premier cas, et 1 890 000 kilos dans le deuxième, ce qui place cette résultante aux hauteurs respectives de 77 mètres et 87 mètres.

Les deux courbes ainsi tracées sont réduites à la base de 100 mètres, et la courbe des montants a été prise moyenne entre les deux courbes réduites obtenues graphiquement.

On a ensuite déterminé les *forces extérieures* dues au vent dans les deux hypothèses en divisant la Tour en un certain nombre de sections, comme pour la répartition des charges dues au poids.

Le fait de l'adoption d'un gabarit intermédiaire entre les deux courbes de pression obtenues dans les deux hypothèses donne lieu au *calcul de la flexion* qui en résulte *dans les montants*, suivant qu'on considère que l'une ou l'autre des deux hypothèses est réalisée.

On obtient ainsi, en faisant le produit des forces extérieures calculées précédemment par la distance de la fibre moyenne à la courbe hypothétique, un moment de flexion auquel le montant doit résister et qui devra se joindre aux autres efforts.

Pour le *calcul des sections des montants*, on a divisé la Tour en deux parties :

1° La *partie supérieure*, jusqu'au point où les montants se séparent. Dans cette partie on a calculé les arbalétriers au moyen des moments fléchissants et de la compression résultant du poids.

Le tableau de calcul a été disposé de la façon suivante :

NUMÉROS DES SECTIONS.	EFFORTS dûs AUX CHARGES.	SECTION TOTALE de tous les ARBALÉTRIERS.	COEFFICIENT DE TRAVAIL dû aux charges.	EFFORT DÛ AU VENT dans un arbalétrier. (Déjà calculé plus haut.)	SECTION d'un arbalétrier d'angle.	COEFFICIENT DE TRAVAIL dû au vent.	COEFFICIENT de TRAVAIL TOTAL.

Sur cette portion de la Tour, où les arbalétriers sont presque parallèles, les *barres de treillis* ont été calculées en supposant que les arbalétriers sont parallèles,

En d'autres termes, le vent qui renverserait la Tour devrait être de 830 kilogrammes par mètre carré.

III. — CALCULS DE LA FLÈCHE

Le calcul de la flèche a été fait dans les deux hypothèses de vent déjà citées.

La méthode employée pour le calcul varie, suivant qu'on considère la partie inférieure ou la partie supérieure de la Tour.

(a) Partie inférieure. — Considérons un élément ayant la forme figurée ci-contre (fig. 346).

Soit R le coefficient de travail dû au vent pour la section moyenne de l'élément.

La longueur l du montant de l'élément se raccourcit ou s'allonge de :

$$\Delta l = \frac{lR}{E}.$$

De plus, nous supposerons que la hauteur h de la fibre moyenne reste constante puisque la longueur d'un des montants augmente de la même quantité que celle dont l'autre diminue.

Nous admettrons aussi que la longueur a est invariable, puisque aucun effort ne s'exerce dans cette direction.

Le déplacement vertical AA' du point A sera par suite :

$$AA' = \Delta h = \frac{\Delta l}{\cos \alpha} = \frac{lR}{\cos \alpha \, E}.$$

Par suite, toute la construction située au-dessus de l'élément subira une rotation telle que :

$$tg \, \delta = \frac{\Delta h}{a} = \frac{lR}{a \cos \alpha \, E}.$$

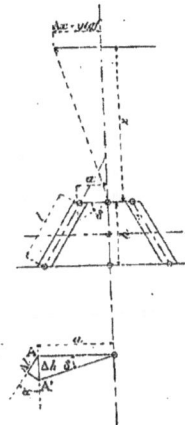

Fig. 346.

Cette rotation produit au sommet de la Tour un déplacement.

$$\Delta x = z \, tg \, \delta = \frac{z \, lR}{a \cos \alpha \, E}.$$

La flèche totale est la somme de tous ces déplacements partiels, c'est-à-dire égale à

$$f = \Sigma \frac{z \, lR}{a \cos \alpha \, E} = 0^m,800.$$

Le tableau servant aux calculs est disposé de la façon suivante

NUMÉROS des ÉLÉMENTS.	z	a	$\dfrac{l}{\cos \alpha}$	R	$\dfrac{z\,lR}{a \cos \alpha\, E}$

La valeur $\dfrac{l}{\cos \alpha}$ a été construite graphiquement sur l'épure pour chaque élément. f' est le total de la dernière colonne.

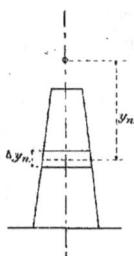

(b) Partie supérieure. — La flèche de la partie supérieure s'obtient comme pour une poutre quelconque travaillant en porte-à-faux, encastrée à l'une de ses extrémités et soumise à la flexion.

On a divisé toute cette partie supérieure en plusieurs éléments (fig. 347).

Soit Δy la longueur d'un élément, y sa distance au sommet de la Tour, M le moment fléchissant dû au vent et agissant dans cette section, I le moment d'inertie de sa section.

La flèche sera :
$$f' = \Sigma \frac{M \Delta y}{EI} y.$$

Fig. 347.

Le tableau qui suit donne la disposition du calcul de la quantité f'', somme de la dernière colonne.

NUMÉROS des ÉLÉMENTS.	Δy	y	I	M	$\dfrac{M \Delta y y}{EI}$

On trouve que $f'' = 0^m,2358$.

La flèche totale est : $f = f' + f'' = 0^m,800 + 0,2358 = 1^m,036$ environ.

Montage. — Le chantier fut organisé avec un ordre parfait, exigé par l'importance de l'œuvre.

Les fers coupés et assemblés par tronçons à l'usine arrivaient par le quai d'Orsay et étaient déchargés à quelque distance de l'entrée par un treuil roulant placé dans l'axe du chantier. Un triage était ensuite opéré : les pièces de même espèce, bien repérées, étaient mises ensemble en attendant leur emploi.

Un système de voies de $0^m,75$ de largeur se dirigeant sur les 4 piles de la Tour permettait la répartition des pièces.

Un grand plancher provisoire en bois était établi au-dessus du sol de la pile sud (3), restée vide pour y rendre plus aisée la manœuvre des pièces métalliques.

Le montage fut commencé le 1er juillet 1887 à la pile (2), et s'effectua en plusieurs périodes bien distinctes.

La première période ou première phase est celle dans laquelle ont été montés en porte-à-faux, suivant une direction rigoureusement fixée, les 4 montants de la Tour.

Le calcul avait établi qu'à partir de la hauteur de 30 mètres, le centre de gravité des montants prismatiques passait en dehors du polygone d'appui. Il était donc nécessaire en ce point de soutenir la partie déjà montée pour pouvoir continuer à s'élever jusqu'aux grandes poutres du 1er étage. On résolut de construire pour chaque montant trois pylônes de 28 mètres de hauteur qui viendraient soulager les trois arbalétriers intérieurs des piles, le quatrième arbalétrier extérieur étant rendu solidaire des trois autres par l'intermédiaire des treillis.

Les premiers tronçons des arbalétriers furent mis en place avec des bigues de 15 mètres de hauteur. La mise en place une fois faite, ils étaient contrefichés provisoirement au moyen de pièces de bois obliques. Ils étaient d'ailleurs rendus solidaires des fondations par les boulons d'ancrage.

Une fois le réglage et le boulonnage des entretoises opéré, les équipes de riveurs, placées sur des plates-formes volantes, commencèrent leur travail.

Arrivé à hauteur de 15 mètres, on dut employer un autre engin de montage, qui servit jusqu'au faîte de la Tour. A ce moment le problème se posait ainsi : trouver un appareil de levage puissant qui pût monter d'une façon continue en suivant la construction elle-même et ne prenant appui que sur des pièces utiles qu'il aurait déjà mises en place.

Ce problème a été résolu au moyen de quatre grues pivotantes d'un modèle spécial, prenant appui sur deux poutres parallèles entre elles qui devaient servir de chemin de roulement aux cabines des ascenseurs.

Ces *grues de montage* avaient une volée de 12 mètres, nécessaire pour desservir chacune des quatre faces d'un montant. Elles étaient à portée variable, de manière à pouvoir mettre chaque pièce à la place qui lui était assignée. Leur force était de 4000 kilogrammes. Elles présentaient, en outre, un certain nombre de dispositions particulières dues à M. Guyenet et sur lesquelles il est utile de donner des détails.

Chaque grue à pivot était maintenue dans un bâti en forme de pyramide renversée. Le pivot était placé suivant l'axe de cette pyramide, dont la base formait le plancher de manœuvre. L'un des côtés s'articulait à ses deux extrémités sur un châssis quadrangulaire, qui pouvait s'appuyer et se fixer sur les poutres des ascenseurs, tandis que le sommet de la pyramide était soutenu par une forte vis venant aussi se fixer à ce même châssis. On avait là un moyen de redresser le bâti de la grue, en agissant sur cette vis de manière à rendre le plancher de manœuvre horizontal. Les variations de portée étaient obtenues à l'aide du mouvement des tirants de la volée. Le crochet de suspension était muni d'une vis à main qui permettait de régler mathématiquement la pose.

Une fois les pièces assemblées et rivées, il était nécessaire d'élever la grue afin de pouvoir continuer le montage de toute la pile. Pour obtenir ce résultat, au-dessus du châssis une poutre horizontale était placée transversalement sur le chemin de l'ascenseur et boulonnée sur lui; elle était traversée par une vis reliée au châssis quadrangulaire qui supportait la grue, de telle sorte qu'en enlevant les boulons qui immobilisaient ce bâti et agissant sur l'écrou de la vis, on obtenait la marche ascendante de la grue. Quand on était arrivé à l'extrémité de la vis, on reboulonnait le châssis de la grue sur les poutres des ascenseurs et on déboulonnait la poutre; puis on tournait la vis en sens inversé. C'est alors la traverse supérieure qui montait, et quand elle était arrivée à l'extrémité de la course de la vis, on la fixait à nouveau. Deux vérins de sûreté placés au bas du châssis suivaient la grue en cas de rupture de la vis principale.

Cet appareil a répondu parfaitement dans la pratique à ses

bonnes conditions théoriques, et a permis d'effectuer le montage de la Tour dans les délais prévus.

Le montage de la Tour étant arrivé au point où les montants tendaient à se déverser, on construisit pour chacun de ces montants les trois échafaudages en forme de pyramide dont il a été question plus haut.

Ces pylônes furent établis sur pieux battus au refus par une sonnette à vapeur. Les têtes des pieux furent moisées par les bases des échafaudages qui formèrent ainsi une masse inébranlable.

Afin de reporter sur la tête des pylônes la charge des montants, on boulonna sur ceux-ci, à titre provisoire, des consoles de forme particulière, qui s'appuyaient sur des boîtes à sable.

On avait ainsi un moyen de régler au besoin la position exacte des montants, dans le cas où une déviation se serait produite. S'il s'agissait, en effet, d'abaisser d'un côté l'un des montants, on faisait écouler une certaine quantité de sable et l'appui baissait, la pile s'inclinait du côté voulu. Si, au contraire, il était besoin de relever la pile, on agissait sur la console au moyen de vérins hydrauliques s'appuyant sur la tête des pylônes.

En outre de ce moyen de réglage, on disposait de celui que permettaient les sabots inférieurs des piles. On était donc absolument maître de la position exacte des quatre piles de la Tour.

Les douze pylônes exigèrent 600 mètres cubes de bois et permirent de continuer le montage jusqu'à la hauteur de 50 mètres.

Le travail en ce point entra dans une nouvelle phase, car c'est là que vinrent se placer les grandes poutres horizontales formant l'ossature du premier étage, et entretoisant les quatre montants.

Ces poutres, qui sont à faces obliques suivant les piliers de la Tour, d'une hauteur de 7^m,50 et d'un poids de 70 000 kilogrammes pour chaque face, donnèrent lieu à un montage assez délicat pour exiger l'emploi d'échafaudages spéciaux. Ces échafaudages, au nombre de quatre, un pour chaque face, étaient placés respectivement au milieu de l'espace compris entre deux piliers voisins.

Ils étaient destinés à fournir une plate-forme de 25 mètres de longueur. Leur hauteur était de 45 mètres. Ils étaient disposés en éventail à leur partie supérieure, et étudiés de façon à pouvoir permettre de placer facilement les fragments les plus élevés des grands arcs décoratifs.

La partie centrale des grandes poutres fut d'abord montée, puis raccordée avec les parties de droite et de gauche ; celles-ci avaient été construites en porte-à-faux suivant des procédés bien connus.

On obtint avec le pivotement de chaque pile, dont il a été question plus haut, la coïncidence exacte des trous des goussets de liaison avec les montants de la Tour, et ce sans nécessiter aucun alésage de ces trous. C'est évidemment l'un des faits les plus remarquables de cette opération, et qui démontre d'une façon éclatante l'excellence de l'exécution. Il importe d'ajouter que, pour ne rien laisser au hasard, on avait eu soin de vérifier fréquemment l'écartement des piles au moyen de fils d'acier repérés avec le plus grand soin. Ce travail a été mené d'ensemble sur les quatre faces de la Tour et terminé à la fin de mars 1888.

On avait ainsi un cadre résistant, contrebutant les poussées horizontales, formant pour ainsi dire un nouveau sol sur lequel la partie supérieure de la Tour put être élevée. Ce fut un grand pas de fait, et à ce moment la partie la plus délicate de l'œuvre était achevée.

Le montage des piles entre le premier et le deuxième étage s'effectua de la même façon qu'entre le sol et la première plate-forme ; on se servit des quatre grues de levage se hissant le long des poutres des ascenseurs. Mais l'importance des poutres déjà en place, le rapprochement de plus en plus grand des piliers et leur inclinaison moins grande, dispensèrent d'élever des échafaudages aussi bien pour le montage des piles que pour l'exécution des poutres du plancher du deuxième étage.

Une modification, toutefois, fut apportée au mode de transport des pièces. Il eût été beaucoup trop long de venir les prendre depuis le sol avec les grues ; cela, d'ailleurs, aurait été peu commode; il eût fallu des chaînes d'une longueur démesurée. Pour remédier à ces inconvénients, on établit un relai au premier étage. Une locomobile de dix chevaux fut installée sur le plancher à ce niveau, et actionna une grue servant à élever les pièces depuis le sol jusqu'à la première plate-forme. Des wagonnets roulant sur une voie circulaire venaient alimenter les quatre grues de montage des piles. Cette disposition facilita beaucoup les opérations et en augmenta la rapidité.

Au mois de juillet 1888, les poutres du plancher du deuxième étage étaient mises en place, et le 14 de ce mois, le feu d'artifice de la fête nationale put être tiré sur la plate-forme qu'elles soutenaient.

A partir de cet endroit, le montage entra dans une phase nouvelle, car il fallut apporter plusieurs modifications assez importantes aux dispositions adoptées jusque là. A la deuxième plate-forme, le système d'ascenseurs changeait et était remplacé par le système Edoux vertical. Dès lors, il n'y avait plus de chemin de roulement utilisable pour la montée des grues; d'autre part, le rapprochement des piliers rendait inutiles deux des grues. La seconde circonstance constituait dans une certaine mesure une simplification; il n'en était pas de même de l'autre, mais on surmonta la difficulté de façon très simple.

Les piliers verticaux qui devaient s'élever jusqu'au sommet de la Tour et servir de guidage aux ascenseurs Edoux furent substitués aux chemins de roulement primitifs, et les grues furent modifiées de manière à pouvoir se hisser contre un support vertical au lieu de glisser sur un support incliné.

Afin d'augmenter la surface de prise offerte aux patins des grues, surface insuffisante dans les piliers, on établit autour des piliers une série de 3 cadres métalliques de 3 mètres de hauteur chacun, de largeur suffisante pour que les patins des grues pussent se boulonner sur leur bordure verticale. Les manœuvres de vis précédemment décrites permettaient aux bâtis des grues de parcourir cette hauteur de cadres au-dessus desquels on en ajoutait de nouveaux aussitôt que les appareils approchaient de leur limite de course.

Les grues étaient fixées sur les deux faces opposées des piliers à même hauteur, de façon à se faire équilibre et à éviter tout déversement.

Des relais de levage furent établis dans les mêmes conditions que précédemment, et placés au deuxième étage et au plancher intermédiaire.

Au commencement de mars 1889, le niveau de la troisième plate-forme, situé à 280 mètres au-dessus du sol, fut atteint, et enfin le campanile achevé en avril de la même année.

On était donc prêt pour l'ouverture de l'Exposition.

Quelques détails d'installation et le fonctionnement des ascenseurs retardèrent seuls l'ouverture de la Tour au public.

IV. — Moyens pour s'élever dans la Tour. — *Escaliers.* — Les escaliers allant du pied de la Tour au premier étage sont au nombre de deux placés dans les piles Est et Ouest. Ce sont des escaliers droits avec paliers fréquents et d'une montée très facile. L'un d'eux sert à la montée, l'autre à la descente des visiteurs. Ils sont portés par des tirants verticaux qui viennent s'attacher sur les treillis de la Tour et qui ont été calculés de façon à pouvoir supporter la charge d'une foule compacte gravissant les escaliers. La largeur de l'emmarchement laisse passage à trois personnes de front; la hauteur des marches est de $0^m,16$. Ces escaliers permettent pratiquement l'ascension de 6 ou 700 voyageurs par heure.

Du premier étage au deuxième, il y a quatre escaliers situés dans les quatre piles de la Tour; deux servent à la montée et les deux autres à la descente des voyageurs.

Ce sont des escaliers tournants, à noyaux, constitués par des tuyaux en fer d'un diamètre de $0^m,40$ et soutenus par de solides traverses. Les marches qui viennent s'emboîter sur cet axe ont $0^m,178$ de hauteur. La largeur de l'emmarchement est de $0^m,60$. De distance en distance, pour regagner l'inclinaison des piliers de la Tour, en même temps que pour diminuer la fatigue de la montée, se trouvent des paliers droits réunissant le sommet

d'une partie tournante à la base de la partie tournante voisine.
Ces escaliers permettent l'ascension et la descente de 500 voyageurs
par heure.

De la seconde à la troisième plate-forme, il n'y a plus qu'un
seul escalier à vis destiné au service, mais sans palier. Le noyau
constitué par un tube creux ne forme qu'une seule colonne
verticale.

Ascenseurs. — Un nombre considérable de systèmes avait été
proposé : ascenseurs héliçoïdaux, à crémaillère, analogues à ceux
employés dans les pays de montagne, ascenseurs mus par la
vapeur, par l'électricité, par l'eau sous pression, et beaucoup présentaient des avantages sérieux; mais trois surtout se distinguaient
par des qualités absolument spéciales, qui ont déterminé le choix
du constructeur et de la commission. Ce sont les ascenseurs des
systèmes Roux, Combaluzier et Lepape, les ascenseurs américains
du système Otis et ceux du système Edoux, tous trois mus par
l'eau sous pression.

Le premier étage est desservi par les deux ascenseurs Roux,
Combaluzier et Lepape, et l'un seulement des deux ascenseurs
Otis qui continue ensuite sa course jusqu'au deuxième étage. Le
deuxième ascenseur Otis sert exclusivement aux visiteurs allant
du premier au deuxième étage.

Le service du deuxième au troisième étage est assuré seulement
par l'ascenseur Edoux.

Ascenseurs Roux, Combaluzier et Lepape. — L'ascenseur de ce
système comporte une cabine à deux étages montée sur des roues
à boudin qui marchent sur des rails plats et inclinés. Elle est
solidement fixée à deux sortes de chaînes sans fin ou circuits qui
déterminent son mouvement.

Les chaînes constituées par une série de bielles articulées en
fer forgé peuvent agir aussi bien en poussant la cabine qu'en la
tirant : c'est le premier de ces modes d'action qui a été choisi et
qui a fait donner au mécanisme la dénomination de système à
pistons articulés. Chacun des brins se déploie dans une gaine

rigide à section rectangulaire; les deux gaines d'une même chaîne sont superposées et solidement fixées sur la poutre servant de chemin aux ascenseurs.

Le châssis de support de la cabine est relié aux éléments des deux circuits par des traverses placées dans l'intervalle des essieux. Pour laisser passer les points d'attache pendant le mouvement, chaque gaine porte une fente longitudinale sur sa face intérieure. Les brins inférieurs portent sur un certain nombre de leurs éléments des contrepoids en plomb disposés symétriquement par rapport à la cabine. Les contrepoids n'équilibrent qu'une partie du poids mort de cette cabine, afin de laisser à celle-ci l'excédent suffisant pour la descente à vide.

Chaque circuit passe en haut et en bas sur de grandes poulies à empreintes.

Les deux poulies inférieures ou roues motrices sont calées sur un même arbre ; les poulies de renvoi sont indépendantes.

Puisque les chaînes poussent la cabine, les éléments de chacun de leurs brins s'appuient les uns sur les autres et reportent ainsi sur les roues à empreintes inférieures le poids des chaînes, celui de la cabine et des voyageurs, et l'action des contrepoids. Les poulies de renvoi ne supportent donc que le poids des portions de chaînes engagées dans leurs empreintes.

Le diamètre des roues motrices est de 3^m,86. Chacune d'elles est munie de douze bras terminés à leur extrémité par une mâchoire en acier qui, saisissant les bielles à leur renflement, leur imprime le mouvement qui se transmet à tout le circuit.

Le mouvement est donné aux roues motrices par un piston de 1^m,05 de diamètre et d'une course de 5^m,05 qui se meut dans un cylindre horizontal, dans lequel agit l'eau comprimée. La tête de ce piston porte deux poulies actionnant deux chaînes Gall à triple cours de mailles, dont l'une des extrémités est fixée au bâti du cylindre, tandis que l'autre s'engrène sur un pignon de 0^m,60 de diamètre calé sur l'arbre des roues motrices. Le mouvement du piston est ainsi amplifié dans le rapport de 1 à 13. Pour faire descendre la cabine, il suffit de faire évacuer l'eau du piston sous l'action de l'excédent de poids de la cabine sur les contrepoids.

L'eau destinée au fonctionnement de l'appareil est accumulée dans un réservoir placé sur la deuxième plate-forme de la Tour et arrive par une conduite d'un diamètre intérieur de 0 ,250.

Chaque ascension de cabine exige une dépense d'eau de 8 mètres cubes, 736 litres, et, si on suppose la cabine en pleine charge, c'est-à-dire avec 100 voyageurs, on a une dépense d'eau par voyageur de 87 litres 36, ce qui donne lieu, pour une chute d'eau de 120 mètres, à une dépense de travail de 10440 kilogrammmètres par voyageur. Or, le poids moyen d'un voyageur étant de 70 kilogrammes et son ascension verticale de 54 ,25, le travail utile répondant à cette élévation est de 3798 kilogrammètres environ.

Le rendement de l'ascension, dans le cas favorable où la cabine est complète, est donc de $\frac{3798}{1\,044} = 0,36$.

La charge à soulever se décompose ainsi qu'il suit :

```
Charge des voyageurs. . . . . . . . . .   70 × 100 =  7 tonnes.
Poids de la cabine. . . . . . . . . . . . . . . . .  5   —
Deux demi-circuits de bielles articulées.  300 × 17ᵏ =  5   —
Frottement. . . . . . . . . . . . . . . . . . . . .  1   —
                              Soit. . . . . . . . . 18 tonnes.
```

Ce qui donne sur chaque bielle un effort de 9 tonnes au point où elle est le plus fatiguée.

Les contrepoids destinés à équilibrer une partie du poids mort sont de 3 tonnes.

Afin de pouvoir résister aux fortes charges, chaque bielle a un diamètre de 45 millimètres et une longueur de 1 mètre d'axe en axe, seulement; le rapport entre ces deux dimensions est de $\frac{1,00}{0,045} = 22,22$, inférieur à 24, et on peut en conséquence considérer les différents éléments de la chaîne comme des prismes courts ne travaillant qu'à la compression. La charge de 9 tonnes, maximum

de compression éprouvée, ne donne alors lieu qu'à un travail de
$5^k,7$ par millimètre carré. Les éléments de piston articulé sont
terminés d'un côté par un bout mâle, de l'autre par un bout
femelle, de manière à assembler les tronçons successifs par des
axes d'articulation d'un diamètre de 36 millimètres portant à chaque extrémité un galet de roulement.

Les conduits guides des circuits articulés sont en forme de
caissons composés en fers spéciaux, munis de nervures servant de
chemins de roulement aux galets des bielles.

La commande du distributeur se fait de la cabine, au moyen
d'un volant de manœuvre actionnant le câble de distribution. La
manœuvre peut en outre au besoin être faite par le mécanicien
placé près des machines.

Les cabines ne possèdent aucun moyen d'arrêt automatique
dans le cas d'une rupture de l'une des articulations des moteurs.

On a en effet jugé ces moyens inutiles par suite des dispositions
du système. Il est permis de penser que, si une rupture se produisait dans les bielles, les composantes du poids de la cabine et
de ses attaches, parallèles au chemin de roulement, comprime-
raient immédiatement les bielles des parties du circuit comprises
entre les roues motrices et la cabine, les feraient coincer dans
leurs gaines et arrêteraient la masse dans son mouvement de descente.

Mais ces considérations supposent que les attaches de la cabine
aux circuits ne se rompraient pas sous le choc et que, de même,
les roues motrices ne se trouveraient pas décalées de ce fait; il
importe d'ajouter toutefois que le système étant double, si, pour
une cause quelconque, l'un des circuits venait à manquer dans l'une
de ses parties, l'autre circuit serait capable de résister.

Quant aux éléments mêmes du circuit, bielles, axes, galets,
leurs dimensions donnent toute sécurité; mais les compressions
au contact des bielles et des tenons sont assez élevées pour qu'un
bon graissage soit difficile, d'où il résulte une tendance à l'usure
dans ces parties.

Il en est de même pour les chaînes Gall qui ne sauraient résister indéfiniment sans-aucune usure, car les compressions à leur contact avec les plaquettes atteignent des chiffres assez élevés.

Il y a lieu, cependant, de rappeler que le mouvement étant transmis par 4 cours de chaînes composés chacun de 16 plaquettes, il est bien difficile d'admettre une rupture simultanée de tous ces organes; mais il n'en faut pas moins porter remède aux jeux qui pourraient se produire dans une de ces pièces et, en définitive, c'est cette surveillance qui assurera la bonne marche de l'appareil.

Les cabines ont 5 mètres de hauteur et sont à deux étages. Elles ont été étudiées de manière à pouvoir passer dans l'espace laissé libre entre les treillis des montants de la Tour.

Elles peuvent contenir 100 voyageurs. La vitesse d'ascension est de 1 mètre environ par seconde, de sorte que la durée d'une ascension est d'une minute à peu près.

Le nombre des ascensions par heure ne dépassant guère 10, la puissance de débit des deux ascenseurs Roux, Combaluzier et Lepape est donc de 2000 voyageurs à l'heure.

Ascenseurs Otis. — Les ascenseurs Otis présentent, comme les ascenseurs précédents, l'avantage de ne pas exiger le forage d'un puits profond et de permettre une grande vitesse d'ascension; chacun d'eux est constitué par un piston hydraulique actionnant un moufle comme dans une grue hydraulique.

Le garant de ce moufle passe sur des poulies de renvoi placées de distance en distance jusqu'au-dessus du deuxième étage, et redescend s'attacher à la cabine. Celle-ci roule sur des rails.

L'appareil moteur se compose d'un cylindre en fonte alésé, d'un diamètre de $0^m,965$. Dans ce cylindre se meut un piston à deux tiges attachées à un chariot qui porte les six poulies mobiles du moufle de $1^m,52$ de diamètre. La course du piston est de $10^m,70$. La quantité d'eau dépensée par course est de 7 mètres cubes 810. Cette eau provient des réservoirs placés au deuxième étage de la Tour, c'est-à-dire à une hauteur de 120 mètres au-dessus du piston.

Ces éléments permettent de connaître le rendement de l'appareil.

Quarante voyageurs étant élevés à 115 mètres de hauteur, le travail dépensé dans l'ascenseur par personne est de $\frac{7^m,810}{40} \times 120 = 2343$ kilogrammètres.

Le travail théorique pour élever un voyageur de 75 kilogrammes à cette même hauteur de 115 mètres étant de 8 625 kilogrammètres, le rendement est donc de $\frac{8,625}{23,430} = 0,368$, c'est-à-dire sensiblement le même que pour les ascenseurs Roux, Combaluzier et Lepape placés dans les mêmes conditions.

Le cylindre, la voie du chariot des poulies, et les poulies fixes du moufle, sont soutenus par deux poutres inclinées suivant un angle de 61° 20′ et d'une longueur de 40 mètres environ. L'ensemble de ces poulies constitue un palan à 12 brins, de sorte que la cabine se déplace de 12 mètres pour un déplacement de 1 mètre du piston. Chaque brin est composé de quatre câbles en acier de 23 millimètres de diamètre présentant une section utile de métal de 188 millimètres carrés chacun. L'attache du dormant est faite au moyen d'un palonnier qui assure une tension égale dans les quatre câbles. Quant au garant, il est guidé par des poulies jusqu'au-dessus du deuxième étage, puis se divise en deux groupes pour aller s'attacher sur la cabine d'ascenseur.

Deux autres câbles viennent aussi s'attacher sur la cabine. Ce sont les câbles des contrepoids. Ils sont mouflés de façon que le contrepoids n'ait à parcourir que le tiers du chemin effectué par la cabine. Le contrepoids est formé par des gueuses en fonte et calculé de telle sorte qu'il fait équilibre à la fraction du poids de la cabine qui n'est pas nécessaire à la descente à vide. Il se meut sur une voie parallèle à celle de la cabine. Le diamètre des câbles de contrepoids est de 32 millimètres; ils présentent chacun une section utile de 263 millimètres carrés de métal.

L'ascenseur Otis est un appareil à suspension par câbles et la préoccupation qu'il soulève immédiatement est celle-ci : qu'arrivera-t-il en cas de rupture du câble?

Il importe tout d'abord de remarquer que cette rupture est

rendue infiniment peu probable par le nombre, la dimension et la composition des pièces de suspension.

Mais on ne s'est pas tenu à cette considération et des précautions spéciales ont été prises. Voici en quoi elles consistent.

Les câbles, à l'extrémité par laquelle ils s'attachent à la cabine, viennent se fixer sur deux secteurs qui peuvent tourner autour de leur axe. Ces secteurs butent contre les extrémités d'un levier qui commande un frein à mâchoire muni de coins en bronze pouvant embrasser les champignons des rails de la voie. C'est la tension des brins qui maintient l'équilibre des secteurs et les empêche d'agir sur le levier; si un brin se rompt ou même seulement s'il s'allonge démesurément, le levier cède à la pression du secteur tiré par l'autre brin et fait fonctionner immédiatement le frein.

Les mêmes dispositions ont été prises pour le contrepoids.

Le frein peut en outre être mis en action par un régulateur à force centrifuge placé entre les galets de roulement de la cabine.

Aussitôt que la vitesse de descente dépasse trois mètres à la seconde, les mâchoires agissent sous l'action de ressorts qui se détendent par suite d'un déclenchement.

L'ascenseur ne peut contenir que 40 voyageurs; mais sa vitesse d'ascension est de 2 mètres par seconde, c'est-à-dire double de celle des autres ascenseurs, de sorte que le débit est à peu près le même. On peut faire environ 8 ascensions et descentes de 40 personnes par heure avec l'appareil allant du rez-de-chaussée au deuxième étage et 12 voyages de 40 personnes aller et retour avec l'autre appareil.

Ascenseur Edoux. — L'appareil comprend deux cages isolées de $4^m \times 4^m \times 3^m$, rendues solidaires par 4 câbles métalliques s'enroulant autour de poulies placées au sommet de la Tour. Une des cabines est supportée par les 2 pistons d'une presse hydraulique appuyée sur le plancher du deuxième étage de la Tour et qui fournissent des courses de 80 mètres, c'est-à-dire la moitié de l'intervalle compris entre la deuxième et la troisième plate-forme. L'autre cabine sert de contrepoids à la première.

Dans ces conditions, le point de départ de la cabine soutenue par les pistons est le point milieu de la distance à franchir, et son point d'arrivée le sommet de la Tour; le point de départ de la cabine contrepoids est le même point milieu, et le point d'arrivée la deuxième plate-forme. Un transbordement à moitié chemin permet ainsi aux visiteurs de s'élever du deuxième étage au sommet.

Le système a été établi de façon à effectuer l'ascension de 750 personnes à l'heure. Les cabines, d'une surface de 14 mètres carrés, peuvent contenir 63 personnes; un voyage aller et retour ne devait durer que cinq minutes; mais cette vitesse n'a pas été tout à fait atteinte; en outre, il a fallu compter un temps assez long pour le transbordement des visiteurs au plancher intermédiaire; par suite de ces circonstances, le débit s'est trouvé diminué. On ne peut faire par heure que 6 à 7 voyages, correspondant au transport de 400 à 450 visiteurs.

L'ossature métallique est constituée par une poutre-caisson pleine, occupant le centre de la Tour, d'une hauteur de $160^m,40$, et par deux autres poutres de section plus petite, allant l'une du second étage au troisième et l'autre du plancher intermédiaire au sommet de la Tour.

Ces diverses poutres sont réunies par des entretoises à la Tour proprement dite, et sont destinées à supporter les guidages des cabines et les cylindres moteurs.

Les deux pistons de presse hydraulique qui mettent le système en mouvement donnent ensemble une section de 1 600 centimètres carrés. Ces deux pistons sont articulés à leur partie supérieure à un palonnier dont le milieu porte la cabine; de cette façon, celle-ci s'élève toujours régulièrement sans que sa marche soit influencée par les légères variations que produisent dans la vitesse des pistons les frottements quelquefois inégaux aux garnitures. C'est également des deux extrémités du palonnier et de la partie supérieure de la cabine que partent les quatre câbles de suspension qui viennent en même temps soutenir la cabine contre-poids, deux d'entre eux s'attachant sur un palonnier au milieu duquel

elle est suspendue, les deux autres se fixant directement au corps même de la cage.

Des précautions particulières ont été prises pour soustraire les divers organes de l'ascenseur à l'action du vent. Sur toute la hauteur de leur course, les deux pistons sont protégés par une colonne creuse en fonte présentant une rainure pour le passage du palonnier, et munie de distance en distance de parties dressées servant de guidage et contre lesquelles, le cas échéant, pourrait s'appuyer le piston ; dans les mêmes colonnes passent les câbles de suspension de la cabine contrepoids.

De l'autre côté, sur toute la hauteur comprise entre le second étage et le plancher intermédiaire, la cabine est guidée par deux colonnes en fonte analogues aux précédentes, et qui renferment également les câbles de suspension de la cabine contrepoids et les mettent à l'abri du vent.

Il importe maintenant de se rendre compte du degré de résistance présenté par les différents organes, et pour cela d'étudier d'abord les conditions d'établissement résultant du fonctionnement et de la marche des cabines.

Il peut se présenter quatre cas :

1° La cabine motrice qui, pour simplifier, sera désignée par le n° 1, étant vide, la cabine contrepoids n° 2 est seule chargée.

2° Les cabines 1 et 2 sont chargées toutes les deux.

3° Les cabines sont vides toutes les deux.

4° La cabine 1 est chargée, la cabine 2 est vide.

De ces hypothèses, la première et la dernière sont seules intéressantes à discuter ; c'est pour elles seulement qu'il est nécessaire d'assurer le fonctionnement du système.

Soit : M, la pression totale motrice ;

P, le poids des 2 pistons ;

p, le poids de chaque cabine, qui est égal à 4 000 kilogrammes ;

π, le poids d'eau déplacée par mètre pour les deux pistons = 160 kilos ;

n, la course des pistons ;

v, le poids des voyageurs, soit 4 000 kilos ;

f, les actions dues aux frottements = 2 400 kilos.

Dans le premier cas, la cabine 1 étant en haut de sa course, et la cabine 2 au niveau du plancher inférieur, il faut et il suffit pour l'équilibre que

$$P + p - \pi n - f = p + v \qquad \text{ou} \qquad P = \pi n + v + f,$$

et dans le cas présent $P = 160 \times 80 + 4\,000 + 2\,400 = 19\,200$.

Cette équation détermine le poids maximum qu'il convient de donner aux pistons pour être assuré que le système se mettra en marche.

Dans le quatrième cas, les deux cabines étant au niveau du plancher intermédiaire, pour que le mouvement se produise il

faut que $\qquad M - P + \pi n - f - p - \dfrac{\pi n}{2} - v + p + \dfrac{\pi n}{2} = 0.$

$$M = P + f + v - \pi n,$$

qui devient : $\quad M = 19\,200 + 2\,400 + 4\,000 - 160 \times 80 = 12\,800.$

La section totale des pistons étant de 1 600 centimètres carrés, la pression d'eau devra donc être de 8 kilogrammes par centimètre carré. Cette condition étant réalisée pour les cas les moins favorables, le mouvement de l'appareil est donc assuré.

L'ascension de la cabine 2, qui correspond à la descente de la cabine 1, est réglée par un système spécial de valves ouvrant ou fermant plus ou moins la sortie de l'eau hors des cylindres. Quant à la descente de la cabine, elle est réglée par l'admission de l'eau sous les pistons de la cabine 1.

L'alimentation des cylindres moteurs a lieu par le même distributeur, assurant une égale admission dans les deux, et, par suite, donnant pour les pistons des déplacements égaux.

L'eau provient d'un réservoir placé au sommet de la Tour, et d'une capacité de 20 mètres cubes. Elle est refoulée par deux pompes de 25 litres chacune, établies dans la pile sud, qui l'élèvent ainsi à 276 mètres environ ; mais ici, par une utilisation heureuse des conditions d'établissement, il n'est utile d'employer que la force motrice nécessaire pour élever l'eau à 80 mètres de hauteur.

En effet, étant donné le niveau du point de départ de la cabine motrice, l'eau d'échappement des cylindres retournant aux pompes arrive sur les pistons avec une pression correspondant à une hauteur d'eau de 196 mètres. En marche normale, les deux pompes fonctionnent en même temps. En marche réduite, quand les visites sont moins fréquentes, une seule pompe suffit.

Les pistons sont composés de deux parties tubulaires : la première (tronçon supérieur) formée par un tube en acier de 60 mètres de longueur, pesant 3900 kilogrammes, et la deuxième (tronçon inférieur) par un tube en fonte, pesant 5700 kilogrammes. Les efforts d'extension auxquels ils sont soumis ne dépassent pas 3 kilos par millimètre carré de section. Les pistons se trouvent placés dans des conditions de résistance très favorables, car les fatigues du métal à la compression ne dépassent pas $2^{kil},500$ par millimètre carré.

Les cylindres ont un diamètre extérieur de $0^m,38$, et sont constitués en tôle d'acier de 10 millimètres d'épaisseur. Les divers tronçons sont réunis par des manchons filetés assurant une continuité parfaite sur toute la hauteur.

Pour calculer le travail de ces pièces à l'éclatement, on a supposé les pistons presque au bas de leur course, supportant le poids de la cabine pleine et celui des câbles sur la hauteur de 80 mètres. Le fond des cylindres sera donc soumis à une pression de $9600+4000+3200 = 16800$ kil., ce qui correspond à un travail de $3^{kil},600$ par millimètre carré.

Quant aux câbles, ils sont soumis à des efforts bien au-dessous de ceux de très grande sécurité que la matière pouvait supporter, et cela parce que leur poids au mètre se trouve déterminé non pas par des conditions de résistance, mais par cette considération de construction qu'ils doivent représenter la moitié du poids du volume d'eau déplacé par un mètre de longueur des deux pistons.

Dans cet état, le système ne présente-t-il pas lui-même toutes les garanties imaginables, ou bien doit-on recourir quand même à l'emploi d'un frein spécial?

La cabine première est reliée à 2 pistons, et chaque liaison est plus que suffisante pour résister aux efforts qui agissent sur l'ensemble des appareils : une rupture simultanée des liaisons est bien improbable; en outre, chaque cabine étant soutenue par deux groupes de câbles attachés, l'un aux parties supérieures et l'autre aux parties inférieures de ces cabines, et chaque câble s'enroulant sur des poulies spéciales, il est bien peu vraisemblable que les deux groupes de câbles ou de poulies viennent à se rompre simultanément. Enfin, chacun d'eux étant séparément plus que suffisant pour supporter les charges, et une rupture ou un accident dans un des groupes ayant pour premier effet de coincer les cabines, celles-ci seraient tout naturellement soutenues, en cas d'accident, sans fatigue excessive par l'autre groupe.

Quoi qu'il en soit, il importe de se rendre compte des conditions de résistance des différentes parties de l'appareil dont la rupture peut occasionner la chute des cabines.

Cette chute peut provenir soit de la rupture des câbles et de leurs attaches, soit du décollement de la cabine supportée sur les pistons, à sa jonction avec ces derniers.

Les câbles de suspension sont formés de douze aussières composées chacune de 4 torons de 11 fils n° 10 de un millimètre et demi de diamètre, soit 528 fils présentant une section totale de 929 millimètres carrés.

Les câbles d'enroulement sont formés de 8 aussières composées chacune par 4 grelins de 4 torons de 19 fils n° 5 de un millimètre de diamètre, soit 2 432 fils présentant une section totale de 1 896 millimètres carrés. Les câbles d'enroulement présentent donc une section totale de 3 792 millimètres carrés par groupe de 2 câbles.

Si l'on suppose la cabine sur le piston arrivée vide au haut de sa course et la cabine contre-poids arrivée pleine au bas de cette même course, la charge, supportée par un seul groupe de câbles, atteindra, près des poulies de suspension, une valeur d'environ 24 000 kilogrammes, composée de 6 000 kilos de cabine, 4 000 kilos de voyageurs, et 14 000 kilos de câbles et accessoires ; la traction moyenne par millimètre de section de ces câbles ne dépassera donc pas $\frac{24000}{3792} = 6,5$ par millimètre carré, ce qui, pour des fils en acier, est tout à fait acceptable. Mais le second groupe intervenant plus ou moins en réalité, la fatigue par millimètre est comprise entre le chiffre de 6,5 et celui de 3,3, répondant à l'hypothèse de répartition égale entre les deux groupes.

L'enroulement ajoute à ces fatigues des tensions et des compressions d'environ 14 kilos par millimètre ; mais, comme la limite d'élasticité pour ces fils doit dépasser 50 kilos par millimètre carré de section, ils ne sont soumis, à l'instant le plus défavorable, qu'à des efforts atteignant à peine la moitié de leur charge limite d'élasticité.

En considérant les efforts dans toutes les pièces du mécanisme qui peuvent être appelées à se rompre, on reconnaît que les fatigues qui s'y développent présentent toutes les garanties désirables tant que l'usure n'en a pas altéré les dimensions et les qualités primitives.

Mais si une usure très importante venait à se produire, on ne pourrait plus affirmer ce résultat avec la même certitude, et il importe, pour ce cas si improbable qu'il soit, de se prémunir. C'est la raison qui a fait ajouter à la cabine contre-poids un frein parachute du système Backmann, très heureusement modifié et amélioré.

Les deux colonnes dans lesquelles passent les câbles de suspension des cabines sont cylindriques et de $0^m,26$ de diamètre intérieur. Elles portent intérieurement, venus de fonte, des filets de vis rectangulaires, dont les caractéristiques sont un carré de 4 centimètres de côté, et une hélice d'une inclinaison de 25° ; elles servent de guide chacune à un cylindre en fuseau fixé à un bâti en fer forgé placé dans la colonne même, et boulonné après la cabine.

Chacun de ces parachutes comprend : 1° une vis tournante portant extérieurement un filet héliçoïdal en saillie, de même pas que celui des colonnes; 2° dans l'intérieur de la vis, un ressort composé de rondelles Belleville, calculé pour une charge d'aplatissement de 20 à 25 tonnes, et destiné à amortir la puissance vive de la cabine, en cas de rupture des câbles pendant le fonctionnement de l'ascenseur; 3° appuyé sur ce ressort, un tampon terminé à sa partie supérieure par un cône d'embrayage et pouvant glisser dans la vis, mais sans tourner; 4° au-dessus de la vis, un cône solidement fixé au bâti et par suite à la cabine; 5° enfin, calé à la vis et au cône, un arbre qui repose par sa partie inférieure sur une crapaudine et qui est maintenu dans sa partie supérieure par une douille fixée comme la crapaudine au bâti.

En marche normale, la partie tournante repose par l'extrémité de l'arbre sur le grain inférieur, le ressort est complètement détendu et les cônes à emboîtement sont écartés l'un de l'autre. Pendant la montée, le contact hélicoïdal se produit en dessous des filets et la vis tourne à droite si le pas est à droite; pendant la descente, le contact hélicoïdal se produit au-dessus des filets de la colonne et la vis tourne à gauche.

En cas de rupture des câbles, la cabine ayant un mouvement de descente plus direct et, par suite, plus rapide que la vis, produira le coincement des cônes, la compression des ressorts, et viendra appuyer les filets de la vis sur les parties supérieures des filets des colonnes; le mouvement de rotation cessera et la cabine sera arrêtée dans son mouvement de descente.

Le frein parachute n'a pas été appliqué à la cabine motrice, cela est en effet inutile; cette cabine étant portée par les pistons est donc naturellement soutenue par eux en cas de rupture des câbles.

Toutefois, une précaution est à prendre : les pistons soumis à des efforts d'extension, à leur jonction avec la cabine, pourraient eux-mêmes se rompre; il faudrait, pareil accident se produisant, que la cabine considérée ne pût pas être entraînée par celle qui lui sert de contre-poids. Il suffit pour cela que la vitesse de descente des fuseaux abandonnés à eux-mêmes soit plus petite que la vitesse de descente du groupe des deux cabines. Condition facile à réaliser.

Il faut de même, en cas de rupture et d'excédent de poids de la cabine du côté du piston, que la descente ou mieux la chute du côté des cylindres ne puisse pas se produire. Cette garantie est donnée de la manière la plus complète par la disposition qui consiste à soutenir la cabine par deux pistons se mouvant dans des cylindres servant de guides à la cabine.

En cas de rupture des pistons, ces derniers resteraient coincés dans les cylindres et arrêteraient tout mouvement.

Grâce à ces dispositions, en cas de rupture d'un organe important, les voyageurs n'auraient rien à redouter; ce qui pourrait leur arriver de plus désagréable, serait de rester suspendus à une hauteur quelconque et d'être obligés, pour descendre, de prendre l'escalier du troisième étage de la tour.

V. — Installations mécaniques et électriques dans le sous-sol de la Tour. — Appareils d'éclairage. — La mise en mouvement des ascenseurs et l'éclairage électrique de la Tour ont exigé l'établissement d'appareils de diverses natures dans le sous-sol de la pile sud.

Ces appareils comprennent :

1° Les générateurs à vapeur;

2° Les machines et pompes servant à alimenter les réservoirs de la Tour pour le service des ascenseurs;

3° Les machines destinées à produire l'électricité pour l'éclairage de la Tour.

Générateurs. — Les générateurs de vapeur sont du système Collet, multitubulaires, au nombre de quatre, groupés deux à deux dans un même massif de fourneau.

Chaque générateur a une surface de chauffe de 75 mètres carrés, une surface de grille de 3 mètres carrés, et est timbré à 10 kilogrammes. La contenance de chaque chaudière est de 2573 litres.

Les quatre générateurs produisent en marche normale 6000 kilogrammes de vapeur sèche et sont garantis fournir 8^{kil},500 de vapeur à la pression de 10 kilos par kilogramme de charbon brûlé sur la grille.

Les quatre chaudières possèdent tous les appareils de réglage et de sûreté nécessaires.

L'alimentation est faite pour les quatre générateurs par deux petites pompes système Worthington placées sur l'un des côtés de la ligne des chaudières.

Les produits de la combustion de la houille dans les chaudières passent dans un carneau qui les emmène à la cheminée. Celle-ci est située en dehors de la Tour Eiffel et dissimulée dans les massifs.

Machines et pompes pour le service des ascenseurs. — Ces machines sont divisées en deux groupes principaux :

1° Celles destinées à élever l'eau dans le réservoir situé au deuxième étage de la Tour et servant à alimenter les ascenseurs Roux, Combaluzier et Lepape, ainsi que les ascenseurs du système Otis ;

2° Les machines élevant l'eau au réservoir placé à la troisième plate-forme de la Tour et servant à l'alimentation du cylindre hydraulique de l'ascenseur Edoux.

Les machines élevant l'eau au deuxième étage de la Tour comprennent deux machines élévatoires système Weelock, actionnant deux pompes Girard.

Chaque machine monte à la seconde un volume d'eau variant de 50 à 80 litres, suivant qu'elle marche à 22 tours et demi (petite vitesse) ou à 36 tours par minute (grande vitesse).

La hauteur totale d'élévation est de 120 mètres; l'introduction normale dans les cylindres est de 1/7 de la course sous une pression de $6^{kil},300$. La consommation, dans ces conditions, reste inférieure à $11^{kil},600$ de vapeur sèche par cheval-heure mesuré en eau montée.

Chaque machine actionne directement, par la tige prolongée de son piston à vapeur, une pompe horizontale à double effet et à piston plongeur système Girard.

Le diamètre du plongeur est de $0^m,290$ et sa course de $1^m,066$.

La pompe se compose d'un piston en fonte et de sa tige en

acier, de deux corps de pompe en fonte à larges patins assemblés solidement entre eux, et de quatre boîtes à clapets avec ressorts en acier. Un réservoir d'air en tôle d'acier de 1000 litres de capacité régularise le mouvement de l'eau dans les conduites de refoulement qui ont un diamètre intérieur de 0^m,250.

Les machines élevant l'eau au troisième étage de la Tour comprennent deux machines Worthington avec leurs pompes, et deux pompes à air pour condenser par mélange la vapeur de ces machines.

Chacune des pompes Worthington fournit un débit de 25 litres d'eau à la seconde. L'eau est élevée à la hauteur de 276 mètres, niveau de la troisième plate-forme, et est reprise à la hauteur de 196 mètres, ce qui donne sur l'aspiration des pompes une pression d'environ 15 atmosphères.

L'eau servant à la condensation pour les différentes machines et à l'alimentation des chaudières est de l'eau de Seine provenant des conduites de la Ville. Une installation d'épurateur d'eau permet d'éviter les incrustations.

Service électrique. — Le service électrique forme dans la pile sud un ensemble distinct séparé par une cloison de la chambre des pompes.

L'installation en a été conçue sur le modèle des installations faites sur les navires de guerre et réalisée par MM. Sautter, Lemonnier et Cie.

Elle est double, c'est-à-dire qu'elle comprend deux groupes d'appareils dont un seul est suffisant pour l'éclairage, le second constituant un rechange.

Elle compte en conséquence deux machines à vapeur identiques actionnant respectivement, au moyen de courroies, deux dynamos de même force et de même modèle.

Chaque moteur est du type pilon, à deux cylindres compound à grande vitesse, de la force nominale de 45 chevaux.

En réalité, on a obtenu 75 chevaux à la vitesse de 350 tours.

L'électricité est fournie par deux dynamos à 6 pôles, type triplex, produisant chacune un courant de 600 ampères avec une tension de 75 volts.

Ce courant est absorbé par le phare (100 ampères), par les deux projecteurs (100 ampères chacun) et enfin par les lampes établies au premier étage dans les restaurants ainsi que dans la Salle des Fêtes.

La distribution du courant est obtenue par un tableau placé dans la chambre des machines commandant quatre circuits généraux, dont trois pour le phare et les projecteurs, et un pour les lampes à incandescence.

Bien que la moitié du courant soit absorbé par de la lumière à arc, on n'a constaté aucun inconvénient à ce mode de distribution, et l'indépendance des foyers s'est maintenue d'une manière satisfaisante. Pour s'en rendre compte, on n'a d'ailleurs eu qu'à observer les lampes à incandescence au moment de l'allumage ou de l'extinction des phares et des projecteurs dont chacun absorbe 1/6e de l'énergie totale.

La consommation s'est maintenue dans tous les cas au taux ordinaire.

Phare électrique. — L'appareil placé dans la lanterne se compose d'un optique de feu fixe, de 60 centimètres de diamètre, du type adopté par l'administration française des phares.

La seule particularité qui le distingue consiste dans la suppression des anneaux catadioptriques de la coupole et de deux des anneaux de la partie supérieure du tambour dioptrique. De plus, le profil des anneaux catadioptriques de la partie inférieure a été calculé de manière à répartir la lumière dans un angle de 12° environ au-dessous de l'horizon. Le phare commence à donner ainsi à 1 500 mètres de l'axe de la Tour.

La lampe employée est à courant continu avec charbons verticaux, le charbon positif en haut; la répartition de la lumière qui est la conséquence de ces dispositions a permis de supprimer les anneaux de la coupole et une partie de ceux du tambour. La lampe est munie d'un modèle nouveau dit « lampe mixte à électromoteur ».

Le réglage des charbons à point lumineux fixe peut se faire à la main ou automatiquement. En tournant un simple bouton, on passe du réglage des charbons à la main (à l'aide d'un volant) au réglage automatique. Les porte-charbons sont fixés à deux tiges filetées de pas différents.

La manœuvre de la lampe se fait par le bas de l'optique. Trois tiges filetées commandées par un volant et des engrenages permettent d'élever ou d'abaisser la lampe. La mise au foyer est obtenue par un prisme-lentille à réflexion totale qui projette l'image des charbons sur un écran placé à hauteur de vue.

L'intensité du courant de la lampe du phare est de 100 ampères à la tension de 60 volts aux bornes.

L'ensemble de l'optique de feu fixe est entouré par un tambour mobile portant des lentilles plan-convexes dont la rotation fournit les éclats tricolores. Le mouvement est communiqué par un petit moteur électrique placé au-dessus de l'optique et qui actionne ce tambour au moyen d'un pignon et d'une roue dentée. L'énergie nécessaire à ce moteur $(0,5$ ampères $\times 50$ volts $= \frac{1}{30}$ de cheval), est prise directement sur le circuit principal, et la vitesse est réglée par un rhéostat.

L'intensité de la lumière fournie par le tambour dans les éclats est de 520 000 carcels environ.

Projections électriques. — Les projecteurs électriques sont placés sur la quatrième plate-forme. Ils circulent sur une galerie découverte qui entoure les appartements réservés et les laboratoires, immédiatement au-dessus de la salle vitrée publique, dernière station du trajet des ascenseurs.

Ces projecteurs, au nombre de deux, sont placés sur de petits trucs à quatre roues et circulent sur une voie Decauville de $0^m,60$ qui fait le tour de la galerie.

Les câbles conducteurs fixes amènent le courant jusqu'aux parois extérieures des laboratoires; de là, des câbles souples aboutissant aux bornes des projecteurs les suivent dans tous leurs mouvements.

On admet que, dans des conditions favorables, les projecteurs de la Tour permettraient de distinguer des objets à une distance de 8 à 10 kilomètres.

Comme puissance lumineuse, on peut évaluer le pouvoir amplificateur d'un projecteur Mangin de 90 centimètres de diamètre à 2000 fois environ celui de la source lumineuse supposée de 2 centimètres de diamètre. Une lampe de 100 ampères vaut de 5000 à 6000 becs carcels; l'intensité du faisceau est donc de 10 à 12 millions de becs carcels.

Éclairage par incandescence. — L'éclairage décoratif de la Tour a été réservé au gaz qui alimente les globes dessinant les grands arcs, ainsi que les appareils des restaurants et des promenoirs du premier étage.

On a placé toutefois 80 lampes dans les caves des restaurants et 28 dans les kiosques et boutiques.

Au delà de la première plate-forme, l'éclairage est effectué entièrement à l'électricité; 40 lampes sont réparties dans les escaliers qui montent au deuxième étage, 150 autres éclairent les promenoirs et les boutiques à cet étage. Enfin 50 lampes sont réparties au troisième étage, dont 20 pour le public et 30 pour les laboratoires, les appartements et le service du phare.

Les lampes sont montées en dérivation sur un circuit général qui vient aboutir à la dynamo.

VII. — Conclusion. — L'érection de la tour Eiffel s'est poursuivie avec une régularité mathématique, un ordre des plus remarquables et un nombre d'hommes très réduit.

Suivant le procédé habituellement usité en France, et contrairement à ce qui se fait à l'étranger, notamment en Angleterre et en Amérique, les pièces sortant de l'atelier avaient les dimensions rigoureusement exactes et conformes aux dessins donnés par le bureau des études. Elles arrivaient au chantier percées du nombre de trous de rivets nécessaire, étaient mises à la place qu'elles devaient occuper et définitivement fixées sans retouche d'aucune sorte.

Les cotes avaient été calculées au bureau des études à un dixième de millimètre, au lieu d'être mesurées sur des épures ; cette façon de procéder entraîna l'exécution d'un nombre très considérable de dessins ; on en comptait pour le projet définitif 700 qui, ainsi que les calculs, ont été faits par dix à seize ingénieurs et dessinateurs. De là les dessins passaient au bureau des détails où se faisaient les dessins d'atelier et les dessins de montage ; vingt dessinateurs y étaient occupés à détailler toutes les pièces ; le nombre de ces pièces a été de 18 000 représentées sur 4 000 dessins.

Bien différente est la méthode appliquée en Angleterre et en Amérique. Là, le chantier reçoit les épures d'assemblage en même temps que les grandes lignes du tracé ; c'est aux monteurs de tirer partie des pièces simplement préparées. Une grande latitude est donc laissée à l'ajustage sur le tas. Les pièces sont présentées à la place qu'elles doivent occuper, et il est souvent nécessaire de les retailler. Ce procédé exige donc des monteurs beaucoup d'initiative et d'intelligence ; il demande en outre un outillage compliqué. Néanmoins il serait difficile de se prononcer d'une façon absolue et définitive entre les deux systèmes, lorsqu'on voit un ouvrage gigantesque comme le pont du Forth mené à bonne fin par la méthode anglaise.

Quoi qu'il en soit d'ailleurs de l'excellence du procédé, l'honneur de l'achèvement de pareilles entreprises et le grand mérite de la construction de la Tour reviennent en définitive à ceux qui, sous la haute administration de M. Eiffel, ont apporté leur concours à l'œuvre réalisée : M. Kœchlin, qui a dirigé les études et calculs ; M. Pluot, chef du bureau des détails ; MM. Letourneau, Pentecôte et Gagnot, chefs de l'atelier ; enfin, et dans une très grande mesure, M. Nouguier, qui a dirigé le montage et toutes les installations, ainsi que ses chefs de chantier, M. Martin pour la maçonnerie, M. Compagnon pour la partie métallique.

La décoration de la Tour est due à M. Sauvestre, architecte.

Poids et dépenses. — Le poids de métal entrant dans la Tour se répartit comme l'indique le tableau suivant :

POIDS DU MÉTAL ENTRANT DANS LA TOUR

DÉSIGNATION.	OSSATURE.	ASCENSEURS et escaliers.	PLANCHERS, couvertures, installations diverses.	TOTAUX.
	kil.	kil.	kil.	kil.
1° Au-dessus de la 3° plate-forme.				
Campanile complet . . .	»	»	69 000	69 000
2° Entre le plancher intermédiaire et la 3° plate-forme.				
Panneau 29 et plancher.	65 000	»	40 000	105 000
Panneaux 20 à 28. . . .	336 600	80 000	»	416 600
3° Plancher intermédiaire.				
Panneau 19.	40 000	»	34 000	74 000
4° Au-dessus du 2° étage.				
Panneaux 12 à 18. . . .	647 000	61 000	»	708 000
5° Plancher au 2° étage.				
Plancher et galerie, panneau 11.	167 000	116 500	434 600	718 100
6° Entre le 1er et le 2e étage.				
Panneaux 6 à 10.	944 600	142 300	»	1 086 900
7° Plancher du 1er étage.				
Plancher, galerie, pann. 5.	250 000	30 000	950 000	1 230 000
8° Arcs et poutres décoratives.	790 000	»	»	790 000
9° Du sol au 1er étage.				
Panneaux 1 à 4.	1 428 140	397 600	»	1 825 740
10° Appuis et amarrages . . .	200 000	»	»	200 000
11° Installations sur le sol.				
Escalier, plancher, soubassements.	»	»	210 000	210 000
TOTAUX. . . .	4 868 340	827 400	1 737 600	7 433 340

Ces poids ne comprennent pas les installations d'ascenseurs, tuyaux, réservoirs, câbles, cabines, etc., donnant environ 350 000 kilogrammes. D'autre part, en dehors du métal de la construction proprement dite, il y a lieu de compter le poids des différents bâ-

timents, des installations diverses; ces poids se répartissent comme
suit :

	kilos.
Au-dessus de la plate-forme supérieure. . . .	106 200
Entre le 2ᵉ et le 3ᵉ étage.	80 000
Sur le plancher du 2ᵉ étage.	447 800
Entre le 1ᵉʳ et le 2ᵉ étage.	64 000
Sur le 1ᵉʳ étage.	1 750 000
Du sol au 1ᵉʳ étage.	172 000
TOTAL.	2 620 000

La charge totale sur les appuis est donc de
7 433 340 + 2 620 000. . . . . 10 053 340

Le nombre de trous percés dans les tôles est de 70 000 000 environ. La moyenne d'épaisseur de tôle étant de 10 millimètres, ces
trous placés bout à bout formeraient un tube de 70 kilomètres de
longueur. Les rivets employés dans la construction sont au nombre
de 2 500 000 environ et leur poids de 450 000 kilogrammes;
800 000 rivets ont été posés à la main au chantier, le reste a été
rivé à la machine dans les ateliers de Levallois.

La Tour a coûté près de six millions et demi, dont un million
et demi, donné par l'État aux termes du contrat intervenu entre
le ministre du Commerce et M. Eiffel, a été versé en trois termes
par tiers.

Utilité de la Tour. — La Tour Eiffel a rencontré à ses débuts
bien des oppositions dont les plus modérées lui reprochaient au
moins son inutilité. Ce grief est-il fondé? Telle est la dernière
question qu'il y a lieu d'examiner.

Il est incontestable qu'elle a permis de faire une gigantesque
expérience de construction métallique; les conditions dans lesquelles
elle a été édifiée ne peuvent que donner confiance dans les méthodes de calcul actuellement employées pour les études de ce genre
et aussi dans la résistance du métal soumis à des efforts dus au
vent et à la pesanteur. Mais, en dehors de cette considération un
peu spéciale de la Tour envisagée au point de vue de l'art de
construction, il est plus d'une raison qui justifie son existence; on

peut, en effet, employer ce monument à l'étude de bien des questions scientifiques restées en suspens ou connues d'une façon imparfaite.

Les savants, d'ailleurs, se sont prononcés sur son utilité incontestable à ce point de vue. MM. Hervé-Mangon, général Perrier, général de Nansouty, Becquerel, Mascart, et bien d'autres, ont pensé l'utiliser :

Pour l'astronomie (loi des réfractions, spectroscopie, raies telluriques, observations des phénomènes célestes par des temps couverts);

Pour la météorologie (vents, température, hygrométrie, état électrique, foudre, courants supérieurs, etc.);

Pour la physique (déviation à l'est d'un corps qui tombe, électricité atmosphérique, étude des lois de compression des gaz au moyen d'un gigantesque manomètre à mercure qui pourra donner des renseignements jusqu'à environ 400 atmosphères, expérience de Foucault pour démontrer la rotation de la terre).

En outre, en cas de guerre ou de siège, la Tour donnerait un poste d'observations merveilleux et faciliterait la communication de la ville assiégée avec les parties éloignées de la province par la télégraphie optique, à des distances considérables.

Enfin, et c'est ici une raison plus que suffisante, elle a été l'une des principales attractions de l'Exposition de 1889 et a contribué dans une large part au succès de cette grande manifestation nationale.

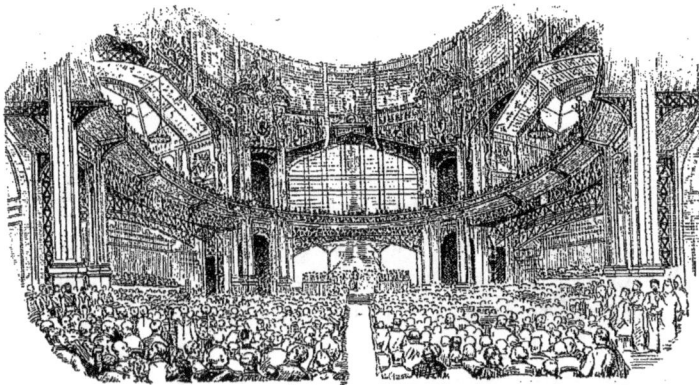

CHAPITRE XIII

FÊTES DE L'EXPOSITION ET DU CENTENAIRE
DE 1789

I. — Organisation générale.

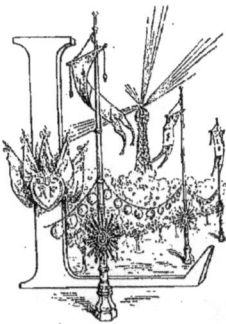

E Gouvernement, ayant résolu de donner une solennité particulière à l'Exposition Universelle de 1889, dont la date marquait le centenaire de la Révolution Française, confia à M. Alphand le soin de préparer le programme des fêtes destinées à célébrer ce centenaire.

Chargé d'ailleurs, comme Directeur Général des Travaux de l'Exposition universelle, de l'organisation des fêtes dans l'intérieur de l'Exposition, chargé également, comme Directeur des Travaux de Paris de l'organisation des fêtes publiques de la Ville de Paris, auxquelles s'ajoutaient par délégation du ministre de l'Intérieur, les fêtes nationales dont la dépense était payée tant par l'État que par la Ville, M. Alphand étudia un programme général dont le principe devait être, tout d'abord, soumis à l'approbation de M. le Président du Conseil, ministre du Commerce, de l'Industrie et des Colonies, commissaire général de l'Exposition universelle.

Ce programme comportait une dépense de trois millions qui devait être répartie également entre l'État, la Ville de Paris, et le budget de l'Exposition Universelle.

Le devis des dépenses ayant été accepté par le Gouvernement, sous réserve de l'approbation du Parlement et du Conseil Municipal de Paris, un arrêté ministériel du 16 mars 1889 nomma M. Alphand commissaire général des fêtes de l'Exposition et du centenaire de 1789, M. Bouvard, commissaire général adjoint et M. de Mallevoue, secrétaire général.

Cet arrêté stipulait en même temps qu'en raison de la nature spéciale de tous les travaux des fêtes dont il s'agissait, travaux rentrant dans la catégorie de ceux énumérés dans l'article 18 du décret du 18 novembre 1882, le commissaire général aurait les pouvoirs les plus étendus que permettait de conférer l'article 19 de ce décret.

L'arrêté ministériel du 16 mars 1889 instituait de plus une commission de contrôle qui devait être consultée par le commissaire général sur la répartition des crédits, les budgets de chaque fête et les marchés importants.

Elle se composait de représentants des principales administrations de l'État et de la ville de Paris, elle avait pour président M. Alphand et pour vice-présidents : MM. Berger, directeur général de l'Exploitation de l'Exposition universelle, Chautemps, président du Conseil municipal, général Coste, commandant le génie militaire de Paris; Garnier, architecte-conseil de l'Exposition.

Cette commission, à qui un grand nombre de propositions étaient adressées chaque jour, constitua plusieurs de ses membres en comité spécial, présidé par M. Antonin Proust, avec mission de faire de toutes ces propositions une étude préalable et de les rapporter avec ses conclusions dans les séances plénières.

L'organisation se compléta par la nomination de deux commissions chargées de la direction et de la surveillance des mesures prises pour la réalisation des fêtes, l'une dont l'action s'étendait à toutes les cérémonies et qui reçut le nom de commission exécutive des fêtes, l'autre plus spécialement chargée de tout ce qui concernait la fête du 14 juillet, qui devait avoir une importance considérable tant à cause de l'étendue qu'elle embrasserait que des dépenses qu'elle occasionnerait.

En outre, le commissariat général fut définitivement constitué avec MM. Alphand, Bouvard et de Mallevoue, par l'adjonction de MM. Broquère, chargé du service médical des fêtes du centenaire, Gravigny, inspecteur principal des fêtes, Laforcade, jardinier en chef, Lion, ingénieur des fêtes, Thomas, architecte des fêtes spéciales du Palais de l'Industrie, et plusieurs agents placés sous les ordres du secrétaire général.

MM. Alphand, Bouvard, de Mallevoue, Broquère, Gravigny, Laforcade et Lion assistaient à toutes les réunions de commissions et de sous-commissions.

Dès que le programme provisoire des fêtes eut reçu l'approbation du Gouvernement, le commissaire général prit les mesures nécessaires pour l'ouverture des crédits dans la limite de la dépense de trois millions.

Un crédit de un million était prévu au chap. III, article ix, du budget des dépenses de l'Exposition; les deux autres millions devaient être demandés à l'État et à la Ville de Paris.

A cet effet, le Conseil municipal prit une délibération conforme dans sa séance du 5 avril 1889 en votant sa part contributive de un million, et une loi en date du 16 du même mois mit également un million à la disposition du commissaire général des fêtes, sur les fonds de l'État.

II. — **Programme des Fêtes.** — Pendant que les voies et moyens étaient ainsi assurés, le comité d'études procédait à l'examen du programme définitif des fêtes d'après les bases déjà

adoptées en principe par la commission plénière en tenant compte
des divers desiderata qu'elle avait formulés, notamment en ce qui
concernait l'organisation d'une solennité d'un caractère à la fois
patriotique et populaire rappelant les grandes fêtes de la première
Révolution.

Dans ce but, il reprenait une proposition précédemment présentée par Mlle Augusta Holmès pour l'exécution d'une œuvre
musicale dont elle était l'auteur : *Le Triomphe de la République*,
avec grand déploiement de mise en scène.

Enfin, dans sa séance du 8 juin, la commission de contrôle
adoptait définitivement les projets d'ensemble, ainsi que les devis
et soumissions dressés en vue de l'exécution des travaux. En voici
l'énumération :

5 Mai. — Fête du centenaire de l'ouverture des États-Généraux à Versailles.

6 Mai. — Ouverture de l'Exposition. Première grande fête de nuit.

1er Juin. — Deuxième grande fête de nuit à l'Exposition pour l'achèvement des installations.

4 Juillet. — Troisième grande fête de nuit à l'Exposition, à l'occasion de l'inauguration de la statue de la Liberté éclairant le monde, sur le môle du pont de Grenelle.

10 Juillet. — Bal au Palais de l'Industrie, donné par les Exposants au Gouvernement et à la Municipalité de Paris.

12 Juillet. — Fête au Palais-Royal en souvenir de la manifestation de Camille Desmoulins, le 12 juillet 1789.

13 Juillet. — Bal au Palais de l'Industrie, donné aux ouvriers de l'Exposition et aux syndicats ouvriers.

14 Juillet. — Fête nationale.

30 Juillet. — Réception du Shah de Perse.

2 Aout. — Fête à la Buffalo Bill's et quatrième grande fête de nuit à l'Exposition en l'honneur du Shah de Perse.

4 Aout. — Grand Festival des musiques militaires au Palais de l'Industrie, et illumination des hauteurs de Paris.

11 Septembre. — Représentation de l'*Ode triomphale* de Mlle A. Holmès, par invitation.

12 Septembre. — Représentation de l'*Ode triomphale* de Mlle A. Holmès, pour les enfants des écoles.

14 Septembre. — Représentation publique et gratuite de l'*Ode triomphale* de Mlle A. Holmès.

15 Septembre. — Concours international des musiques municipales d'harmonie et civiles étrangères au Palais de l'Industrie.

21 Septembre. — Inauguration du monument du *Triomphe de la République*, par Dalou, place de la Nation.

29 Septembre. — Distribution des récompenses et cinquième grande fête de nuit à l'Exposition.

6 Novembre. — Clôture de l'Exposition; sixième et dernière grande fête de nuit à l'Exposition.

En outre de ces fêtes d'ordre général, dont la dépense était imputable sur le crédit de trois millions, il fut décidé que, dans la matinée du 4 août, aurait lieu une cérémonie d'un ordre tout particulier pour la translation au Panthéon des restes de Lazare Carnot, Marceau, La Tour d'Auvergne et Baudin, et pour la pose de la première pierre du monument commémoratif en l'honneur de Hoche et de Kléber. Cette cérémonie avait fait l'objet d'un vote spécial des Chambres (Loi du 10 juillet 1889).

Enfin le Conseil municipal, que présidait alors M. le Dr Chautemps, M. Poubelle étant préfet de la Seine, vota, le 5 avril 1889, un crédit spécial de 600000 francs, pour des fêtes d'un caractère purement municipal qui devaient comprendre : bals et nombreuses réceptions à l'Hôtel de Ville; défilés des sociétés de gymnastique; fête du travail; fête de l'éducation physique; fête de nuit au Parc Monceau (20 juin); inauguration de la statue de la Liberté au Pont de Grenelle (4 juillet); réception des maires de France (18 août); congrès divers des délégations ouvrières, des sapeurs-pompiers, des étudiants, etc.

Ainsi que l'indique l'énumération qui précède, les fêtes publiques de toute nature se divisaient en trois catégories principales : celles de l'Exposition et du Centenaire, les fêtes données par l'État et les fêtes données par la Municipalité de Paris, selon que la dépense en était prélevée sur les budgets, soit du commissariat général des fêtes, soit de l'État, soit de la Ville de Paris.

On pourrait ajouter au même point de vue budgétaire que les fêtes de la première catégorie se subdivisaient elles-mêmes en cinq ordres différents :

1° Les fêtes du Centenaire ;

2° Les fêtes de l'Exposition proprement dite ;

3° Les fêtes données dans le Palais de l'Industrie ;

4° Les fêtes publiques dans Paris ;

5° Les réceptions d'hôtes étrangers.

Mais comme ces fêtes se complétaient les unes par les autres et que les subdivisions qui viennent d'être indiquées ne présentent qu'un intérêt purement budgétaire, il paraît préférable de suivre l'ordre chronologique pour faire connaître les détails d'exécution de chacune des fêtes.

III. — Fête du 5 mai à Versailles. Centenaire de l'ouverture des États-Généraux.

— Le 5 mai 1889, les fêtes commencèrent par la célébration à Versailles du Centenaire de l'ouverture des États-Généraux à frais communs par la Ville et par l'État.

Quatre mille invitations furent lancées ; sur ce nombre, deux mille trois cents étaient destinées aux personnages devant faire partie du cortège officiel.

Ces invitations étaient faites au nom du Président de la République et adressées aux ministres et sous-secrétaires d'État, aux membres du Sénat et de la Chambre des députés, aux corps constitués (par délégation) ainsi qu'aux conseillers généraux de la Seine et de Seine-et-Oise, aux municipalités de Paris et de Versailles, aux officiers généraux et supérieurs des garnisons de Paris et de Versailles.

Voici le texte du programme de la cérémonie :

Le Président de la République, accompagné des Ministres et de sa maison militaire, se rendra, le dimanche 5 mai, à Versailles, pour assister aux fêtes commémoratives de l'ouverture des États-Généraux de 1789 dans cette ville.

Il partira de l'Élysée à midi, escorté par un escadron de cavalerie, et gagnera Versailles en voiture par la route nationale qui traverse Sèvres, Chaville et Viroflay.

Le Président de la République sera reçu à la limite du département, au pont de Sèvres, par le Préfet de Seine-et-Oise, et à l'entrée de la ville de Versailles par la municipalité et le Conseil municipal.

Son arrivée sera annoncée par des salves d'artillerie.

Les troupes de la garnison de Versailles formeront la haie sur le passage du Président, de la grille de l'Octroi à la place d'Armes, et tiendront ce parcours libre jusqu'à l'entrée du Président dans le château.

A deux heures, le Président de la République et les Ministres arriveront devant l'ancien hôtel des Menus-Plaisirs. Ils y seront attendus par les présidents et les bureaux du Sénat et de la Chambre, et par tous les invités qui auront pris place dans l'enceinte réservée établie devant la façade de l'ancien édifice où les États-Généraux ont tenu séance en 1789.

Cette enceinte se composera de trois parties :

La partie centrale (cartes blanches) où seront groupés autour du Président de la République et des Ministres : les bureaux du Sénat et de la Chambre, les membres du Parlement, les représentants des grands corps de l'État et des diverses administrations, les conseillers généraux de la Seine et de Seine-et-Oise, la municipalité et le Conseil municipal de Versailles, les autorités et les hauts fonctionnaires de Versailles et du département, la délégation de la presse, etc.;

A droite et à gauche, deux autres enceintes (cartes rouges et cartes bleues), où seront admis les invités de diverses catégories.

Les autorités militaires seront en grande tenue. Les corps constitués et les autorités civiles seront en costume officiel ou en tenue de soirée avec leurs insignes.

Une musique militaire, placée à côté de la partie centrale, jouera l'hymne national à l'entrée du Président.

Une plaque commémorative de la réunion des États-Généraux sera inaugurée à ce moment sur la façade de l'hôtel des Menus-Plaisirs.

Après cette cérémonie, le défilé des troupes aura lieu devant l'estrade, dans l'ordre déterminé par l'autorité militaire.

Immédiatement après, le Président de la République, les présidents du Sénat et de la Chambre et les Ministres se rendront au palais, où ils pénétreront par l'escalier des Ambassadeurs.

Les bureaux du Sénat et de la Chambre, ainsi que les corps et autorités invités, entreront dans le palais par l'escalier de marbre, et se réuniront dans la galerie des Glaces, dont les portes seront ouvertes à partir de deux heures.

Dans cette galerie, le Président de la République et les présidents du Sénat et de la Chambre prendront la parole.

L'orchestre et les chœurs du Conservatoire se feront entendre au cours de cette cérémonie.

Les invités se rendront ensuite dans la galerie des Batailles où un lunch sera servi.

Pendant la cérémonie officielle, les grandes eaux joueront dans le parc, et, à cinq heures et demie précises, le Président de la République se rendra au bassin de Neptune, où il assistera à l'inauguration de ce bassin nouvellement restauré.

A six heures, le Président de la République montera en voiture à la grille du Dragon, et rentrera à Paris par Ville-d'Avray, Saint-Cloud, et le bois de Boulogne.

La fête se terminera par un feu d'artifice qui sera tiré dans la soirée sur la place d'Armes, et par des illuminations du château et de la ville.

La dépense de cette fête, prélevée sur le crédit de trois millions, s'est élevée à 50 700 francs.

Le même jour les édifices publics de Paris furent pavoisés et illuminés, et des représentations gratuites eurent lieu dans les principaux théâtres.

IV. — Ouverture officielle de l'Exposition universelle et première grande fête de nuit (6 mai 1889).—Le 6 mai, l'Exposition fut officiellement inaugurée conformément au programme suivant :

L'Exposition universelle sera inaugurée au Champ de Mars, sous le dôme central du Palais des expositions diverses, par le Président de la République, assisté des présidents des Chambres et des Ministres.

Le Président de la République, accompagné de sa maison militaire et escorté par un escadron de cavalerie, partira de l'Élysée à une heure et demie et se rendra au Champ de Mars par le pont d'Iéna. Son arrivée sera annoncée par des salves d'artillerie qui seront tirées de l'île des Cygnes.

A deux heures, à l'entrée du dôme central, il sera reçu par le président du Conseil, ministre du Commerce, de l'Industrie et des Colonies, Commissaire général de l'Exposition, et par les directeurs généraux de l'Exposition.

Le Président de la République prendra place sous le dôme central, sur une estrade où il sera entouré par les présidents des Chambres et les Ministres.

Sont invités à se réunir sous le dôme :

Le Corps diplomatique. — MM. les Sénateurs et Députés.

Les députations : Du Conseil d'État; — Des grand'croix, grands officiers

de la Légion d'Honneur et du Conseil de l'Ordre; — De la Cour de Cassation; — De la Cour des Comptes; — Du Conseil supérieur de l'Instruction publique; — De l'Institut; — De la Cour d'Appel; — Du Conseil supérieur du Commerce; — Du Conseil supérieur de l'Agriculture.

Les Gouverneur et Sous-Gouverneurs de la Banque de France; — Les Gouverneur et Sous-Gouverneurs du Crédit Foncier; — Les secrétaires généraux, directeurs, sous-directeurs et chefs de cabinet des ministères et de la Légion d'honneur; — Le Préfet de la Seine et le secrétaire général; — La députation du Conseil de préfecture de la Seine; — Le Préfet de police et le secrétaire général; — Le Conseil municipal de Paris et le Conseil général de la Seine; — Les directeurs et sous-directeurs des Préfectures de la Seine et de Police; — Les Maires de Paris; — Le Corps académique et l'instruction publique.

Les députations : Du Tribunal de première instance de la Seine; — Du Tribunal de Commerce; — De la Chambre de Commerce; — Des Juges de paix; — Du Conseil des prud'hommes; — Des Commissaires de police; — Du Conseil général des Ponts et Chaussées; — Du Conseil général des Mines; — De l'École des Ponts et Chaussées; — De l'École des Mines; — Des Présidents et Directeurs de chemins de fer; — Du Collège de France; — De l'École normale; — De l'École des langues orientales vivantes; — De l'École des Chartes; — Du Muséum d'histoire naturelle; — De l'Académie de médecine; — Du Conservatoire national des Arts et Métiers; — De l'École spéciale des Beaux-Arts; — De la Société nationale d'agriculture; — De l'Institut agronomique; — De l'École centrale des Arts et Manufactures; — De l'École des hautes études commerciales; — Du Conseil de l'ordre des avocats au Conseil d'État et à la Cour de cassation; — Du Conseil de l'ordre des avocats à la Cour d'appel; — Du Conseil des référendaires au sceau; — De la Chambre des notaires; — De la Chambre des avoués près la Cour d'appel; — De la Chambre des avoués de première instance; — De la Chambre des commissaires priseurs; — De la Chambre des huissiers; — De la Chambre syndicale des agents de change; — De la Chambre syndicale des courtiers d'assurances; — De la Chambre syndicale des courtiers en marchandises.

Le Préfet de Seine-et-Oise et le sécretaire général; — Les députations du Conseil de préfecture de Seine-et-Oise et du Conseil général de Seine-et-Oise; — Le maire de Versailles; — Les députations du Conseil municipal et du Tribunal de première instance de Versailles; — Les députations de l'armée de terre et de la marine.

MM. les membres du corps diplomatique et MM. les sénateurs et députés et les députations arriveront par la porte Rapp et se dirigeront vers le Dôme central, où des places leur seront réservées. Ils seront reçus sur la présentation de la carte blanche qui leur a été adressée.

Des places spéciales seront affectées à MM. les membres des bureaux des Chambres.

Arrivé sur l'estrade, le président du Conseil, commissaire général de l'Exposition, adressera un discours au Président de la République, qui lui répondra et déclarera l'Exposition ouverte.

L'orchestre Colonne et les chœurs du Conservatoire exécuteront ensuite la *Marseillaise* orchestrée par Berlioz.

Immédiatement après, le Président de la République descendra de son estrade, accompagné des présidents et des bureaux des Chambres, des ministres et des directeurs généraux, et visitera les diverses galeries du Champ de Mars.

Le personnel de l'Exposition, les présidents et commissaires généraux des sections étrangères, les présidents et membres des comités d'installation se trouveront en tête de leur exposition, sur le parcours du Président de la République, à qui ils seront présentés.

Après avoir visité les diverses parties du Champ de Mars, le Président de la République remontera en voiture à l'entrée du dôme, accompagné du président du Conseil, commissaire général, et des directeurs généraux, et parcourra, en se retirant, l'exposition d'agriculture sur le quai d'Orsay et les expositions de l'esplanade des Invalides.

Les membres du Parlement, des conseils généraux et municipaux, les fonctionnaires civils seront en frac, revêtus de leurs insignes ; les autorités militaires seront en grande tenue.

Les portes seront ouvertes au public à partir de une heure.

Pour cette belle et imposante cérémonie 2 600 invitations furent adressées à MM. les membres du Corps diplomatique, à MM. les Sénateurs et Députés et aux délégations des corps constitués ; 200 places furent affectées à la presse parisienne et départementale. Enfin le premier étage du Dôme, contenant 1 000 places environ, non compris la tribune du chef d'État, fut réservé aux femmes des hauts fonctionnaires civils et militaires.

Le service d'ordre et de contrôle des entrées fut assuré par 124 commissaires ou contrôleurs, 25 huissiers et 35 gardes des promenades.

Le programme de cette journée était complété par les dispositions suivantes :

Décoration et pavoisement des édifices et monuments publics, des principales places, des ponts, quais et berges de la Seine depuis la pointe de l'île Saint-Louis jusqu'à la passerelle de Passy, de l'avenue Rapp et de l'enceinte de l'Exposition.

Illumination des édifices, monuments et emplacements sus-indiqués et des massifs d'arbres des quais.

Fête vénitienne sur la Seine entre le pont Louis-Philippe et la passerelle de Passy, avec concerts de musique militaire sur des bateaux à vapeur illuminés.

Flottille de bateaux à vapeur et d'embarcations particulières, pavoisés et illuminés, circulant sur la Seine.

(Des médailles seront accordées aux propriétaires des embarcations qui seront les mieux décorées et illuminées.)

Feux d'artifice à dix heures du soir :

Sur le terre-plein du Pont-Neuf;

Sur la terrasse des Tuileries;

A la pointe de l'île des Cygnes.

Grande fête de nuit dans l'enceinte de l'Exposition universelle.

Illumination des jardins et palais du Champ de Mars et du Trocadéro, de la Tour Eiffel et du Dôme central, au moyen de l'électricité, du gaz, des ballons lumineux et des flammes de Bengale.

Fontaines lumineuses. Inauguration des cascades et effets d'eau colorée à l'électricité.

Embrasement général de la Tour Eiffel, au moyen de flammes de Bengale.

Fêtes locales organisées avec le concours de la population et comprenant des décorations de la voie publique, des arcs de triomphe, des illuminations, des cortèges, des bals et des concerts.

Cette fête, favorisée par un temps superbe, eut un immense succès et un grand retentissement à l'étranger.

On peut évaluer à plus de 300 000 le nombre de personnes accourues au Champ de Mars, pour acclamer le Président de la République et admirer les merveilles de l'Exposition universelle, à laquelle le plus grand nombre n'avait pas osé croire jusque-là.

Ce fut un succès sans précédent, une joie immense pour toute la population parisienne dont la conduite et la tenue furent remarquables.

Les dépenses de cette première fête de jour et de nuit, y compris celles des pavoisements, illuminations et représentations gratuites de la veille, se sont élevées à 338 200 francs.

V. — Fêtes de l'Exposition. — A partir de cette date, on peut dire que les fêtes se succèdent sans interruption au Champ de Mars : fêtes permanentes, fêtes périodiques des dimanches et fêtes extraordinaires.

§ I. *Fêtes permanentes*. — Chaque jour, pendant 6 mois, des musiques militaires et civiles ou sociétés chorales se sont fait entendre dans les kiosques de l'Exposition.

Chaque soir : illumination au gaz du Dôme central, de la Tour Eiffel; demi-illumination du palais du Trocadéro; illumination à l'électricité des pelouses et des massifs des jardins; illumination intérieure du Dôme central, de la Galerie de 30 mètres, de la Galerie des Machines, des Galeries Rapp et Desaix, et des Galeries et restaurants; jeu des fontaines lumineuses.

§ II. *Fêtes périodiques*. — Chaque dimanche ou jour férié, on ajoutait à ce programme l'illumination complète du Palais et des cascades du Trocadéro et l'embrasement de la Tour Eiffel. On peut comprendre dans cette catégorie de fêtes périodiques celles qui furent données pendant un certain temps à l'esplanade des Invalides, avec un caractère particulièrement colonial, et dans lesquelles les cortèges alternaient avec les concerts et divertissements exotiques.

§ III. *Fêtes extraordinaires*. — Quant aux fêtes extraordinaires ou grandes fêtes de nuit, leur nombre et leur importance furent la conséquence des événements importants de l'année 1889.

Outre la fête d'inauguration dont il a déjà été parlé, une deuxième grande fête de nuit fut donnée le samedi 1er juin pour célébrer l'achèvement des installations des exposants.

Le 4 juillet, troisième grande fête à l'occasion de l'inauguration de la statue de la *Liberté éclairant le monde*, dont la colonie américaine avait fait don à la Ville de Paris.

Le 2 août, quatrième grande fête en l'honneur du shah de Perse.

Le 18 août, cinquième grande fête en l'honneur des maires de France conviés à Paris par le Conseil municipal.

Enfin, le 6 novembre, eut lieu la sixième et dernière grande fête du Champ de Mars pour la clôture de l'Exposition.

Le programme de ces grandes fêtes de nuit avait pour base

l'effet brillant des appareils d'illumination établis dans tout le périmètre de l'Exposition : appareils d'éclairage permanent et régulier
pour l'ensemble; appareils d'illumination momentanée et variable
sur des points spéciaux.

L'installation générale en avait été faite en même temps que
les travaux de construction et d'aménagement de l'Exposition. Elle
s'étendait du palais du Trocadéro au palais des Expositions diverses,
embrassant sur son parcours les jardins et la Tour Eiffel.

Au Trocadéro, l'illumination étant entièrement au gaz, toutes
les canalisations et appareils précédemment construits avaient été
rétablis en permanence. Rampes dessinant les corniches, lustres
dans chaque travée et dans chaque arcade, motifs formant couronnement, découpures et crêtes, vases et bouquets des cascades
sont restés en place pendant 6 mois. En outre, des ifs avaient été
placés sur tous les candélabres des allées.

Au Champ de Mars, les jardins et terrasses étaient éclairés à
l'électricité par de nombreux appareils à arc placés sur de grands
candélabres et aussi par un grand nombre de lampes à incandescence dessinant les bordures des bassins et pelouses sur le sol, ou
disséminées dans les massifs.

A ce bel ensemble s'ajoutait l'effet des fontaines lumineuses ;
les jets d'eau se transformaient en jets de lumière, en même temps
qu'une grande gerbe éblouissante surgissait des roseaux dans le
bassin octogonal, comme le bouquet d'un feu d'artifice. -

La Tour de 300 mètres portait à son sommet un phare électrique de grande puissance, à couleurs changeantes et à projections
intenses. Son aspect de nuit avait été complété par une illumination au gaz d'exécution difficile, due à la maison Beau et Bertrand-
Taillet : elle comprenait des cordons lumineux avec globes sur tout
le développement des corniches des premier, deuxième et troisième étages, sur le soubassement de maçonnerie, et surtout au
pourtour des quatre grands arceaux reliant les piliers métalliques.
Cet ensemble représentait 4300 becs de gaz.

Enfin, le Dôme Central faisant face au Trocadéro et constituant le point extrême du vaste quadrilatère des jardins, était également illuminé au gaz au moyen de globes de couleur, accusant par des rampes les principales lignes de cette partie importante des palais, et s'élevant par une série de motifs variés (écussons, soleils, antéfixes, palmes et guirlandes) jusqu'au pied de la statue de couronnement. Au brillant effet de ces 4000 globes extérieurs venaient se mêler harmonieusement, à travers les verrières des façades et de la coupole, les feux dorés de la lumière électrique éclairant l'intérieur du Dôme. Seize foyers à arcs voltaïques disséminés sur les balcons y ajoutaient leurs notes brillantes.

Les grandes fêtes de nuit comprenaient en outre l'illumination, en verres de couleur au suif et en ballons lumineux, de tous les massifs d'arbres, l'embrasement des bosquets aux flammes de Bengale rouges et vertes, l'embrasement général de la Tour en feux rouges, et presque toujours un feu d'artifice tiré sur l'île des Cygnes.

500 flammes étaient employées à l'embrasement de la Tour Eiffel;

300 à l'embrasement des bosquets.

25000 ballons lumineux étaient placés dans les arbres.

Tout cet ensemble d'illuminations joint aux projections des phares, au jeu original et nouveau des eaux lumineuses et colorées des fontaines, aux jets et pluies de feu des artifices, produisait dans cet enchevêtrement de palais, de monuments et de jardins un effet féerique inoubliable.

Le public se pressait alors dans le Champ de Mars en masses compactes, mais toujours sage et digne dans sa fierté de cet immense succès de la France pacifique.

L'ensemble de ces fêtes du Champ de Mars ne coûta pas moins de 634000 francs, en y comprenant les travaux de première installation, ceux de décorations et d'illuminations spéciales, la consommation du gaz, et mille objets ou fournitures de diverses natures.

VI. — Dispositions générales pour la préparation des fêtes du Palais de l'Industrie. — Toute une série de fêtes devant avoir lieu au Palais de l'Industrie, il fallut procéder tout d'abord à un aménagement spécial du Palais, qui pût servir de cadre aux diverses cérémonies projetées.

Cet édifice, mis par le ministre de l'Instruction publique et des Beaux-Arts à la disposition du Commissaire général de l'Exposition aussitôt après la clôture du Salon des artistes français, dut subir une transformation complète en un laps de temps très court. C'est ainsi que le grand hall central fut converti en une immense salle de fêtes, avec un parquet sur le sol, installé par M. Poirier, et une luxueuse décoration sur les murs de pourtour et les galeries latérales, faite par les maisons Belloir et Vazelle, et Jumeau et Jallot.

L'éclairage électrique du palais fut installé par la Société Édison, et l'éclairage au gaz par MM. Lacarrière et Delatour.

Les remarquables tapisseries anciennes de l'État, encadrées de tentures, de lambrequins et de rideaux de velours rouge à crépines d'or, formaient aux deux étages une double ceinture d'une puissance et d'une richesse de décoration exceptionnelle. Un immense vélum à deux tons était établi sous toute la surface de la toiture vitrée et se raccordait aux parois verticales au moyen de panneaux ornés et peints par MM. Lavastre, Carpezat et Jambon. Enfin des gradins avaient été construits sur tout le développement des galeries latérales du rez-de-chaussée ainsi que sur les balcons du premier étage. Une estrade d'honneur placée dans l'axe longitudinal, en face de l'entrée principale, complétait l'ordonnance de la nef centrale.

Au premier étage, les salons avaient été remis en état, et cinq d'entre eux avaient été particulièrement ornés de tapisseries et d'étoffes de soie par le Mobilier national.

Cette superbe décoration agrémentée par les écussons et les trophées français et étrangers, par les lustres électriques, les guirlandes et les girandoles de gaz, les massifs et les corbeilles de plantes et de fleurs artistiquement installés sous la direction de M. Laforcade, jardinier en chef de la Ville de Paris et de l'Exposition universelle, était du plus merveilleux effet, et formait une galerie de fête incomparable.

Ces travaux préalables, dirigés par M. Bouvard, commissaire général adjoint, et M. Thomas, architecte du Palais de l'Industrie, n'ont pas coûté moins de 511.600 francs. Ils furent terminés en moins de six semaines, assez à temps pour que le bal des Exposants, prévu pour le 10 juillet, pût avoir lieu avec tout l'éclat désirable.

VII. — Bal donné au Palais de l'Industrie par les Exposants au Gouvernement et à la Municipalité de Paris (10 juillet). — Le grand bal donné au Palais de l'Industrie par les Exposants au Gouvernement et à la Municipalité de Paris eut lieu dans la grande nef centrale, décorée et illuminée comme il vient d'être dit.

L'estrade élevée en face de l'entrée principale était réservée au Président de la République, au Corps diplomatique, aux membres du Gouvernement, au Parlement et aux représentants de la Municipalité de Paris.

Au centre de la salle et devant cette estrade se trouvait un orchestre de 150 musiciens dirigé par Olivier Métra.

Une deuxième estrade, établie du côté est de la nef, était réservée aux commissariats étrangers et à MM. les présidents de classes et membres du Jury des récompenses de l'Exposition. Derrière cette estrade se tenait la société des Enfants de Lutèce, qui fit entendre les plus brillants chœurs de son répertoire.

Les gradins construits dans les galeries longitudinales avaient reçu des sièges pour 12.000 places.

Aux deux extrémités de la salle étaient installés des buffets entourés de jardins, d'arbres et d'arbustes.

Au premier étage, entièrement éclairé à la lumière électrique, les trois salons du centre, décorés par le Mobilier national, ser-

vaient également de salles de danse; l'orchestre, de soixante musiciens, était dirigé par Desgranges.

Dans le salons d'angle se trouvaient l'orchestre Roumain,
l'orchestre des Tziganes, l'orchestre des Dames viennoises, les
cœurs finlandais et les tambourinaires de Vaucluse.

A côté de chacun de ces orchestres et chœurs étaient installés
des buffets. Des salons de repos étaient aménagés dans l'aile du Palais
regardant les Champs-Élysées. Des estrades offrant 4000 places
assises étaient également installées sur trois des côtés de la galerie
du premier étage; le quatrième servait de galerie de circulation.
Enfin, le Jardin de Paris, brillamment illuminé et décoré, où un
orchestre et des chœurs se faisaient aussi entendre, était annexé
au Palais et servait de fumoir.

Huit vestiaires contenant ensemble 32000 numéros étaient
établis à chacune des entrées.

Le service d'ordre et de contrôle était assuré par 176 commissaires et contrôleurs, 26 huissiers, 23 gardiens de bureau, 64 gardiens du Palais de l'Industrie, 52 gardiens de la paix, 100 gardes
municipaux et 100 gardes des promenades. Enfin 25 soldats étrangers, 30 soldats annamites, 50 piroguiers sénégalais et 8 spahis
tunisiens, prêtaient un éclat de plus à la fête par la variété de leurs
costumes.

Trente-quatre mille personnes assistèrent à ce bal.

Les dépenses spéciales de la soirée, sans tenir compte de la
quote-part des frais d'installation, d'aménagement, de décoration,
consommation de gaz, etc..., compris dans les chiffres d'ensemble
précédemment indiqués, ont été de 34100 francs.

VIII. — Fête du Palais-Royal à l'occasion de l'inauguration de la statue de Camille Desmoulins (12 juillet). — Cette
fête commémorative de la manifestation de Camille Desmoulins, au
Palais-Royal, comprenait deux cérémonies : la première eut lieu
dans la journée autour du buste de ce patriote, et fut marquée par
un discours du Président du Conseil municipal et une distribution

d'insignes et de feuillages; la seconde eut lieu le soir et se composa d'un concert public avec illumination générale du jardin.

La dépense à la charge du budget des fêtes a été de 4935 francs; le budget de la Ville de Paris pourvut au reste de la dépense.

IX. — Bal donné au Palais de l'industrie aux ouvriers de l'Exposition et aux syndicats ouvriers (13 juillet).

— Le bal offert le 13 juillet aux ouvriers de l'Exposition et aux syndicats ouvriers fut la réédition exacte de celui du 10, avec un plus grand nombre d'assistants encore.

A cette occasion, la Bourse du Travail avait reçu 23000 invitations, pour être distribuées aux membres adhérents des Chambres syndicales; les services de l'Exposition en avaient de leur côté donné 29100 à leurs différentes catégories d'ouvriers, plus 600 cartes de circulation à la presse : soit un total de 52700 invitations.

L'ordre le plus parfait fut observé pendant cette fête populaire, rehaussée par la présence du Président de la République qui fut constamment l'objet d'ovations nourries et chaleureuses.

L'enthousiasme fut porté à son comble lorsque le Président, donnant le bras à Mme Carnot, suivi des membres du Gouvernement et de tout un cortège officiel, fit le tour de la grande salle de bal. Des applaudissements unanimes l'accompagnèrent dans cette promenade au milieu de la foule immense des invités qui s'ouvrait respectueusement sur son passage.

Les dépenses de cette fête, considérées dans les mêmes conditions que celles du précédent bal, se sont élevées à 31400 francs.

X. — Fête nationale du 14 juillet.

— La fête nationale ne pouvait être que la reproduction amplifiée des effets présentés les années précédentes à pareille époque.

Il fallait donner aux étrangers venus de tous les points du globe pour admirer Paris et son Exposition le spectacle des fêtes de la capitale dans ce qu'elles avaient de plus remarquable, leur montrer la façon dont la France républicaine célébrait sa fête nationale.

Réunissant à cet effet et les divers crédits ordinairement consacrés à cette grande manifestation patriotique, et une subvention spéciale prélevée sur le budget des fêtes, la Commission crut devoir adopter comme centres d'attraction les points de Paris qui, par leur disposition et leur situation, se prêtaient le mieux aux effets décoratifs.

Elle arrêta en conséquence le programme suivant qui reçut son entière exécution :

Le 14 JUILLET, dans la matinée, la fête sera annoncée par des salves d'artillerie.

Des distributions extraordinaires de secours seront faites par les bureaux de bienfaisance.

GRANDE REVUE des troupes de l'armée de Paris sur l'hippodrome de Longchamps, à trois heures.

DÉFILÉ des bataillons scolaires sur la place de l'Hôtel-de-Ville, à neuf heures du matin.

GRANDES MATINÉES organisées pour les délégations des écoles communales de la Ville de Paris, à une heure :

A l'Hippodrome ;

Au cirque des Champs-Élysées ;

Au cirque du boulevard des Filles-du-Calvaire ;

Au Jardin de Paris.

REPRÉSENTATIONS GRATUITES à une heure dans les théâtres subventionnés et dans différents théâtres libres.

DÉCORATION ET PAVOISEMENT. — Monuments publics, place de la Concorde, Champs-Élysées, palais et parcs du Champ de Mars et du Trocadéro, places de l'Hôtel-de-Ville, de la République, de la Bastille et de la Nation, quais entre la passerelle de Passy et le pont Louis-Philippe, passerelle de Passy, pont de l'Alma, pont des Invalides, ponts de la Concorde et de Solférino, pont Royal, pont du Carrousel, pont des Arts, pont Neuf et place du Pont-Neuf, pont au Change, pont Notre-Dame.

BALS : Places du Palais-Royal, de l'Hôtel-de-Ville et de la Bastille.

FÊTES DE NUIT AU BOIS DE BOULOGNE ET AU BOIS DE VINCENNES.

GRANDS FEUX D'ARTIFICE à dix heures sur les lacs du Bois de Boulogne et sur les îles Daumesnil, au Bois de Vincennes.

ILLUMINATION ET EMBRASEMENT des îles, des lacs et des routes aux abords des lacs de Boulogne et de Vincennes.

Fêtes vénitiennes sur les lacs du Bois de Boulogne et sur le lac Daumesnil, à huit heures du soir.

Flottilles d'embarcations particulières pavoisées et illuminées, bateaux-orchestre.

(Des médailles et des primes seront accordées aux propriétaires des embarcations qui seront le mieux décorées et illuminées.)

Feux d'artifice à neuf heures et demie du soir :

Au parc des Buttes-Chaumont;

Au parc de Montsouris;

A la pointe de l'île de Grenelle.

Fêtes locales organisées dans les arrondissements et comprenant des décorations de la voie publique, des arcs de triomphe, des illuminations, des cortèges, des bals, des concerts et des fêtes foraines.

Ainsi la fête nationale officielle s'étendit du Bois de Boulogne au Bois de Vincennes, embrassant sur son parcours les places de l'Étoile, de la Concorde, du Palais-Royal, de l'Hôtel-de-Ville, de la Bastille, de la République et de la Nation; les avenues du Bois-de-Boulogne, des Champs-Élysées et Daumesnil; les rues de Rivoli, Saint-Antoine et de Lyon.

Ce fut véritablement une journée de fête et de réjouissance à laquelle tout le peuple de Paris et tous ses hôtes prirent part avec un entrain remarquable.

Il y fut dépensé 774 000 francs,

dont 119 940 francs sur le crédit de l'État;

— 38 000 francs sur celui du Département;

— 356 900 francs sur celui de la Ville;

et 259 160 francs sur celui des fêtes du Centenaire.

Dans ces sommes sont compris 100 000 francs distribués aux indigents de Paris et 30 000 à ceux des autres communes du département.

XI. — Réception du Shah de Perse (30 juillet-10 août). — La Commission avait loué à la Banque de France un hôtel situé rue Copernic 43, qui avait été aménagé par les soins du Mobilier national pour en faire la résidence du Shah de Perse et après lui des hôtes de distinction : Princes et Ambassadeurs étrangers que la France avait à recevoir.

Cet hôtel avait été complètement pourvu de tout le matériel et du personnel de service nécessaire; des équipages de grand et de petit gala loués à la Compagnie générale des voitures de Paris y étaient installés.

S. M. le Shah de Perse fut reçu le 30 juillet à la gare de l'Ouest (rive droite), décorée et pavoisée en conséquence, par le Président de la République, les membres du Gouvernement et un grand nombre de personnages officiels. Des troupes et des musiques militaires étaient échelonnées sur son passage, la rue du Havre, la rue Tronchet, la place de la Madeleine, la rue Royale, la place de la Concorde, l'avenue des Champs-Élysées, le rond-point de l'Étoile, l'avenue du Bois-de-Boulogne, l'avenue Malakoff et la rue Copernic.

Sur tout ce parcours, la foule formait la haie et acclamait le souverain persan.

Les fêtes données au Shah pendant son séjour à Paris avaient été réglées de la manière suivante :

Le 31 JUILLET. — Fête chez le Président du Conseil des ministres.

Le 1er AOUT. — Fête chez le Président de la République.

Le 2 AOUT. — { 1° Fête à la Buffalo Bill's.
{ 2° Grande fête de nuit à l'Exposition.

Le 3 AOUT. — Fête au ministère des Affaires étrangères.

Le 4 AOUT. — Illuminations des hauteurs de Paris et festival des musiques militaires au Palais de l'Industrie.

Le 5 AOUT. — Fête à l'Hippodrome.

Le 6 AOUT. — Spectacle de Gala à l'Opéra.

Le samedi 10 août, le Souverain Persan repartait par la gare du Nord. Les dépenses auxquelles avait donné lieu son séjour à Paris se sont élevées à 126·800 francs. 50·500 furent en outre dépensés pour la réception des princes Égyptiens et Tunisiens, des Ambassadeurs marocains et d'autres personnages étrangers.

Parmi les fêtes indiquées ci-dessus, celle du 2 août, à l'Exposition, mérite une mention spéciale. Dans cette soirée, pendant laquelle la Tour Eiffel resta embrasée une heure sans interruption, quatre cent mille personnes se pressaient dans les galeries et le parc du Champ de Mars et particulièrement dans le jardin supérieur, au pied du Dôme Central. C'était un spectacle curieux de contempler ces vagues humaines du haut du balcon de ce Dôme où avaient pris place le Shah de Perse et sa suite, le Président de la République et sa maison militaire, Mme Carnot, les membres du Gouvernement, les membres du corps diplomatique, les hauts fonctionnaires de l'Exposition et un certain nombre de dames Chaque projection électrique sur cette illustre assemblée était saluée par les vivats et les applaudissements de la foule aussi enthousiaste que respectueuse.

XII. — Solennités du 4 août 1889. — Le 4 août, anniversaire de l'abolition des privilèges, compte deux solennités d'un caractère bien distinct :

1° *Translation au Panthéon des cendres de Lazare Carnot, La Tour-d'Auvergne, Marceau et Baudin.* — La cérémonie de translation des cendres, votée par une loi spéciale du 10 juillet 1889, ne se rapporte pas directement au programme élaboré par la Commission des fêtes du Centenaire; mais comme elle s'y rattache par certains côtés, nous en donnons ici le détail.

Une Commission spéciale, nommée par arrêté de M. le ministre de l'Intérieur en date du 18 juillet 1889, fut chargée d'en assurer l'exécution; elle comprenait :

MM.

ALPHAND, délégué du ministre de l'Intérieur, président.
BOUFFET, directeur des affaires municipales et départementales au ministère de l'Intérieur.
BOUVARD, commissaire général adjoint des fêtes du Centenaire.
BROWN, chef du bureau des Beaux-Arts de la Ville de Paris, secrétaire de la Commission de contrôle des fêtes.
CHAUTEMPS, président du Conseil municipal de la Ville de Paris.
COMTE (J.), directeur des bâtiments civils et palais nationaux.
GARNIER (Charles), architecte de l'Opéra.

GIOVANNELLI (général), commandant le département de la Seine.

HAMEL, président du Conseil d'administration du service des pompes funè-
bres.

LACROIX (DE), chef du bureau du secrétariat au ministère de l'Intérieur.

LARROUMET, directeur des Beaux-Arts.

LE DESCHAULT, architecte du Panthéon.

MALLEVOUE (DE), secrétaire général des fêtes du Centenaire.

MENANT, directeur des affaires municipales de la Ville de Paris.

ORMESSON (D'), directeur du Protocole au ministère des Affaires étrangères.

WILLIAMSON, administrateur du Mobilier national.

Les dépenses étaient imputées sur une somme de 50 000 francs
votée à cet effet par les Chambres.

Le programme de cette solennité fut arrêté ainsi qu'il suit :

En exécution de la loi du 10 juillet 1889, la cérémonie de la translation au
Panthéon des restes de Lazare Carnot, de La Tour-d'Auvergne, de Marceau et
de Baudin, et de la pose de la première pierre du monument commémoratif
en l'honneur de Hoche et de Kléber, auront lieu au Panthéon, le dimanche
4 août 1889, à neuf heures et demie très précises du matin.

Cette cérémonie sera présidée par le Président de la République, assisté
des présidents du Sénat et de la Chambre des députés et des ministres.

Le Président de la République, entouré de sa famille et de sa maison militaire, prendra place à la droite du catafalque élevé sous le péristyle du Panthéon. Les représentants des familles de La Tour-d'Auvergne, Marceau et
Baudin seront placés à la suite dans la même partie du péristyle.

Les présidents du Sénat et de la Chambre des députés et les ministres
prendront place à la gauche du catafalque.

Sont invités à se réunir sous le péristyle, aux places réservées à cet effet :
MM. les sénateurs et députés ;

Le grand chancelier de la Légion d'honneur ;

Le gouverneur militaire de Paris ;

Les généraux membres du Conseil supérieur de la guerre.

Les députations du Conseil d'État ; des grands-croix, grands-officiers de
la Légion d'honneur et du Conseil de l'Ordre ; de la Cour de cassation ; de la
Cour des comptes ; du Conseil supérieur de l'instruction publique ; MM. les
membres de l'Institut ; la députation de la Cour d'appel ; l'état-major du
ministre de la Guerre ; l'état-major du ministre de la Marine ; l'état-major du
gouverneur militaire de Paris ; les gouverneur et sous-gouverneurs de la
Banque de France ; les gouverneur et sous-gouverneurs du Crédit Foncier de
France ; les directeurs et chefs de cabinet des ministères ; le préfet de la Seine

et le secrétaire général ; la députation du Conseil de préfecture de la Seine ; le préfet de police et le secrétaire général ; le Conseil municipal de Paris et le Conseil général de la Seine ; les directeurs et sous-directeurs des préfectures de la Seine et de police ; les maires et adjoints de Paris.

Les députations du corps académique, du Tribunal de première instance de la Seine, du Tribunal de commerce, de la Chambre de commerce, des juges de paix, des conseils des prud'hommes, des commissaires de police, des corps des ponts et chaussées et des mines.

Les députations des armées de terre et de mer prendront place à l'intérieur du Panthéon à droite et à gauche de la grande porte, derrière le catafalque.

Des places seront réservées en avant du catafalque entre la grille et le perron du péristyle aux délégations suivantes :

Députation du département de la Côte-d'Or ; municipalité de Maubeuge ; municipalité de Chartres ; Prytanée militaire de la Flèche ; Association amicale des anciens élèves du Prytanée militaire de la Flèche ; École polytechnique ; École spéciale militaire de Saint-Cyr ; École normale ; École centrale ; Association générale des étudiants des facultés et écoles supérieures de Paris ; Association polytechnique ; Association philotechnique ; Société pour l'instruction élémentaire.

Un détachement du 46e régiment d'infanterie de ligne (régiment de La Tour-d'Auvergne) rendra les honneurs.

La cérémonie commencera par un discours du président du Conseil des ministres. Deux autres discours seront prononcés par les rapporteurs de la loi du 10 juillet 1889 au Sénat et à la Chambre des députés.

Les discours terminés, les troupes de la garnison de Paris défileront sur la place du Panthéon devant le catafalque.

Immédiatement après le défilé, le cortège qui doit transporter à travers le Panthéon les restes de Lazare Carnot, de La Tour-d'Auvergne, de Marceau et de Baudin, pour les descendre dans le caveau qui leur est destiné, sera formé de la manière suivante :

En avant des cercueils :

Les délégués du Gouvernement chargés de la translation des restes et de l'organisation de la cérémonie ; les membres de la Commission d'organisation.

En arrière des cercueils :

Le Président de la République et sa maison militaire ; les représentants des familles de Lazare Carnot, de La Tour-d'Auvergne, de Marceau et de Baudin ; les présidents du Sénat et de la Chambre des députés ; les ministres ; le grand chancelier de la Légion d'honneur ; le gouverneur militaire de Paris ; le préfet de police ; les présidents du Conseil municipal de Paris et du Conseil général de la Seine ; et deux membres de chacune des délégations invitées à la cérémonie.

Les personnes composant ce cortège seront seules admises à descendre dans les caveaux et à assister à la cérémonie d'inhumation.

Après le passage du cortège dans le Panthéon, les autres invités placés sous le péristyle et en avant du monument pénétreront dans le Panthéon, où des places leur seront réservées dans le transept sud pour assister à la cérémonie de la pose de la première pierre du monument commémoratif en l'honneur de Hoche et de Kléber.

Le Président de la République, accompagné des personnes qui l'auront suivi dans les caveaux, procédera à cette cérémonie et se retirera immédiatement après.

Pendant le parcours du cortège et pendant la durée de la cérémonie dans l'intérieur du Panthéon, la musique de la garde républicaine se fera entendre.

Les autorités militaires seront en grande tenue, les corps constitués et les autorités civiles en costume officiel et les membres des députations en frac, avec leurs insignes.

M. Poubelle, préfet de la Seine, avait été délégué pour aller chercher les restes de Carnot à Magdebourg, et M. Graux, préfet du Doubs, ceux de la Tour-d'Auvergne à Oberhausen. Le corps de Baudin était exhumé au cimetière Montmartre, par les soins de l'administration municipale de Paris. Les cendres de Marceau furent recueillies à Nice par M. Noël Parfait, député, et remises à M. Alphand, qui les déposa immédiatement au Panthéon.

Les restes de Carnot et de Baudin furent reçus au Panthéon par M. Alphand, commissaire général de la cérémonie, et ceux de la Tour-d'Auvergne par M. Bouvard, commissaire général adjoint.

Voici, comme renseignements complémentaires le texte des inscriptions placées sur les sarcophages :

LAZARE CARNOT

né à Nolay (Côte-d'Or), le 13 mai 1753,

mort en exil à Magdebourg, le 2 août 1823.

Transféré au Panthéon le 4 août 1889.

Loi du 10 juillet 1889.

LA TOUR-D'AUVERGNE

THÉOPHILE MALO CORRET DE

Premier grenadier des armées de la République

né à Carhaix (Finistère), le 23 novembre 1743,

tué à l'ennemi à Oberhausen (Bavière), le 27 juin 1800.

Transféré au Panthéon le 4 août 1889.

Loi du 10 juillet 1889.

MARCEAU
Français-Séverin
Général des armées de la République
né à Chartres (Eure-et-Loire), le 1er mars 1769
tué à l'ennemi à Altenkirchen (Prusse Rhénane)
le 23 juillet 1796.
Transféré au Panthéon le 4 août 1889.
Loi du 10 juillet 1889.

BAUDIN
Jean-Baptiste-Alphonse-Victor
Représentant du peuple
né à Nantua (Ain), le 23 octobre 1811
tué à Paris, pour la défense du droit, le 3 décembre 1851.
Transféré au Panthéon le 4 août 1889.
Loi du 10 juillet 1889.

L'inscription de pose de la première pierre du monument à Hoche et à Kléber est ainsi conçue :

L'an 1889
Le 4 août
en exécution de la loi du 10 juillet 1889
CARNOT
Président de la République
en présence des Grands Corps de l'État
a posé dans le Panthéon
la première pierre du monument commémoratif
en l'honneur de
HOCHE et de KLÉBER
généraux des armées de la République.

2° *Grand Festival des musiques militaires françaises au Palais de l'Industrie.* — Dans la soirée du 4 août fut donné, au Palais de l'Industrie, un grand festival des musiques militaires, tandis que toutes les hauteurs de Paris : Montmartre, Belleville, Buttes Chaumont, Montsouris, Ménilmontant, sommets de la colonne de la Bastille, de la Tour Eiffel, etc... étaient illuminés en souvenir des feux de joie allumés dans la nuit du 4 août 1789, pour fêter l'abolition des privilèges.

Le festival et l'embrasement des hauteurs rentraient directement dans le programme du comité des fêtes.

L'orchestre militaire, comprenant 1200 musiciens de choix, était dirigé par M. Wettge, chef de musique de la garde républicaine ; il exécuta divers morceaux aux applaudissements de 20000 auditeurs, en présence du Président de la République et de Mme Carnot, du Shah de Perse, d'une suite nombreuse, ainsi que des hauts fonctionnaires et dignitaires de l'État, et d'un grand nombre d'officiers supérieurs.

XIII. — Banquet des Maires de France (18 août 1889). —

Cette fête rentrait dans le cadre des fêtes générales du Centenaire, sans que la dépense en ait été supportée par le crédit de trois millions ci-devant visé.

Le Conseil municipal de Paris avait convoqué à un banquet spécial tous les maires des communes de France, et voté à cet effet un crédit de six cent mille francs.

Le commissariat général, dont M. Alphand, directeur des Travaux de Paris, était le chef, se trouvait tout désigné pour en préparer l'organisation et en assurer la réalisation. Le Palais de l'Industrie, avec sa décoration toute préparée, était le seul local capable de satisfaire aux exigences d'une pareille réunion.

Les maires répondirent en grand nombre à l'invitation qui leur avait été faite. Reçus à l'Hôtel de Ville par le Conseil municipal, ils se rendirent en cortège au Palais de l'Industrie, accompagnés par les membres de la Municipalité parisienne, par des piquets de gardes de Paris et des musiques militaires.

Ce défilé eut lieu avec le plus grand ordre ; il fut reçu par M. Alphand entouré de son Commissariat général, auxquels prêtaient leur concours 233 commissaires chargés de faire placer les invités à leurs tables respectives.

12000 maires environ, répartis en dix groupes et classés dans l'ordre alphabétique de leurs départements au moyen d'écriteaux spéciaux, prirent place à cet immense festin, qui ne comprenait pas moins de 466 grandes tables, dont 412 au rez-de-chaussée et 54 au premier étage. 6 500 maires environ furent placés dans la grande nef, 3 500 dans les bas-côtés, et près de 2000 dans les salons du premier étage.

Le Président de la République, les membres du Gouvernement, les préfets, les présidents du Conseil municipal de Paris et du Conseil général de la Seine, les directeurs généraux de l'Exposition Universelle, les officiers généraux, ainsi que les maires de la plus grande et de la plus petite commune de France, avaient pris place à la table d'honneur située sur l'estrade centrale.

Dans la grande nef se trouvaient, indépendamment des autorités civiles et militaires, les groupes suivants :

Ain à Calvados	1764
Calvados à Eure-et-Loir.	1770
Eure-et-Loir à Loir-et-Cher. . .	1402
Loir-et-Cher à Haute-Marne. . .	1420
Paris, Algérie et colonies. . . .	141

Dans le bas-côté Est.

Mayenne à Pas-de-Calais	1576

Dans le bas-côté Ouest.

Pas-de-Calais à Seine-et-Marne. .	1890

Enfin au premier étage.

Seine-et-Oise à Yonne.	1786

Trois cents places avaient été réservées à la Presse dans la partie centrale de la grande nef.

La table d'honneur de chaque département était présidée soit par le Préfet de ce département, soit par un conseiller municipal de Paris. A chacune des autres tables un des commissaires de la fête représentait la Ville de Paris.

Pendant ce dîner d'environ quatorze mille convives, servi par la maison Potel et Chabot d'une façon remarquable, malgré les difficultés d'une pareille organisation, la musique de la garde républicaine alternait avec des chœurs.

Après les discours du président du Conseil municipal de Paris et du Président de la République, l'assistance entière défila devant l'estrade officielle où le Président de la République, debout, saluait ses hôtes en recevant d'eux les plus chaleureuses et les plus vives acclamations.

MM. les maires furent ensuite dirigés vers le Jardin de Paris annexé au Palais pour la circonstance comme fumoir. Un bon nombre d'entre eux se rendit ensuite à l'Exposition où une fête de nuit avait été organisée en leur honneur.

Le lendemain lundi 19 août, trois représentations de gala furent données à MM. les maires par le Gouvernement : l'une à l'Opéra, l'autre à l'Opéra-Comique, et la troisième à l'Hippodrome.

XIII. — Ode triomphale de Mlle Augusta Holmès (septembre 1889). — Au mois d'octobre de l'année 1888, Mlle Augusta Holmès avait établi les bases d'une ode à la République, qu'elle soumettait au Conseil municipal de Paris et à M. Alphand, en vue d'une exécution spéciale pendant l'année du Centenaire de 1789.

Son projet, très séduisant, très patriotique, fut mis à l'étude, et, dès le 23 décembre 1888, M. Bouvard en présentait le mode de réalisation et le devis de la dépense probable.

Pour cette œuvre qui comportait un immense déploiement de mise en scène, il fallait un espace hors de toutes proportions connues, des décors immenses, des costumes nouveaux, un personnel nombreux, enfin une dépense d'exécution relativement élevée.

Le Conseil municipal hésitait à donner suite à cette proposition lorsque la Commission des fêtes du Centenaire, pour répondre au vœu exprimé par la Commission générale, reprit le projet en le modifiant sur certains points.

La salle était toute trouvée au Palais de l'Industrie; la scène y fut construite. On commanda les décors et les costumes; l'auteur se mit à l'œuvre; les sociétés chorales répondirent gracieusement à l'appel qui leur fut fait, et se mirent à la disposition de Mᴵˡᵉ Holmès et de M. Colonne, qui devaient diriger l'exécution.

Ces sociétés étaient les suivantes :

Les Amis de la rive gauche	Directeur :	M. AUDONNET.
Le Choral des Amis réunis	—	M. VINARDI.
Le Choral de Belleville.	—	M. JOUVIN.
Le Choral Chevé de Belleville.	—	M. FAUVELLE.
Le Choral Chevé Polytechnique de Montmartre	—	M. DUPÉRRON.
Le Choral du Louvre	—	M. BASLAIRE.
L'École Galin-Paris-Chevé	—	M. AMAND CHEVÉ.
Les Enfants de Paris	—	M. DELHAYE.
La Lyre de Belleville	—	M. BESANÇON.
L'Union chorale française	—	M. LEQUIN.
L'Union chorale Néerlandaise	—	M. CAHEN.

Des enfants des écoles de la Ville de Paris dirigés par M. Danhauser, des chœurs de l'association artistique du Châtelet et Mᵐᵉ Mathilde Romi, contralto solo, avaient également prêté leur concours.

Dans une scène immense, MM. Lavastre et Carpezat avaient brossé un décor du plus grand effet : c'était un amphithéâtre entouré de colonnades chargées de trophées et mêlées à une luxuriante végétation de plein air, palmiers, lauriers, verdure et fleurs, au pied d'un vaste cirque de montagnes sur lesquelles se détachaient des cités et des villes de France.

Des rampes latérales et un grand escalier central aboutissaient aux divers praticables. Au centre se dressait l'Autel de la Patrie. En avant de la scène était installé un orchestre de 300 musiciens.

Le 11 septembre, 1200 exécutants donnaient à 30000 auditeurs la première représentation officielle de cette Ode patriotique.

La cérémonie commençait par un long appel de trompettes se répondant des quatre points de la voûte. D'autres appels y répondaient en se rapprochant; puis l'orchestre éclatait en prélude de marche triomphale sur lequel le rideau de la scène s'ouvrait à l'antique.

Les personnages de l'Ode divisés en groupes : vignerons hommes et femmes, moissonneurs et moissonneuses, soldats, marins, travailleurs, Arts, Sciences, jeunes gens, jeunes filles et enfants entraient successivement en chantant groupés autour de pavois sur lesquels étaient portées des figures : le Vin, la Moisson, la Guerre, la Mer, le Travail, l'Industrie, le Génie, la Raison, l'Amour, la Jeunesse.

Ils se répandaient sur les rampes et les gradins et entonnaient ensemble une invocation à la République, pendant qu'une femme voilée de noir et chargée de chaînes se dirigeait vers l'autel. La République apparaissait au-dessus de l'autel et étendait sur la foule des rameaux d'olivier.

La figure en deuil arrachait ses chaînes et ses voiles, elle apparaissait vêtue des couleurs de la France pendant qu'une gerbe croissait à ses côtés.

Toute la foule tendait vers la déesse ses bras chargés d'attributs avec un grand cri de suprême enthousiasme[1].

Indépendamment de son grand caractère artistique, cette représentation avait une portée morale toute particulière et l'on peut dire que par les chœurs de soldats, d'ouvriers, de vignerons, de forgerons, de jeunes filles, etc..., elle symbolisait l'union de toutes les forces vives de la Nation et élevait les esprits dans une aspiration unique vers la patrie républicaine.

Le succès fut complet : cette première audition de l'Ode triomphale avait eu lieu le 11 septembre sur invitations spéciales; une deuxième représentation eut lieu pour les enfants des écoles de Paris, le lendemain 12 septembre, puis une troisième gratuite et publique le 14. Enfin une représentation payante fut donnée le 18 en faveur des sinistrés d'Anvers. Chaque fois la salle fut comble et chaque fois l'enthousiasme grandit.

Ces représentations avaient occasionné ensemble une dépense d'environ 330 000 francs, y compris les travaux préparatoires.

1. — Les costumes avaient été dessinés par M. Bianchini; les accessoires avaient été exécutés par M. Hallé, et M. Baugé était chargé de la mise en scène.

XV. — Concours international de musiques d'harmonie municipales et civiles étrangères (15 septembre). — Ce concours eut lieu au Palais de l'Industrie avec entrées payantes au profit des victimes de la catastrophe d'Anvers.

Quatre prix furent décernés par un jury de 63 membres présidé par M. Ambroise Thomas, membre de l'Institut, directeur du Conservatoire.

Le 1ᵉʳ prix fut remporté par la musique municipale de Reims et le 2ᵉ par la musique des canonniers sédentaires de Lille.

Ce concours, ainsi que le festival des musiques militaires dont il a déjà été parlé, avait été organisé sous la direction de M. Jonas.

XVI. — Inauguration du monument. Le Triomphe de la République (21 septembre). — Lors du concours qui eut lieu à l'Hôtel de Ville pour l'érection d'une statue de la République sur la place de ce nom, M. Dalou, statuaire, présenta un projet original et d'une grande valeur artistique, symbolisant le triomphe de la République. Ce projet ne remplissait pas les conditions du programme et ne pouvait en conséquence être admis au concours ; mais le Conseil municipal qui tenait à le voir réaliser vota sa mise à exécution sur un autre emplacement, et c'est la place de la Nation qui fut choisie.

L'année du Centenaire de la Révolution française parut toute désignée pour faire l'inauguration solennelle de cette apothéose de la République, bien que la fonte des figures ne pût être terminée en temps utile ; pour y suppléer on résolut de mettre les modèles grandeur d'exécution en place, sur le socle définitif construit au milieu d'un vaste bassin, et le 15 septembre 1889 on put offrir au public la représentation exacte du monument.

Les invitations à la cérémonie furent faites par la municipalité de Paris, et, après les discours d'usage, les sociétés ouvrières, patriotiques et musicales, ainsi que l'armée de Paris, défilèrent devant le monument, insignes et bannières déployés.

Les dépenses de cette inauguration étaient de deux natures : celles relatives aux travaux de construction définitive, qui étaient à la charge de la Ville de Paris, et celles des travaux provisoires ou d'inauguration proprement dite, qui entrèrent pour une somme de 56 540 francs dans le compte des trois millions.

XVII. — Distribution solennelle des Récompenses (29 septembre 1889). — La distribution solennelle des récompenses de l'Exposition Universelle eut lieu au Palais de l'Industrie, dans la grande nef centrale, qui avait servi aux représentations de l'Ode triomphale.

La tribune présidentielle avait été conservée, ainsi que la scène qui n'eut à subir que peu de modifications pour la circonstance, de façon à concourir à l'effet général d'ensemble et à l'organisation de la solennité.

Sur l'estrade officielle avaient pris place le Président de la République et sa maison militaire, les membres du corps diplomatique, les officiers généraux, les hauts dignitaires et fonctionnaires de l'État et de l'Exposition.

En face se tenaient les représentants des différentes puissances qui avaient collaboré à l'Exposition, les comités d'organisation et d'installation et les membres du jury; puis, dans toute la salle du premier étage, les invités officiels et les exposants récompensés.

Sur la scène avaient été groupés en amphithéâtre les troupes et les gardiens étrangers en costume nationaux.

Un orchestre de 800 musiciens et choristes était disposé en avant, sous la direction de M. Garcin, chef d'orchestre de la Société des concerts du Conservatoire.

A une heure et demie cet orchestre exécuta la marche héroïque de Saint-Saëns, et à deux heures précises, le Président de la République faisait son entrée aux sons de la *Marseillaise*.

Immédiatement après, un cortège composé des Présidents de groupes de l'Exposition et de délégations des comités étrangers et français se mit en marche descendant du premier étage par le grand escalier situé à l'extrémité de la nef du côté opposé à la scène.

Chaque groupe était précédé d'une grande bannière composée et exécutée pour la circonstance avec les attributs de sa spécialité; des gardiens et soldats français et étrangers avec leurs grands costumes nationaux l'encadraient.

Ce cortège se déroulait dans toute la longueur de la salle, défilait devant la tribune présidentielle, puis toutes les bannières venaient se placer sur la scène où elles produisaient avec le décor dans lequel elles se trouvaient, les uniformes variés qui les entouraient, un tableau du plus pittoresque et plus majestueux effet. (Série S, Pl. I.)

Pendant ce défilé, l'orchestre exécuta la marche d'*Hamlet* par Ambroise Thomas, l'apothéose de la symphonie triomphale de Berlioz, et le chœur des soldats de *Faust* par Gounod.

Le Président de la République prononça ensuite un discours, après lequel l'orchestre exécuta « Lux » de Godard; M. Tirard, président du conseil des ministres, Commissaire général de l'Exposition, prit ensuite la parole, et enfin M. G. Berger, directeur général de l'Exploitation, proclama les hautes récompenses de l'Exposition. Pendant les intermèdes l'orchestre exécuta deux fanfares de Delibes, puis l'invocation tirée du *Roi de Lahore* par Massenet.

La cérémonie se termina par la *Marseillaise*.

La dépense de cette cérémonie, en y comprenant les travaux préparatoires et de remise en état, a été de 113600 francs.

Le soir eut lieu la cinquième grande fête de nuit à l'Exposition.

XVIII. — Clôture de l'Exposition. — Enfin, le 6 novembre 1889, la clôture de l'Exposition fut marquée par la sixième et dernière grande fête de nuit. L'affluence de la population y fut réellement extraordinaire. Le nombre des tickets oblitérés aux guichets s'éleva à 511297. C'est le chiffre le plus fort qui ait été atteint pendant la durée de l'Exposition. Ce chiffre correspond à 419759 entrées effectives, à 1, 2 ou 5 tickets par entrée, suivant l'heure de la journée. Dès quatre heures de l'après-midi, les parcs et jardins furent envahis par une foule compacte débordant sur les pelouses et les massifs. A toutes les portes des files interminables de visiteurs attendaient leur tour de passer. De six heures à minuit, 32 000 personnes parvinrent encore à pénétrer dans l'enceinte pour assister au dernier feu d'artifice et au dernier embrasement de la Tour de 300 mètres, apothéose finale de cette immense féerie.

XIX. — **Conclusion.** — Chacune des fêtes énumérées ci-dessus a comporté des dépenses de première installation applicables à l'ensemble et des dépenses spéciales à chaque fête, ce qui rend difficile la délimitation exacte des frais qui leur sont particulièrement afférents.

Mais les dépenses du crédit global de 3 millions de francs ont été définitivement arrêtées ainsi qu'il suit :

IMPUTATION des crédits.	SOMMES ALLOUÉES.	DÉPENSES CONSTATÉES.	BONIS.	OBSERVATIONS.
		fr. c.	fr. c.	
État.	1 000 000	999 986 99	13 01	Reliquat abandonné.
Ville	1 000 000	999 977 55	22 45	Reliquat abandonné.
Exposition. .	1 000 000	819 811 20	180 188 80	Reliquat conservé pour les frais de la Monographie de l'Exposition universelle.
	3 000 000	2 819 775 74	180 224 26	

Il y a lieu d'ajouter que l'Exposition elle-même avait fait placer à l'intérieur de Paris 18 grands mâts décoratifs portant des inscriptions destinées à rappeler la solennité du Champ de Mars. La dépense de ces travaux fut imputée sur l'article 13 du chapitre II du Budget spécial de l'Exposition. Tel est le résumé des fêtes qui ont accompagné la grande manifestation pacifique de l'Exposition

Universelle de 1889 et concouru à la célébration du centenaire mémorable de la Révolution Française. Ces fêtes ont eu tout le succès désirable; toujours la foule s'y est précipitée avec ardeur, toujours sa conduite et sa tenue y ont été remarquables, toujours elle en est sortie enthousiasmée ou charmée.

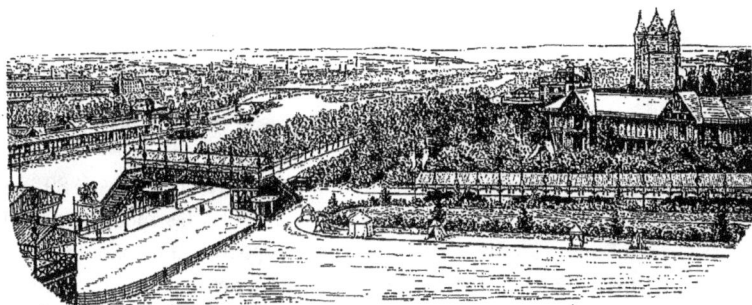

TROISIÈME PARTIE

PÉRIODE DE LIQUIDATION

CHAPITRE PREMIER

OPÉRATIONS DE REMISE EN ÉTAT

I. — Démolitions

ALGRÉ le regret unanime causé par la pensée
que ce merveilleux ensemble allait bientôt
être détruit, malgré le vœu émis par
quelques publicistes d'accorder encore
quelques mois de répit à cette grande
manifestation de l'Art et de l'Industrie, il fut décidé que l'Exposition universelle ne serait pas prolongée au delà
des délais primitifs. Il valait évidemment mieux finir en plein succès,
au milieu de fêtes brillantes, que d'attendre la lassitude possible du
public et les dégradations du décor, conséquences inévitables de
l'hiver qui s'approchait.

La clôture de l'Exposition eut donc lieu le 6 novembre 1889. Dès le lendemain, il devint nécessaire de prendre des mesures pour la démolition de toutes les constructions appelées à disparaître.

Cette démolition s'imposait pour certaines d'entre elles avec une extrême urgence. Le quai d'Orsay manquait depuis de longs mois à la circulation publique, la rive gauche se trouvait sur une étendue de plus d'un kilomètre et demi sans communication facile avec la Seine; la rue Saint-Dominique était interceptée, les itinéraires des omnibus et des tramways avaient été modifiés, au grand détriment du commerce du quartier du Gros-Caillou.

D'autre part, certains palais avaient été édifiés en location et pour une période qui arrivait bientôt à terme : on devait donc, sous peine d'indemnités importantes, se hâter de les laisser à la disposition de leurs propriétaires.

Enfin, il y avait lieu de prévoir la gêne que la mauvaise saison déjà prochaine allait amener avec elle et de profiter des derniers beaux jours.

Tous ces motifs amenèrent l'administration à presser les exposants d'enlever leurs produits, et novembre n'était pas achevé que la démolition des galeries d'Agriculture commençait. Un délai de deux mois était prévu pour leur enlèvement et la remise en état des lieux. Pour toute la partie comprise entre le boulevard Latour-Maubourg et l'Esplanade, ce délai fut réduit de fait à un mois, et à la session des Chambres, en janvier 1890, la chaussée du quai de la rive gauche était redevenue publique, entre les ponts des Invalides et de la Concorde.

Sur l'Esplanade des Invalides (côté Ouest), les travaux furent de même menés très activement, et dès le mois de mars tous les plateaux étaient libres; mais, pour le côté Est, il fallut attendre jusqu'en juillet 1890, les formalités et les difficultés pour la vente des pavillons des Colonies ayant exigé de longs délais.

Il n'y eut pas d'incident à signaler en ce qui concerne le quai d'Orsay dans la partie comprise entre le boulevard Latour-Maubourg et le Champ de Mars; il n'y en eut pas non plus pour les berges de l'Esplanade; le chemin de fer des visiteurs fut enlevé en quelques jours aussitôt la manutention finie; la passerelle de l'Alma fut démolie par des procédés analogues à ceux qu'on avait employés pour la monter; quant à la démolition de la tranchée et du tunnel adjacent, les travaux qu'elle exigea furent conduits de telle sorte que la circulation des voitures et des piétons resta libre jusqu'à l'entière remise en état de la partie amont; puis le surplus de la tranchée fut comblé et l'égout reconstruit pendant les travaux exigés par la remise en état de la partie aval.

Au Champ de Mars, les choses se passèrent beaucoup moins simplement. Il y avait, en effet, lieu d'attendre, en ce qui concernait les constructions élevées par l'État, la décision du Parlement relativement à la conservation ou à la non-conservation des palais. Un premier projet soumis aux Chambres, qui partageait le Champ de Mars par une ligne allant de la rue Desaix à la rue Saint-Dominique en deux parties, dont l'une (la partie Nord comprenant les Palais des Arts et les jardins) aurait été cédée à la Ville, et l'autre (la partie Sud avec la galerie des Machines, la galerie de 30 mètres et le Dôme Central) serait restée propriété de l'État, n'aboutit pas : on ne voulut pas laisser à la charge de l'État, l'exécution du champ de manœuvres destiné à remplacer le Champ de Mars, et on dut, en conséquence, recourir à une seconde combinaison.

Celle-ci cédait à la Ville de Paris la totalité du Champ de Mars, à la charge par elle de faire à Issy, pour les troupes de la garnison de Paris, un nouveau champ de manœuvres de 63 hectares. Une subvention de 8 millions lui était accordée, mais une série d'obligations accessoires lui était imposée.

Cette combinaison fut votée en juillet 1890, et la loi de cession fut promulguée le 31 du même mois.

Pendant ces négociations, la plupart des marchés de location étaient venus à expiration, et il avait fallu prendre avec les entrepreneurs des arrangements spéciaux pour en prolonger la durée. Il importe de dire que l'intérêt de tous à voir racheter leurs matériaux était si évident, qu'il fut très facile d'obtenir une entente sur ce point.

La décision des Chambres simplifiait de beaucoup les opérations de démolition, puisque la totalité des constructions qu'il était difficile de démolir restait debout; elle réduisait donc dans de grandes proportions le travail à accomplir, et laissait seulement subsister la nécessité de l'enlèvement des galeries des Expositions diverses (le Dôme central et la galerie de 30 mètres exceptés).

Cette opération fut accomplie en dehors des parties exécutées en location (couverture, charpente en bois, vitrerie) par les acquéreurs des fers : l'Administration n'eut à exercer sur eux qu'une surveillance qui, à vrai dire, dura fort longtemps, car l'enlèvement des derniers matériaux eut lieu seulement en mai 1891. Un délai spécial supplémentaire avait été accordé après le mois de novembre 1890 à M. Allary, afin de lui permettre de vendre sur place la plus grande partie de ses matériaux, qu'il avait payés très cher à l'Exposition.

Les mêmes difficultés ne se présentèrent point pour les pavillons des exposants.

Cependant plusieurs personnes demandèrent des suppléments de délais, justifiés par la nécessité de trouver un remploi aux constructions qu'elles avaient élevées et pour lesquelles elles s'étaient imposé de très lourds sacrifices. La Direction dut être aussi large que possible dans l'attribution de ces délais et même ajourner jusqu'à l'automne de 1890 la démolition de certaines constructions étrangères.

II. — **Reconstitution des chaussées et des jardins.** — La démolition n'était d'ailleurs que le premier acte d'une série d'opérations qui avaient pour but de rendre au Champ de Mars et à ses environs l'aspect qu'ils avaient avant l'Exposition.

Cette remise en état, bien que très simplifiée par suite du vote des Chambres relatif à la conservation des Palais, entraîna cependant de très nombreux travaux, dont les plus importants furent les terrassements et règlements de sol, la réfection de trottoirs et de chaussées, des plantations et opérations diverses de jardinage, enfin la remise en place de candélabres, de conduites d'eau et de gaz, de bancs, etc.

De ces travaux, les uns ont été accomplis par les exposants et à leurs frais; d'autres auraient dû également être exécutés par eux et rester à leur charge, mais, devant les retards apportés à cette opération, ils ont été exécutés par l'Administration, qui s'en est fait rembourser le montant dans un certain nombre de cas; d'autres enfin devaient être et ont été effectués par l'État à ses frais.

Les premiers, bien que leur importance ait été considérable, se sont achevés sans incidents. Entrepris sur une série de chantiers isolés, ils ont pu être poursuivis en même temps et terminés dans des délais assez courts; cependant il a été nécessaire d'insister, et plus d'une fois, pour obtenir le rétablissement du sol à la cote donnée au moment de la construction, et il a été très utile, pour arriver à un résultat satisfaisant, que les stipulations du cahier des charges imposées aux concessionnaires se soient trouvées très nettes et que l'engagement de s'y conformer ait été très explicitement formulé.

Malgré cette précaution, l'action de l'État a dû se substituer, dans plus d'un cas, à celle trop lente des exposants. C'est ainsi que l'Administration a été obligée d'entreprendre 10 987 mètres cubes de terrassements, 2 329 mètres carrés de dallage de bitume, des fournitures considérables de meulière et de sable (pour les chaussées), enfin des travaux de plantations importants que ces exposants ne consentaient pas à terminer.

Elle a engagé dans ces opérations une somme de 40 186 fr. 21, non compris les frais du personnel occupé aux travaux en même temps qu'aux opérations générales de remise en état.

Le recouvrement de cette avance a pu être, jusqu'à concurrence de 15 678 fr. 31, effectué au profit du Trésor public. Une somme plus importante aurait sans doute été réalisée s'il n'avait paru nécessaire de tenir compte dans une grande mesure des demandes de dégrèvement présentées par les sections étrangères et par certains exposants français.

Les travaux dont la dépense incombait à l'Administration ont été beaucoup plus importants que tous ceux qui précèdent; ils avaient surtout pour objet la reconstitution des parcs du Trocadéro et du Champ de Mars, envahis par les constructions et les expositions particulières, et la remise en état des chaussées et trottoirs.

La première opération a entraîné une dépense de 188 810 fr. 94

Savoir :

Entreprise.	56 629 fr.	25
Travaux en régie	90 407	65
Somme à valoir.	36 736	24
Frais d'agence	5 037	80
TOTAL.	188 810 fr.	94

Elle était à peu près terminée à la fin de l'automne de 1890, et à partir de cette époque le service du jardinage n'a plus eu qu'à compléter les plantations des quais, des berges et de l'Esplanade.

La seconde opération a exigé une dépense considérable aussi (117 747 fr. 38), entraînée par la réfection d'environ 9 500 mètres carrés de dallages en bitume, l'exécution de 6 700 mètres de pavage, et par différentes fournitures pour les chaussées empierrées, — les plus considérables de ces fournitures s'appliquant au sable (903 mètres cubes) et à la meulière (953 mètres cubes).

Ces dernières opérations ont été exécutées par le service de la Voirie de l'Exposition, dans des limites de temps très restreintes : moins de dix mois seulement après la clôture de l'Exposition, tous étaient à peu près terminés, et la circulation publique avait repris possession de toutes les voies de Paris.

Au total, et en tenant compte des annulations prononcées à la suite de remboursements, les opérations de remise en état ont donc entraîné une dépense de 331 066 fr. 22, supérieure seulement de 31 066 fr. 22 aux prévisions du budget. Cet excédent représente la somme non remboursée par les exposants pour travaux faits en leur lieu et place (24 507 fr. 90), augmentée des frais du personnel employé à la remise en état.

III. — **Vente des matériaux de démolition.** — La loi qui autorisait la conservation des Palais limitait cette opération au Dôme central et à la galerie de 30 mètres, à la galerie des Machines et aux Palais des Arts avec les deux galeries Rapp et Desaix. Il y avait donc lieu de démolir toutes les constructions qui avaient reçu plus particulièrement le nom de galeries des Expositions diverses et étaient constituées par des fermes de dimensions relativement réduites.

Les deux projets soumis aux Chambres prévoyaient d'ailleurs leur disparition, et dès le mois de mars 1890 l'Administration avait pu céder de gré à gré, pour partie (151 188 francs) à la Cie d'Orléans et pour partie à M. Allary (755 492 fr. 21), les fers de ces galeries. Elle avait essayé d'abord de diviser cet ensemble et de le céder par petites portions. Mais l'opération était difficile, chacun des acquéreurs voulant choisir au mieux de ses intérêts dans la masse et laisser des résidus considérables dont personne n'aurait plus voulu. Toutefois une adjudication publique aurait peut-être été tentée si deux entrepreneurs, en dehors de la Cie d'Orléans, avec laquelle un marché de gré à gré avait été déjà arrêté à cette époque, n'étaient venus proposer le prix extrèmement avantageux de 0 fr. 129 le kilog. en place.

La Direction insista très vivement auprès de l'Administration des Domaines pour que cette offre fût acceptée, et elle obtint gain de cause. La difficulté que l'entrepreneur éprouva à tirer parti des fers au prix qu'il avait accepté et les délais qu'il fallut lui accorder pour l'enlèvement des matériaux ont prouvé qu'en insistant ainsi la Direction des Travaux avait bien servi les intérêts de l'État. Cette conclusion ressort aussi nettement de la comparaison du prix d'acquisition payé par l'Administration pour ces fers mis en place, soit 0 fr. 349 le kilog. neuf, et le prix de vente, 0 fr. 129 le kilog.

Il convient de faire remarquer que l'entrepreneur avait la charge de la démolition des maçonneries de fondations et de leur enlèvement; il gardait la propriété des matériaux, mais laissait la fouille à l'Administration, libre de la remblayer à son gré.

Si réduites que fussent les démolitions, là ne s'arrêta pas pourtant le chiffre des recettes à provenir de ce chef pour le service des travaux.

Sur l'Esplanade des Invalides le Cercle ouvrier fut adjugé
à M. Kasel pour la somme de. . . . . 3 097 fr. 50
Les clôtures qui limitaient l'enceinte, 580^m,50 de grilles
en fer, furent cédées à l'amiable à MM. Milinaire
frères pour le prix de . . . . 3 483 fr. 40
Dans le Champ de Mars, le soubassement des kiosques
Jauffrey fut cédé à la ville de Meaux pour. . . . . 200 fr. »
La moitié du pavillon de la Direction des finances à
M. Kasel, pour la somme de . . . . 1 500 fr. »
Le pavillon de la Presse, des Postes et Télégraphes,
adjugé à la Société des ouvriers charpentiers de la
Villette pour le prix de. . . . . 14 000 fr. »
250 mètres de clôture en bois furent adjugés à M. Roux
au prix de 4 fr. 25 le mètre. . . . . 1 062 fr. 50
1 284^m,62 à M. Humbelle, au prix de 4 fr. 5 137 fr. 50 } 6 200 fr. »

Enfin les croisements de voie dans la gare du Champ de Mars, les briques et toiles décoratives provenant des galeries des Expositions diverses, furent cédées à l'amiable à M. Allary pour la somme de 9 000 francs.

En ajoutant ces sommes au produit de la vente des fermes métalliques, on trouve un chiffre total de recettes de 945 141 fr. 11 pour la vente de tous les matériaux appartenant à la Direction des Travaux.

IV. — Rachat des matériaux en location. — Le rachat des matériaux en location nécessaires pour que les constructions pussent être livrées closes, couvertes et en bon état à la Ville de Paris fut pour l'Exposition l'objet d'une charge supplémentaire.

Cette charge était très importante, car au cours des travaux tout ce qui avait pu être donné en location avait été exécuté de cette façon. C'est ainsi que la charpente en bois, la couverture, la vitrerie, les dallages et les planchers étaient restés la propriété des entrepreneurs, sauf toutefois aux Palais des Arts, où une partie de la charpente en bois avait été exécutée en fourniture définitive.

Des prix de rachat avaient heureusement été stipulés dans les cahiers des charges, et il ne s'agissait plus, dans presque tous les cas, que d'établir le décompte de l'opération sur des bases absolument déterminées.

Toutefois, certains objets ayant été livrés par les exposants à titre d'objets exposés, aucune condition de rachat n'avait été stipulée, et il fallut discuter avec eux les prix de cession.

La chose fut relativement facile et aboutit très rapidement, car l'intérêt de tous à une entente définitive était évident.

Au moment où la loi fut votée, un premier crédit en prévision de la conservation des palais et jardins avait été déjà accordé pour l'acquisition de la fontaine lumineuse, entraînant une dépense de 32 881 fr. 98.

Un état annexe à la loi prévoyait que les dépenses restant à faire pouvaient s'élever à 1 100 000 francs. Elles n'ont été exactement que de 1 098 434 fr. 72, répartis de la façon suivante :

Palais des Beaux-Arts et des Arts libéraux; galeries
    Rapp et Desaix. . . . . 297 502 fr. 87
Palais des Machines . . . . 410 000 »
Galeries des Expositions diverses . . . . 198 280 »
Parcs et jardins. 21 517 16
Service des eaux. 171 134 67
               TOTAL. . . . . . . 1 098 434 fr. 70

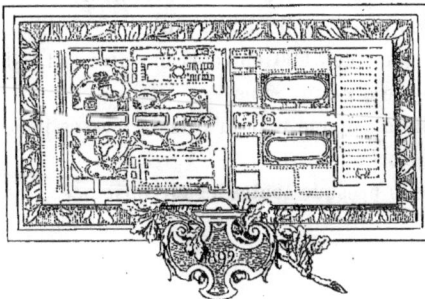

CHAPITRE II

DÉVELOPPEMENT DES DÉPENSES

I. — Liquidation des comptes. — Affaires contentieuses.

ENDANT que la démolition s'accomplissait, la liquidation des comptes s'achevait aussi. Elle avait suivi pour toutes les opérations de détail la marche des travaux; mais, pour les opérations d'ensemble, elle n'avait pu être sérieusement commencée que plusieurs mois après l'ouverture de l'Exposition, alors que chaque chose avait définitivement pris sa place et qu'il n'y avait plus qu'à entretenir les constructions élevées. Elle fut très rapidement menée et, bien que s'appliquant à plus de 29 millions d'ouvrages répartis entre plus de 500 entreprises diverses, elle était terminée en moins de dix-huit mois.

Elle n'a donné lieu qu'à de très rares incidents et s'est achevée sans procès.

Dans presque toutes les circonstances, les ingénieurs et les architectes purent trancher seuls les questions qui leur étaient soumises, et il a été assez rare que celles-ci vinssent jusqu'au Service central. De ces réclamations, les unes ont revêtu de suite le caractère de sollicitations : les demandeurs, sans se prévaloir d'aucuns droits, insistaient auprès de l'Administration pour qu'une indemnité leur fût accordée, prétextant de l'importance des mécomptes que leur avait valus leur entreprise et faisant appel à l'équité de qui de droit. Ces réclamations furent examinées avec la plus grande bienveillance; mais, excepté dans deux ou trois cas, où les pétitionnaires purent établir avec une entière évidence le dommage subi, l'Administration ne tint pas compte des désirs formulés.

Les autres réclamations, au contraire, prétendaient se fonder sur un droit véritable. De celles-ci plusieurs furent rejetées de suite : ce furent toutes celles présentées par des entrepreneurs chargés de travaux à forfait, qui voulaient obtenir un supplément de prix pour les suppléments de poids que l'Administration avait été amenée à imposer en cours d'exécution afin d'assurer la solidité de l'édifice. Une simple inspection du cahier des charges qui obligeait les entrepreneurs à tenir compte des hypothèses posées par les services compétents pour l'effort des charges accidentelles ou permanentes condamnait ces demandes. On se borna à constater que l'Administration avait, dans la réalisation des projets, très ponctuellement suivi les conditions fixées par elle dans l'avant-projet sommaire servant de base au marché.

Plusieurs autres réclamations durent être, au contraire, l'objet de très longues et très laborieuses discussions. Deux surtout parmi celles-là ont occupé les services de la Direction.

Il suffira de les étudier, car elles donnèrent lieu à toutes les catégories d'observations qui se présentèrent dans la liquidation des dépenses.

Ce fut en premier lieu la réclamation soulevée par les entrepreneurs de maçonnerie des Palais des Beaux-Arts et des Arts libéraux, des galeries Rapp et Desaix, et en second lieu celle de l'entrepreneur de charpente des mêmes Palais.

Dans le premier cas, les entrepreneurs, amenés par les circonstances à augmenter dans de grandes proportions la masse des travaux à exécuter, demandaient l'établissement de prix nouveaux, parce que :

1° L'entreprise avait excédé de beaucoup les délais fixés à l'origine ;

2° Les travaux exécutés n'ayant pas été prévus au détail estimatif ou bien y ayant été prévus pour des quantités insignifiantes, il ne leur avait pas été possible d'en tenir compte dans le calcul de leurs rabais.

A ceci l'Administration répondait par un article du cahier des charges générales stipulant qu'une indemnité pour augmentation dans la masse des travaux n'était due qu'autant que les entrepreneurs établissaient que cette augmentation leur était préjudiciable, et sur le second point, que tous les travaux imputés au détail estimatif devaient être réglés par une série spéciale prévue aux conditions particulières. Néanmoins, on ne pouvait se renfermer dans ces limites étroites, et il était incontestable que le traité primitif avait été modifié et de façon onéreuse pour l'entrepreneur, par suite de circonstances imprévues ; et, par ce seul fait, il était équitable de leur accorder une indemnité.

Mais la fixation du chiffre de cette indemnité fut chose extrêmement compliquée ; des experts amiables furent nommés, et, après de longs pourparlers, l'affaire se termina, non sans difficulté, par une transaction.

Dans le second cas, les réclamations portèrent sur des questions de fait et sur des questions de principe. Les questions de fait furent assez longues à trancher, parce que, d'une part, les attachements pris par l'Agence n'ayant pu, dans la précipitation des travaux de la dernière heure, être soumis en temps convenable aux entrepreneurs, ceux-ci ne les acceptèrent pas, et, d'autre part, bien que les bâtiments fussent encore debout, la vérification de beaucoup d'ouvrages, dans les combles où ils étaient cachés, fut très malaisée.

Néanmoins, plusieurs visites minutieuses tranchèrent la discussion sur ces points.

Il n'en fut pas de même pour les questions de principe : ces questions reposaient sur l'interprétation de différents articles de la série de la Ville de Paris, l'Administration tenant pour une interprétation, l'entrepreneur pour une autre; le débat fut, en dernière analyse, porté devant la Commission des reviseurs de la Ville de Paris et tranchée en faveur de l'État, à la majorité des membres de la Commission. L'entrepreneur s'inclinant devant la compétence des reviseurs, cette décision mit fin au débat.

En résumé, la liquidation s'est accomplie rapidement, et si elle a soulevé beaucoup de discussions, elle n'en a jamais attiré qui ne pussent se résoudre avec patience et fermeté par la voie amiable.

La raison de ce fait peut se trouver dans une série de considérations dont les plus importantes sont : le soin avec lequel les devis et les cahiers des charges ont été établis et revisés, l'attention qu'on a apportée à ne traiter que sur des projets définitifs et non des avant-projets sommaires; la largeur d'idées avec laquelle chaque réclamation a été examinée, enfin la connaissance personnelle que les ingénieurs et architectes avaient de leurs entrepreneurs et réciproquement, ces entrepreneurs ayant pour la plupart exécuté des travaux dans le service ordinaire de ces ingénieurs et architectes à la Ville de Paris, à l'État ou dans les Compagnies de chemins de fer.

II. — Développement des dépenses. — Les tableaux qui suivent permettent l'examen détaillé de la gestion financière de la Direction des travaux.

Le tableau I est le résumé du budget général des dépenses de l'Exposition. A côté des prévisions primitives qui ont été données précédemment (voir le chapitre consacré au budget et à la préparation des travaux), on trouvera les dépenses réellement effectuées et les excédents de crédits ou de dépenses des différents articles et chapitres.

Le tableau II donne le développement complet des dépenses du chapitre II (Travaux) de ce budget et le développement partiel du chapitre III (Exploitation), en ce qui concerne les matières traitées dans la Monographie, c'est-à-dire le service mécanique et électrique et l'installation de l'Histoire du travail (Série U, Pl. 1) dans le Palais des Arts Libéraux.

Il ne sera pas traité dans le présent ouvrage du budget des recettes ni des produits des différentes concessions, locations, ventes, etc. Bien que la Direction des travaux ait contribué dans une certaine mesure à leur préparation, les résultats obtenus appartiennent à la Direction des finances.

On trouvera tous les éléments nécessaires à leur étude dans le Rapport Général sur l'Exposition.

TABLEAU I

Résumé du Budget général (Dépenses).

Nᵒˢ des ARTICLES.	NATURE DES DÉPENSES.	CRÉDITS.	DÉPENSES EFFECTUÉES.	EXCÉDENTS	
				DE CRÉDITS.	DE DÉPENSES.
		francs.	fr. c.	fr. c.	fr. c.
	SECTION I. — BUDGET PRIMITIF				
	(Loi du 6 juillet 1886.)				
	CHAP. I. — ADMINISTRATION				
1	Personnel.	2 500 000 »	2 546 407 10	»	46 407 11
2	Matériel	630 000 »	367 137 32	262 862 68	»
3	Impressions.	220 000 »	190 611 40	29 388 60	»
4	Service de la presse.	»	30 000 »	»	30 000 »
5	— de la douane.	»	74 999 66	»	74 999 66
6	— de la police.	»	486 282 60	»	486 282 60
7	Tickets.	»	47 419 60	»	47 419 60
8	Monographie.	»	49 149 80	»	49 149 80
	Totaux du Chap. I. .	3 350 000 »	3 792 007 48	292 251 28	734 258 77
	CHAP. II. — TRAVAUX				
1	Palais du Champ-de-Mars :				
	§ 1. Palais des Beaux-Arts..	6 295 725 »	7 862 583 64	»	1 566 858 64
	§ 2. Palais des Machines. . .	6 496 228 »	7 541 070 63	»	1 044 842 63
	§ 3. Galeries des Expositions diverses..	5 900 179 »	5 658 781 06	241 397 94	»
	§ 4. Nivellement général et réseau d'égout.. . . .	780 000 »	551 916 18	228 083 82	»
	Réserve.	527 868 »	»	527 868 »	»
	TOTAUX DE L'ART. 1. .	20 000 000 »	21 614 351 51	997 349 76	2 611 701 27
2	Trocadéro : Exp. d'horticulture.	300 000 »	289 163 79	10 836 21	»
3	Quai d'Orsay : Exp. d'agricult.	600 000 »	528 789 01	71 210 99	»
4	Parcs et jardins.	3 000 000 »	2 377 910 84	622 089 16	»
5	Bureaux; postes de police,. de pompiers; pavillons d'entrée.	345 000 »	424 116 69	. .»	79 116 60
6	Clôtures..	450 000 »	185 579 90	264 420 10	»
7	Viabilité de la rive gauche. . .	80 000 »	25 667 91	54 332 09	»
8	Passerelles	200 000 »	184 695 80	15 304 20	»
9	Eau et gaz	600 000 »	403 830 41	196 169 59	»
	TOTAUX DES ART. 2 A 9.	5 575 000 »	4 419 754 35	1 234 362 34	79 116 60
	A reporter. . .	25 575 000 »	26 034 105 86	2 231 712 10	2 690 817 87

N°s des ARTICLES.	NATURE DES DÉPENSES.	CRÉDITS.	DÉPENSES EFFECTUÉES.	EXCÉDENTS DE CRÉDITS.	EXCÉDENTS DE DÉPENSES.
		francs.	fr. c.	fr. c.	fr. c.
	Reports. . . .	25 575 000 »	26 034 105 86	2 234 712 10	2 690 817 87
10	Voies ferrées	350 000 »	259 049 80	90 950 20	»
11	Water-closets.	175 000 »	32 648 90	142 351 10	»
12	Remise en état des locaux occupés.	300 000 »	332 558 40	»	32 558 40
	Totaux des art. 10 à 12.	825 000 »	624 257 10	233 301 30	32 558 40
	Total des art. 2 à 12.	26 400 000 »	26 658 362 96	2 465 013 40	2 723 376 36
13	Dépenses imprévues, Tour Eiffel, réserve :				
	Tour Eiffel.	1 500 000 »	1 500 000 »		
	Exposition d'hygiène		118 865 07		
	Classe 65.		151 215 07		
	Location Fougerousse. . . .		30 073 49		
	Ann. des Machines (Cl. 61). .		82 786 77		
	Indemnité à la Ville de Paris (Bagatelle).		48 000 »		
	Chambres de commerce maritime	1 750 000 »	51 005 85	463 706 35	»
	Berges de la rive gauche. .		150 000 00		
	Balnéothérapie.		48 000 »		
	Histoire de l'habitation. . .		576 953 17		
	Mâts.		12 600 »		
	Paratonnerres		14 499 97		
	Latrines de Bagatelle. . . .		2 294 26		
	Palais des Produits alimentaires.		»		
	Totaux de l'art. 13.	3 250 000 »	2 786 293 65	463 706 35	»
	Totaux du Chap. II .	29 650 000 »	29 444 656 61	2 928 719 75	2 723 376 36
	Chap. III. — Exploitation				
1	Service mécanique.	1 384 250 »	1 388 498 83	»	4 248 83
2	Service des Expériences mécaniques et électriques. . . .	200 000 »	1 000 »	199 000 »	»
3	Expos. de l'Histoire du travail.	154 800 »	423 617 71	»	268 817 71
4	Expositions agricoles.	200 000 »	55 311 31	144 688 69	»
5	Expositions horticoles. . . .	127 310 »	57 160 25	70 149 75	»
6	Jury et récompenses.	516 000 »	511 209 35	4 790 65	»
7	Auditions musicales.	275 000 »	192 070 00	82 930 00	»
8	Congrès et Conférences. . . .	220 000 »	117 673 97	102 326 03	»
9	Fêtes.	1 000 000 »	819 811 20	180 188 80	»
10	Transport et Manutention. . .	100 000 »	57 518 16	42 481 84	»
11	Pompiers.	22 640 »	63 347 66	»	40 707 66
11bis	Exposition d'Économie sociale.	»	157 722 54	»	157 722 54
11ter	Exonérations	»	66 812 19	»	66 812 19
	A reporter. . . .	4 200 000 »	3 911 753 17	826 555 79	538 308 93

N.os des ARTICLES.	NATURE DES DÉPENSES.	CRÉDITS.	DÉPENSES EFFECTUÉES.	EXCÉDENTS	
				DE CRÉDITS.	DE DÉPENSES.
		francs.	fr. c.	fr. c.	fr. c.
	Reports. . . .	4 200 000 »	3 981 753 17	820 355 76	538 308 93
12	Dépenses imprévues :				
	1. Éclairage du Pavillon des produits alimentaires. .		15 768 95		
	2. Décoration, nettoyage. .		7 492 70		
	3. Indemnités à divers, frais et honoraires.	800 000 »	21 620 06	703 125 59	»
	4. Frais de chancellerie. . .		16 006 45		
	5. Achats à la Manufacture de Sèvres.		34 250 »		
	6. Dépenses diverses. . . .		1 736 25		
	TOTAL DE L'ART. 12. .	800 000 »	96 874 41	703 125 59	»
	Totaux du Chap. III.	5 000 000 »	4 008 627 58	1 529 681 35	538 308 93
	RÉCAPITULATION				
	CHAPITRE I.	3 500 000 »	3 792 007 49	»	442 006 49
	CHAPITRE II.	29 650 000 »	29 444 656 61	205 343 39	»
	CHAPITRE III	5 000 000 »	4 008 627 58	991 372 42	»
	TOTAUX DES TROIS CHAP.	38 000 000 »	37 245 291 68	1 196 715 81	442 007 49
	RÉSERVE SPÉCIALE . . .	2 000 000 »	»	2 000 000 »	»
	RÉSERVE GÉNÉRALE. . .	3 000 000 »	»	3 000 000 »	»
	Totaux du Budget primitif.	43 000 000 »	37 245 291 68	6 196 715 81	442 007 49
	SECTION II. — DÉPENSES ADDITIONNELLES				
	1° Loi du 4 avril 1889.				
	Indemnité au syndicat des électriciens. . . . . Médailles	3 500 000 »	1 800 000 » / 263 317 05	1 436 682 95	»
	2° Dépenses rattachées au Budget de l'Exposition.				
	Complément des dépenses de l'Exposition coloniale	»	285 276 74	»	285 276 74
	TOTAUX DES DÉPENSES PROPRES A L'EXPOSITION DE 1889. . . .	46 500 000 »	39 593 885 47	7 633 398 76	727 284 23
	3° Loi du 31 juillet 1890.				
	Rachat des matériaux en locat. Subvention à la Ville de Paris pour la création d'un champ de manœuvre.	2 500 000 »	1 098 434 70 / 6 000 000 »	»	4 598 434 70
	TOTAUX GÉNÉRAUX.	49 000 000 »	46 692 320 47	7 633 398 76	5 325 718 93
				BONI : 2 307 679 fr. 83	

TABLEAU II

EXTRAIT DU BUDGET GÉNÉRAL

Développement des Dépenses du Chapitre II. Travaux.

NATURE DES DÉPENSES.	NOMS des ENTREPRENEURS.	DÉPENSES.		
		Entreprises.	Régie.	Fras d'agence[1].
ART. I. — PALAIS DU CHAMP DE MARS		fr. c.	fr. c.	fr. c.
§ 1. — PALAIS DES BEAUX-ARTS ET DES ARTS LIBÉRAUX.				
1° Fondations.				
Fondations des Palais	Manoury et Cie . .	317 778 96	37 793 34	13 418 20
Fondations des perrons et balustrades des entrées Rapp et Desaix.	Coignet.	17 578 85	793 76	549 94
2° Constructions métalliques.		335 357 81	38 587 10	13 968 14
Construction des Palais des Beaux-Arts, des Arts Libéraux, et des galeries Rapp et Desaix . . . :	1er lot. . . Duclos et Cie . . .	102 902 39	65 369 35	26 500 94
	2e lot. . . Duclos et Cie . . .	102 391 88		
	3e lot. . . Hachette fils et Drioux	108 207 62		
	4e lot. . . de Schryver et Cie.	479 425 25		
	5e lot. . . J. Munier.	405 190 24		
	6e lot. . . Soc. nationale de construction, etc.	479 623 95	109 101 51	44 432 02
	7e lot. . . Soc. Commentry et Fourchambault.	101 429 93		
	Duclos et Cie.. . .	8 184 02		
	Divers	3 197 11		
Dépenses supplémentaires de construction métallique	Hachette fils et Drioux	37 755 94	"	12 000 "
	de Schryver et Cie.	88 386 24		
	J. Munier.	62 493 09		
	Soc. nationale de construction. . .	61 636 68		
Dômes des Palais	Soc. des ponts et travaux en fer. .	560 762 28		
Annexes latérales des dômes. . . .	Soc. des ponts et travaux en fer. .	411 157 85	6 034 86	9 077 88
Charpente métallique des porches. . .	Soc. des ponts et travaux en fer. .	37 027 05	3 000 "	1 217 70
Portes et châssis vitrés, rampes des escaliers, etc.	Duclos et Cie.. . .	73 185 26		
Échafaudages pour le redressement des fermes de 52 mètres	Poirier	18 284 15		
		3 531 240 90	183 505 72	93 228 54

1. — Les frais généraux du personnel nommé par arrêté ministériel, c'est-à-dire des chefs et sous-chefs de service, étaient imputés sur les crédits du chapitre I. Les traitements de tous les employés ou auxiliaires étaient imputés sur les sommes autorisées pour frais d'agence des différentes opérations et le traitement des surveillants sur les sommes à valoir pour régies.

NATURE DES DÉPENSES.	NOMS des ENTREPRENEURS.	DÉPENSES.		
		Entreprises.	Régies.	Frais d'agence.
3° Charpente en bois. Menuiserie.		fr. c.	fr. c.	fr. c.
Charpente en bois et grosse menuiserie des combles. Parquets. . . .	Lecœur et Cⁱᵉ. . .	604 087 16 (1)	7 938 00	5 306 77
4° Couverture et Plomberie.				
Tuiles émaillées des deux dômes. . .	E. Muller.	81 028 80		
Plomberie et zinguage	Monduit fils. . . .	343 367 67	2 892 »	5 139 90
Couronnements en plomb et cuivre. .	Monduit fils. . . .	65 090 »		2 106 »
Tuiles émaillées des coupoles des pavillons d'angle.	A. et L. Parvillée. E. Muller.	10 622 52 36 361 25		
5° Vitrerie.		536 380 24	2 892 »	7 245 90
Fourniture de verres striés pour la couverture.	Manufacture Roquignies, Jeaumont, Aniche. .	70 880 78		2 173 46
Vitrerie des surfaces verticales (verres unis)	Mangas et Cornil.	29 312 14	1 836 09	844 55
Vitrerie des combles (verres striés). .	Reygeal.	38 916 18		1 234 50
6° Dallage.		139 109 10	1 836 09	4 252 51
Dallage en bitume.	Roux.	34 690 13 (2)		1 256 15
7° Maçonnerie en élévation.				
Fournitures de briques spéciales pour le revêtement des façades	Rougeault et Cⁱᵉ..	51 150 83		
Maçonnerie en élévation	Menesson et Verjat.	1 050 007 »	26 939 28	30 000 »
Étaiement des porches.	Poirier.	28 102 86		
8° Décoration.		1 129 260 69	26 939 28	30 000 »
TRAVAUX DE STATUAIRE / 2 fig. épaulant les frontons d'angle.	Blanchard	4 000 »		
— —	Marioton.	4 000 »		
— —	Longepied	4 000 »		
— —	Michel	4 000 »		
Étude, modèle et moulage de statue :				
— — La Sculpture.	Thomas.	4 000 »		
— — La Photographie.	Marquesto	4 000 »		
— — L'Architecture.	Rodin	4 000 »		
— — La Peinture.	Crauck.	4 000 »		
— — L'Enseignement.	Boisseau	4 000 »	»	»
— — L'Imprimerie.	Aubé	4 000 »		
Génies entourant les cartouches. .	Roty.	3 090 »		
— — . .	Allar.	3 090 »		
— — . .	Massiglier.	3 000 »		
— — . .	Cordier.	3 000 »		
Deux médaillons.	Ruffier.	1 000 »		
—	Denechaux	1 000 »		
	A reporter. . . .	54 000 »		

1. — Non compris 30 443 fr. 74 payés par les exposants.
2. — Non compris une somme de 6 609 fr. 97 payée par les exposants.

NATURE DES DÉPENSES.	NOMS des ENTREPRENEURS.	DÉPENSES.		
		Entreprises.	Régies.	Frais d'agence.
		fr. c.	fr. c.	fr. c.
	Report. . .	54 000 »		
Sculptures d'animaux décorant les angles des dômes	Frémiet.	16 000 »	»	480 »
Staff pour les dômes.	Dubois	6 720 »	»	217 70
— —	Dubois	24 263 36	»	753 08
Sculpture des huit cartouches à placer aux pavillons d'angle.	Morlon.	3 000 »	»	90 »
Modèles et épreuves en staff	Émile Dubois. . .	7 900 »		
— —	Frémiet	3 330 »		
— —	Eugène Dubois . .	8 190 »		
— —	Hamet et Florian Kulikowski. . .	3 320 »	»	900 »
— —	Daillion	950 »		
— —	Michel Gustave. .	3 700 »		
— —	Bonnet.	800 »		
— —	Roty.	1 600 »		
Sculpture ornementale.	Émile Dubois. . .	3 000 »	»	»
Échafaudage pour la pose de la décoration.	Daval	17 022 57	»	»
Peinture décorative à l'intérieur des dômes.	Lavastre	25 739 37	»	1 207 07
Peinture décorative à l'intérieur des dômes.	Carpezat	17 494 56		
Peinture à exécuter dans les Palais. .	Jourdan	35 693 87	3 653 60	2 687 94
— — . .	Luce et Delaporte.	50 803 03		
Dorure des ornements en cuivre des dômes.	Esteuf	10 800 »	»	330 »
Peinture des plafonds de la grande nef du Palais des Arts Libéraux	A. Jourdain et Guilbert	4 576 »		
Peinture des plafonds de la grande nef du Palais des Arts Libéraux	Jourdain	1 000 »	»	»
Peintures unies et décoratives des Palais.	Luce et Delaporte.	18 848 20	»	630 »
Travaux de dorure des Palais	Esteuf	23 070 32	49 50	757 80
Peinture et travaux d'égronage . . .	Hachette fils et Drioux.	2 348 56		
— —	De Schryver . . .	2 164 10		
— —	J. Munier.	1 789 82		
— —	Soc. d'entreprise et de conⁿ de trav. et de matériel. .	1 524 20	»	366 50
— —	Soc. des ponts et travaux en fer. .	4 348 02		
Mâts et drapeaux	Lecœur et Cⁱᵉ. . .	6 992 »	108 »	560 14
— —	Belloir et Vazelle.	11 516 78		
Dépolissage au lait des verres de la toiture.	Rondeau et Cⁱᵉ. .	3 000 »	»	99 »
Exécution de modèles pour les panneaux de terre cuite	*Régie.*	»	29 979 »	»
	A reporter. . .	323 874 54	33 790 10	8 689 32

NATURE DES DÉPENSES.	NOMS des ENTREPRENEURS.	DÉPENSES.		
		Entreprises.	Régies.	Frais d'agence.
		fr. c.	fr. c.	fr. c.
	Report. . .	323 374 94	33 790 10	8 689 32
Panneaux en terre cuite de l'attique. .	E. Muller.	49 503 96	11 260 »	2 028 95
Panneaux en terre cuite pour la décoration.	J. Loebnitz. . . .	84 225 14	17 356 »	3 125 »
Entrevous en terre cuite pour le hourdis intérieur des dômes	E. Muller	16 673 28	1 635 »	544 86
Pièces céramiques destinées aux ceintures des dômes	E. Muller	57 502 32	»	»
anneaux décoratifs en terre cuite. .	Brault	35 834 70		
— — . .	G. Roy.	28 593 50		
— — . .	E. Muller.	30 747 55	18 355 »	6 105 81
— — . .	J. Loebnitz. . . .	12 867 15		
— — . .	J. Loebnitz. . . .	22 861 80		
Pièces de terre cuite du mur d'attique.	E. Muller.	43 695 42	4 256 »	1 405 03
Terres cuites, dorure des frises. . . .	J. Loebnitz. . . .	11 920 »	. »	»
Quatre pilastres en terre cuite des porches centraux.	J. Loebnitz. . . .	8 460 »	840 »	279 18
Terres cuites pour la décoration . . .	G. Roy.	33 016 »		
— — . . .	Brault	7 500 »	5 055 »	1 668 68
— — . . .	E. Muller.	4 400 »		
Briquetage au droit des balustrades en terre cuite.	J. Loebnitz. . . .	10 563 48	970 »	321 35
Décoration en terres cuites émaillées .	Brault	14 606 50	137 »	454 86
Panneaux décoratifs en terre cuite . .	Noel Ruffier et Cie.	105 329 62	6 056 »	2 046 12
Travaux complémentaires exécutés pour la pose des terres cuites . . .	E. Muller.	16 466 77	»	»
		973 142 13	99 710 10	27 149 16
9° Divers.				
Enlèvement des échafaudages des dômes.	Chalet	10 500 » / 7 000 »	»	»
Dépenses d'entretien, 1er semestre. . .	Régie.	»	18 000 »	
		17 500 »	18 000 »	»
	Totaux généraux.	7 300 768 18	379 408 29	182 407 17
§ 2. — PALAIS DES MACHINES. .	TOTAL DU § 1.	**7 862 583 64**		
1° Fondations.				
Sondages	Régie.	»	6 000 »	»
Terrassements et maçonneries	Manoury et Cie . .	373 064 49	24 649 02	14 377 29
		373 064 49	30 649 02	14 377 29
2° Constructions métalliques.				
Grande nef. { 1er lot.	Soc. Fives-Lille. .	1 841 433 02	1 719 . » .	80 214 »
2° lot	Soc. Cail.	1 741 339 13		
Pignons et tribune.	Baudet, Donon et Cie.	572 475 86	»	»
Ornementation des 2 pylônes.	Baudet, Donon et Cie.	6 262 90	370 »	204 30
	A reporter . . .	4 161 510 91	2 089 »	80 418 30

NATURE DES DÉPENSES.	NOMS des ENTREPRENEURS.	DÉPENSES.		
		Entreprises.	Régies.	Frais d'agence.
		fr. c.	fr. c.	fr. c.
	Report. . .	4 161 510 91	2 089 »	80 418 30
Bas côtés { 1er lot	Soc. nat. d'entreprise et de construction	275 496 61		
2e lot	Soc. des forges et ateliers de St-Denis.	229 351 32 }	56 335 89	49 404 91
3e lot	Robillard.	272 768 18		
4e lot	Moisant et Cie . .	236 266 42		
Renforcement des parois verticales. Escaliers, châssis, etc	Collet	23 937 80		
— —	Moisant et Cie . .	7 978 88		
— —	Soc. des forges et ateliers de St-Denis.	4 069 »	1 984 »	1 146 24
Vestibule d'entrée.	Moreau frères. . .	123 884 84 }	»	6 819 58
Escaliers intérieurs	Moreau frères. . .	103 434 57		
Travaux divers. { Grillages de protection . .	Sohier et Cie . . .	10 323 26	655 80	364 13
Entourage en fonte du pied des fermes	Soc. Val d'Osne. .	7 657 92	445 »	216 65
Panneaux, grilles	Maison.	5 000 »	180 »	158 60
		5 461 679 71	61 709 69	138 558 41
3e Charpente en bois et menuiserie.				
Charpente en bois et grosse menuiserie des combles	Soc. des ouvriers charpentiers de la Villette . . .	200 991 82	6 483 50	5 386 66
Menuiserie. Portes et fenêtres	Laurcilhe.	24 994 06		
Ferrures des portes et fenêtres	Magnien	14 380 15	174 98	1 484 89
Mains courantes.	Faivre	8 507 24		
		248 873 27	6 658 48	6 871 45
4e Couverture.				
Couverture, plomberie et zingage. . .	Robin fils.	249 829 17	»	7 486 55
Travaux de couverture pour mâts de pavoisement.	Robin fils.	6 090 96	580 »	195 07
		255 923 13	580 »	7 681 52
5e Vitrerie.				
Fourniture de verres striés pour le grand comble.	St-Gobain, Chauny et Circey. . . .	91 935 85	»	2 758 08
Pose, entretien et dépose des verres des combles	Menut-Gallet. . .	17 554 25	2 139 10	726 42
Recouvrement des mastics (calicot et céruse)	Rondeau et Cie . .	36 518 29	»	1 128 10
Vitrerie des surfaces verticales. . . .	Maugas et Cornil. .	47 326 30	2 216 80	1 427 45
Vitraux peints (escalier de l'École militaire)	Vve Lorin.	2 595 60	150 »	83 41
Vitraux peints (coupole du vestibule central).	Champigneulle fils et Cie.	11 418 92	292 »	351 55
Vitraux peints (pignon La Bourdonnais). Écussons	Neret.	7 158 06	400 »	251 09
		214 497 27	5 197 90	6 725 80

NATURE DES DÉPENSES.	NOMS des ENTREPRENEURS.	DÉPENSES.		
		Entreprises.	Régies.	Frais d'agence.
6° Parquetage et dallage.		fr. c.	fr. c.	fr. c.
Parquets et lambourdes du rez-de-chaussée	Jeanselme	45 709 13	3 613 07	2 006 71
Hangar provisoire pour remiser les panneaux mobiles	Jeanselme	3 725 »	»	»
Parquets et lambourdes du 1er étage .	Collet	12 040 78 (1)	4 585 00	2 516 12
Dallage en bitume	Roux	1 462 04	»	43 86
		62 936 95	8 198 07	4 563 69
7° Maçonnerie en élévation.				
Maçonnerie en élévation	Manoury et Cie . .	114 617 61	5 680 30	3 214 83
Panneau et inscription du grand portail	Mortreux	3 601 50	205 20	118 12
Marches en pierre des escaliers . . .	Javelle	4 708 61	»	129 68
		122 927 72	5 885 50	3 462 63
8° Décoration.				
Peinture des plafonds des galeries du 1er étage	Rondeau et Cie . .	23 866 94	1 301 64	721 77
Peinture des menuiseries et plâtres à l'intérieur	Rondeau et Cie . .	25 059 59	1 267 06	854 37
Peinture à l'extérieur	Rondeau et Cie . .	16 744 68	»	540 16
Peinture des sous-faces des verres de la couverture	Delfosse et Defais.	1 202 44	919 60	539 27
	Rondeau et Cie . .	16 696 55		
Peinture des plafonds de la grande nef.	Rubé, Chaperon et Jambon	100 572 48	6 099 20	3 874 64
Échafaudage pour l'ornementation de la grande nef	Soc. des ouvriers charpentiers de la Villette . . .	7 500 »	»	225 »
Échafaudage pour le vestibule et installation de baraquements	Soc. des ouvriers charpentiers de la Villette . . .	15 533 62	»	833 24
Peinture de l'arc de l'entrée La Bourdonnais	Bertin, Foucher et Cie	1 932 06	»	68 86
Travaux de statuaire	Barrias	25 000 »	»	»
	Chapu	25 000 »	»	»
Remplissage en staff des planchers des galeries	Chave et Pangoy .	45 981 72	2 076 »	1 169 49
Écussons en staff pour le plafond de la grande nef	J. Martin	19 700 »	1 119 »	624 86
Losanges en staff des poutres à treillis des pignons	Thiébault	14 189 50	»	»
Ornements en staff du vestibule d'entrée	J. Martin	16 544 52	935 40	534 14
Panneaux en staff de l'arc doubleau de l'escalier de l'École militaire . . .	J. Martin	5 560 »	555 »	183 48
Installation d'atelier de sculpteurs et peintres	Régie	»	15 000 »	»
	A reporter . .	361 084 03	30 172 99	10 169 25

1. — Non compris 63 037 fr. 67 payés par les exposants.

NATURE DES DÉPENSES.	NOMS des ENTREPRENEURS.	DÉPENSES.		
		Entreprises.	Régies.	Frais d'agence.
		fr. c.	fr. c.	fr. c.
	Report...	371 084 05	30 172 99	10 169 25
Charpente des grands écussons de la grande nef............	Soc. des ouvriers charpentiers de la Villette...	9 700 »	553 »	307 67
Rampes du vestibule.........	Maison......	5 000 »	»	»
Échafaudages pour les plafonds des extrémités de la grande nef....	Soc. des ouvriers charpentiers de la Villette...	14 600 »	836 58	463 10
		390 384 05	31 562 57	10 940 02
9° Travaux divers.				
Mâts métalliques sur les fermes de tête.	Baudet, Donon et Cⁱᵉ.	4 499 40	300 »	252 50
Mâts de pavoisement du faîtage....	Soc. des ouvriers charpentiers de la Villette...	9 661 75	348 »	300 »
Drapeaux sur le faîtage........	Belloir et Vazelle.	4 264 44	400 »	133 53
Éclairage électrique p. le travail de nuit.	Régie......	»	5 143 60	»
Piédestaux des statues-lampadaires du vestibule..........	Maison......	1 400 »	186 02	46 20
Modèles des statues-lampadaires...	Cordonnier....	3 000 »	»	»
— —	Barthélemy....	3 000 »	»	»
Fonte des statues-lampadaires....	Gruet......	5 200 »	748 40	418 45
— —	Maison......	8 000 »		
Bouquets de lumière pour les statues.	Beau et Bertrand-Taillet....	1 280 »	115 »	42 24
Dépense d'entretien pendant le 1ᵉʳ sem.	Régie......	»	18 500 »	»
		40 304 96	25 664 02	1 192 92
	Totaux généraux.	7 170 591 55	176 102 25	194 376 83
	TOTAL DU § 2.	**7 541 070 63**		
§ 3. — GALERIES DES INDUSTRIES DIVERSES ET DOME CENTRAL				
1° Fondations.				
Terrassem. et maçonn. de fondations.	Manoury et Cⁱᵉ..	282 625 24	44 268 29	44 200 »
2° Constructions métalliques.				
1ᵉʳ lot.....	Soc. des ponts et travaux en fer.	313 820 43		
2ᵉ lot.....	Soc. des forges et ateliers de St-Denis.	304 146 »		
Fermes métalliques des galeries...				
3ᵉ lot.....	Roussel.....	977 406 86	101 399 52	99 389 »
4ᵉ lot.....	Soc. des forges de Franche-Comté.	1 004 041 34		
Construction du Dôme central....	Moisant, Laurent, Savey et Cⁱᵉ..	390 000 »		
Travaux complémentaires du Dôme..	Moisant, Laurent, Savey et Cⁱᵉ...	86 479 44		
		3 069 893 74	101 399 52	99 389 »

NATURE DES DÉPENSES.	NOMS des ENTREPRENEURS.	DÉPENSES.		
		Entreprises.	Régies.	Frais d'agence.
3° Charpente en bois et grosse menuiserie.		fr. c.	fr. c.	fr. c.
Charpente et grosse menuiserie des combles	Poirier	272 439 96	3 268 86	9 787 80
Porte de fermeture des galeries. . .	Soc. des ateliers de Neuilly.	51 470 10	»	1 544 10
		323 910 06	3 268 86	11 331 90
4° Couverture.				
Couverture, plomberie et zingage. . .	Sansot et Cⁱᵉ . . .	165 658 »	18 217 60	7 458 »
Travaux complémentaires de couverture.	Sansot et Cⁱᵉ . . .	52 031 13	»	1 646 20
Zincs estampés	Sansot et Cⁱᵉ . . .	49 931 »	1 203 »	1 648 19
Travaux complémentaires de zincs estampés	Sansot et Cⁱᵉ . . .	24 223 11	»	729 »
Fourniture de la statue couronnant le Dôme.	Sansot et Cⁱᵉ . . .	16 000 »	»	480 »
		307 843 24	19 420 60	11 961 39
5° Vitrerie.				
Fourniture de verres striés (1ᵉʳ lot . .) pour la couverture . . . (2ᵉ lot . .)	Mᵉ Sᵗ-Gobain. . . Mᵉ Recquignies, Jeumont et Aniche.	82 521 81 / 78 889 34 }	15 820 65	5 335 29
Pose de verres striés	Murat	38 881 44	»	1 300 »
Travaux complémentaires de vitrerie .	Murat	17 258 87	»	»
Fourniture de tringles à adapter à l'extrémité des verres striés.	Murat	7 997 74	»	»
Vitrerie émaillée des baies de l'escalier du Dôme	Bitterlin	4 000 »	»	120 »
Vitrerie des surfaces verticales. . . .	Vᵛᵉ Maugas et Cornil.	8 440 20	791 42	320 »
		237 989 49	16 612 07	7 075 29
6° Parquetage et dallage.				
Parquets et lambourdes	Poirier	15 114 67	25 245 40	8 892 »
Dallage en bitume	Roux	16 429 09 (1)	2 563 06	782 51
		31 543 76	27 808 46	9 674 51
7° Maçonnerie en élévation.				
Maçonnerie en élévation	Manoury et Cⁱᵉ . .	315 900 54	43 552 79	14 720 »
Panneaux céramiques du Dôme central.	E. Muller. . . .	5 102 »	»	»
		321 002 54	43 552 79	14 720 »

1. — Non compris 198 845 fr. 88 payés par les exposants.
2. — Non compris 6 436 fr. 88 payés par les exposants.

NATURE DES DÉPENSES.	NOMS des ENTREPRENEURS.	DÉPENSES.		
		Entreprises.	Régies.	Frais d'agence.
		fr. c.	fr. c.	fr. c.

8° Décoration.

NATURE DES DÉPENSES.	NOMS des ENTREPRENEURS.	Entreprises.	Régies.	Frais d'agence.
Peinture en raccord avec les constructions métalliques..........	Chauvisé.....	8 572 13	»	
Peinture décorative à l'intérieur du Dôme..............	Carpezat.....	38 000 »	»	
	Lavastre......	50 494 12	»	
	Léon Long....	14 000 »	»	
	Assoc⁰ⁿ le Travail.	13 999 89	»	
	Assoc⁰ⁿ le Travail.	11 949 16	»	
	Ch. Lameire...	24 000 »	»	
	Floury......	11 968 40	»	
	Amable et Gardy (1)	9 863 50	»	
	L. Boudier....	14 987 60	»	6 210 »
Peintures décoratives des galeries des Industries diverses........	Clappe......	17 000 »	»	
	Jansen......	14 987 60	»	
	Tournier.....	5 994 46	»	
	Zevort......	5 986 »	»	
	Carrière.....	17 000 »	»	
	Delmotte.....	17 000 »	»	
	Motte......	16 000 »	»	
	Poilleux St-Ange .	16 000 »	»	
	Léon Weisse...	13 999 82	»	
Peintures sur les staffs des galeries. .	Régie.......	»	14 149 09	»
Échafaudage pour l'exécution des peintures décoratives...........	Duval......	7 500 »	»	225 »
Mâts et oriflammes.........	Poirier......	10 394 »	»	531 »
	Belloir et Vazelle.	6 244 »	»	
Modèles de sculptures et épreuves en staff...............	Legrain......	41 340 »	»	»
	Chrétien.....	3 000 »		
	Delhomme....	3 000 »		
Travaux de sculpture d'art.....	Cordonnier....	3 000 »	»	»
	Bailly......	1 500 »		
	Delaplanche...	6 000 »		
	Gautherin....	8 000 »		
	Gauthier.....	8 000 »		
	Vidal-Dubray...	3 000 »		
	Croisy......	3 000 »		
	Damé.......	3 000 »		
Travaux de statuaire........	Rubin......	3 000 »	»	»
	Desbois......	3 000 »		
	Pecou (2).....	3 000 »		
	Plé.......	3 000 »		
	Bourgeois....	3 000 »		
	Hainglaise....	3 000 »		
	Roger......	3 000 »		
	A reporter. .	453 780 68	14 149 09	6 966 »

1. — Substitués à MM. Petit et Benoît.
2. — Substitué à M. Eudes.

NATURE DES DÉPENSES.	NOMS des ENTREPRENEURS.	DÉPENSES.		
		Entreprises.	Régies.	Frais d'agence.
		fr. c.	fr. c.	fr. c.
	Report. . .	453 780 68	14 149 09	6 966 »
	Printemps	3 000 »		
	Denis.	9 480 »		
	Devèche	16 500 »		
	Houguenade et fils.	11 120 »		
Sculptures d'art et épreuves en staff. .	Thissé	5 600 »	11 999 54	»
	Quillet	6 122 »		
	Croisy	7 000 »		
	Hainglaise	2 500 »		
	Roger	2 500 »		
	Germain	5 000 »		
Sculpture d'art	Delhomme	3 500 »	»	»
	Cordonnier	3 500 »		
	Trugard	9 780 »		
Sculpture d'art	Flandrin	7 280 »	»	»
	Jolly	2 970 »		
Modèles de sculpture	Régie.	»	9 993 75	»
Sculpture d'art	Legrain.	12 100 »	»	363 »
	Houguenade . . .	7 054 »		
Sculpture d'art.	Thissé	3 080 »	»	522 »
	Denis.	7 270 »		
	Flandrin	3 800 »		
	Dubois	5 055 »		
Sculpture d'art	Union syndicale des mouleurs en plâtre.	9 000 »	»	536 »
Indemnité pour sculpture d'art . . .	Delaplanche. . . .	1 000 »	»	»
	Jolly	1 440 »		
9° Travaux divers.		598 431 68	36 142 38	8 687 »
Dépenses de toute nature en Régie : .	Régie. . . . . : .	»	14 931 28	»
Dépenses d'entretien, 1er semestre 1890.	Régie.	»	4 098 »	»
			12 029 28	
	Totaux généraux.	5 173 239 72	308 502 25	177 039 09
§ 4. — NIVELLEMENT GÉNÉRAL ET RÉSEAU D'ÉGOUTS	TOTAL DU § 3.	5 658 781 06		
Nivellement général et réseau d'égouts.	Huguet, Versillé et Appay	421 698 03	37 274 83	22 570 »
Dégagement du Palais des machines, côté de l'avenue de La Bourdonnais. Curage des égouts. Construction de bouches et de branchements. Urinoirs, etc	Régie.	»	13 000 »	»
	Huguet, Versillé et Appay.	26 576 03	»	797 29
	Totaux. . .	448 274 06	80 274 83	23 367 29
	TOTAL DU § 4.	551 916 18		

NATURE DES DÉPENSES.	NOMS des ENTREPRENEURS.	DÉPENSES.		
		Entreprises.	Régies.	Frais d'agence.
		fr. c.	fr. c.	fr. c.
ART. 2. — TROCADÉRO				
EXPOSITION D'HORTICULTURE				
Transplantation d'arbres mis en jauge	Régie.	»	7 370 20	»
Apport de terres végétales	Régie.	»	12 466 82	»
Fournitures pour l'exécution du parc du Trocadéro	Manoury et Cie. .	31 044 97	3 642 53	»
Préparation des massifs	Régie.	»	1 162 85	»
Jardinage	Régie.	»	53 730 49	»
Fournitures de divers végétaux. . . .	Régie.	»	9 508 91	»
Entretien	Régie.	»	34 560 05	»
Imprévus	Régie.	»	8 935 79	»
Réparation de dégâts causés par la foule dans le parc du Trocadéro . .	Régie.	»	55 261 23	»
Construction de velums à établir dans le parc du Trocadéro.	Cauvin-Yvose. . .	41 200 80	»	1 557 60
Construction en location de tentes dans le parc du Trocadéro.	Guilloux	25 350 »	2 535 »	836 55
Totaux. . .		97 595 77	189 173 17	2 394 15
ART. 3. — QUAI D'ORSAY	TOTAL DE L'ART. 2.	2 289 163 79		
EXPOSITION D'AGRICULTURE				
Location d'annexes à établir sur le quai d'Orsay.	Baudet, Donon et Cie.	49 932 »	28 640 06	2 357 20
Location d'annexes à établir sur le quai d'Orsay.	Kasel.	166 250 »	12 735 20	5 486 25
Location d'annexes à établir sur le quai d'Orsay.	Milinaire frères. .	26 600 »	2 792 20	»
Construction en location et entretien des façades des galeries	Kasel.	118 000 »	11 799 94	1 345 54
Construction à forfait en location des façades des galeries.	Clément, Muriel et Clément fils. . .	89 700 »	8 734 15	»
Curage des égouts. Construction de bouches et branchements d'égouts.	Huguet, Versillé et Appay	4 415 48	»	»
Totaux. . .		454 897 48	64 702 54	9 188 99
ART. 4. — PARCS ET JARDINS	TOTAL DE L'ART. 3.	528 789 01		
1° Travaux divers.				
Déplantation et enlèvement des terres au parc du Champ de Mars. . . .	Régie	»	19 999 99	»
Enlèvement des terres à l'emplacement de la tour Eiffel	Régie	»	15 000 »	»
Établissement d'une gazonnière dans le fond des Princes	Régie	»	10 000 »	»
Entretien des massifs (Champ de Mars).	Régie.	»	12 000 »	»
Vallonnement et drainage	Régie	»	18 215 22	»
A reporter . .		»	75 215 21	»

NATURE DES DÉPENSES.	NOMS des ENTREPRENEURS.	DÉPENSES.		
		Entreprises.	Régies.	Frais d'agence.
		fr. c.	fr. c.	fr. c.
	Report. . .	»	65 205 21	»
Transport et plantation d'arbres . . .	Huguet, Versillé et Appay	15 183 76	3 291 65	1 000 »
Fourniture diverses et travaux de jardinage	Régie.	»	336 672 87	11 067 96
Jardinage autour des Pavillons élevés au Champ de Mars et au Trocadéro par les exposants.	Régie.	»	81 326 16	»
Jardinage autour des constructions de l'Esplanade des Invalides.	Régie.	»	19 971 74	»
Jardinage autour des constructions de l'Esplanade des Invalides.	Régie.	»	9 438 72	303 65
Réparation des dégâts du parc du Champ de Mars	Régie.	»	99 978 63	»
Clôtures en fil de fer autour des pelouses.	Jacquemin	2 460 »	»	»
Dépose et repose de conduites, bouches d'arrosage et candélabres (Champ de Mars)	Régie.	»	9 499 99	»
Reconstruction de chaussées, terrassements.	Régie.	»	51 589 16	1 400 »
Fournitures pour l'exécution du parc du Champ de Mars.	Manoury et Cⁱᵉ. .	202 356 28	133 405 07	14 000 »
Réparation d'enduits du ruisseau du Trocadéro.	Régie.	»	2 420 »	»
Dallage en bitume en location pour les trottoirs des palais.	Roux.	22 499 04	2 343 55	»
Enlèvement des boues et détritus, entretien des voies pavées et empierrées.	Huguet, Versillé et Appey	27 729 98	58 286 02	»
Police spéciale de garde pour les parcs et jardins	Régie.	»	30 520 97	»
Travaux supplémentaires de pavage .	Manoury	17 888 72	»	
Enlèvement des caisses, détritus, pailles, etc.	Huguet, Versillé et Appay	135 000 »	»	»
Fournitures et travaux de viabilité . .	Manoury et Cⁱᵉ. .	93 996 76	»	»
Fondations des balustrades du jardin central. Bois et fer.	Poirier.	9 634 50	570 »	317 63
Balustrades en béton.	Coignet.	31 171 15	2 545 82	881 55
Perrons du jardin central	Coignet.	32 770 06	2 787 55	1 081 41
Fondations des perrons	Poirier.	12 987 30	1 185 69	391 84
Travaux complémentaires des balustrades et perrons.	Coignet.	5 363 88	»	»
Rocaillage à la base des piliers de la Tour	Régie.	»	663 69	»
Modèle en plâtre et mise en place de la statue de la République. Piédestal.	Régie.	»	7 410 56	»
Fondation et construction des bassins de la fontaine sous la tour Eiffel . .	Chapelle	19 987 23	2 506 92	»
Groupe en plâtre (statuaire)	de Saint-Vidal . .	30 000 »	»	355 53
A reporter. . .	659 028 66	855 784 76	80 799 57

NATURE DES DÉPENSES.	NOMS des ENTREPRENEURS.	DÉPENSES.		
		Entreprises.	Régies.	Frais d'agence.
		fr. c.	c.	fr. c.
Reports. . .		659 028 66	855 784 76	30 799 57
Indemnité pour la fontaine sous la Tour	de Saint-Vidal. . .	5 000 »	»	»
Construction de velums (Champ de Mars)	Cauvin-Yvose. . .	113 198 69	2 181 03	»
Construction de velums (Esplanade des Invalides)	Cauvin-Yvose. . .	37 224 »	»	3 010 56
		814 451 35	933 181 »	1 140 55
2° Fontaines lumineuses.				
Fontaine monumentale (statuaire). . .	Coutan.	56 300 »	12 000 »	35 850 68
Moulages et reproductions	*Régie.*	»	23 095 »	»
Travaux de maçonneries (meulière et béton).	Coignet.	58 259 35	6 813 56	»
Motifs de sculptures pour la décoration de la fontaine	Corbel	10 000 »	»	»
Indemnité pour la fontaine monumentale.	Coutan.	10 000 »		
	Galloway et fils.	56 250 »		
	Roger et Gibault.	78 099 99		
Appareils d'éclairage des effets d'eau.	Entrepreneurs du service munici-		»	»
	pal.	9 552 86		
Plomberie de la fontaine monumentale.	Monduit	15 898 48	89 306 29	9 105 07
Achat de la grande gerbe des fontaines lumineuses	Galloway et Cie. .	28 750 »	»	»
Gerbes et roseaux en fonte.	Gasne	16 002 50	2 874 98	1 257 »
Travaux complémentaires de la fontaine.	Coignet.	68 436 49	851 62	»
	Poirier.	7 726 34	5 446 66	»
Travaux complémentaires de la fontaine.	Coignet.	19 897 71	»	»
Travaux supplémentaires de charpente.	Poirier	6 703 91	»	»
		442 777 63	141 288 11	10 362 90
Totaux. . .		1 257 228 98	1 074 469 11	46 212 75
TOTAL DE L'ART. 4.		2 377 910 84		
ART. 5. — BUREAUX, POSTES DE POLICE, DE POMPIERS, PAVILLONS D'ENTRÉE.				
Fondation du bâtiment de l'exploitation.	Union syndicale des ouv. maçons du département de la Seine. . .	15 755 36	1 598 09	»
Construction en location du bâtiment en charpente de l'exploitation. . . .	Laureilhe.	58 560 »	30 415 35	»
Travaux complémentaires	*Régie.*	»	1 347 90	»
Pavillon de la Presse (charpente). . .	Favaron, Société de la Villette . .	13 489 71	1 548 97	851 93
Pavillon de la Presse (charpente). . .	Favaron, Société de la Villette . .	74 000 »	11 734 19	4 286 71
Travaux complémentaires	*Régie.*	»	2 574 93	»
A reporter. . .		163 805 07	49 219 43	5 138 64

NATURE DES DÉPENSES.	NOMS des ENTREPRENEURS.	DÉPENSES.		
		Entreprises.	Régies.	Frais d'agence.
		fr. c.	fr. c.	fr. c.
Construction au Champ de Mars d'un groupe de bâtiments pour les services de la douane et de la police . .	Report. . .	163 805 07	49 249 43	5 138 64
Construction, en location, au Champ de Mars d'un groupe de bâtiments pour les services de la douane et de la police . .	Pombla.	10 100 »	1 526 69	»
Travaux de construction en location de 10 postes de sapeurs-pompiers. .	Pombla.	21 840 »	12 674 48	»
Construction en location des pavillons d'entrée.	Favaron, Société de la Villette . .	21 497 50	1 063 20	»
Installation des bureaux	Lecœur et Cie. . .	82 266 11	3 997 51	»
Construction d'un local destiné au commissariat de police.	Régie.	»	»	»
	Grenié.	2 500 »	48 488 06	»
	Totaux. . . .	302 008 68	116 969 37	5 138 64
ART. 6. — CLOTURES	TOTAL DE L'ART. 5.	424 116 69		
Clôtures en palissades et en treillages du Champ de Mars . . { 1er lot. . . .	Borde	7 422 85		
2e lot	Soc. parisienne. .	7 995 87		
3e lot	Genet	13 201 36		
4e lot	Collart.	1 241 03		
Clôture en palissades du Trocadéro. .	Genet.	10 564 37		
Clôture en palissades du quai d'Orsay.	Genet.	5 177 81		
Clôture en palissades du quai d'Orsay.	Union coopérative du bâtiment. . .	6 411 75	35 655 69	750 »
Clôture en palissades de l'Esplanade des Invalides	Genet	5 005 22		
Clôture en palissades de l'Esplanade des Invalides.	Genet	5 914 21		
Clôture en palissades de l'Esplanade des Invalides	Pombla.	2 703 97		
Grille d'entrée de la porte Rapp . . .	Baudrit.	9 200 »	263 75	
Construction de la porte monumentale sur le quai d'Orsay, près du ministère des Affaires étrangères	Bernard	15 980 18	26 748 60	2 436 44
Fourniture et pose de grilles aux portes d'entrée de l'Exposition . . .	Milinaire frères. .	14 187 50	411 30	»
Construction en location de deux pavillons à l'entrée principale de la porte Rapp	Belloir et Vazelle .	14 608 »		
	Totaux. . . .	119 614 12	63 079 34	2 886 44
ART. 7. — VIABILITÉ DE LA TRANCHÉE DE LA RIVE GAUCHE.	TOTAL DE L'ART. 6.	185 579 90		
Mise en état de viabilité de la tranchée du quai d'Orsay	Régie.	»	23 200 »	»
Éclairage de la tranchée	Cie parisienne du gaz.	2 120 69	275 22	72 »
	Totaux. . . .	2 120 69	23 475 22	72 »
	TOTAL DE L'ART. 7.	25 667 91		

NATURE DES DÉPENSES.	NOMS des ENTREPRENEURS.	DÉPENSES.		
		Entreprises.	Régies.	Frais d'agence.
		fr. c.	fr. c.	fr. c.
ART. 8. — PASSERELLES				
Passerelle du pont de l'Alma (forfait).	Moisant, Laurent, Savey et Cie. . .	28 000 »	»	
Escaliers et décoration de la passerelle du pont de l'Alma	Régie.	»	41 614 59	4 887 13
Escaliers et décoration de la passerelle du pont de l'Alma	Régie.	»	13 544 08	
Passerelle du quai d'Orsay près le pont des Invalides (forfait)	Cie française de matériel du chemin de fer . . .	6 000 »	»	»
Passerelle de la tranchée du quai d'Orsay (côté du Gros-Caillou) (forfait) .	Eiffel.	8 000 »	»	»
Passerelle de la tranchée du quai d'Orsay (côté de Grenelle) (forfait) . . .	De Schryver et Cie.	10 000 »	»	»
Passerelles, escaliers et plateformes des abords du pont d'Iéna (forfait) .	Poirier.	54 000 »	»	»
Escaliers de communication sur les quais de Billy et d'Orsay (forfait) . .	Poirier.	5 550 »	»	»
Escalier en charpente de 8 mètres de largeur en amont du pont de l'Alma (forfait)	Poirier.	4 800 »	»	»
Deuxième passerelle sur le boulevard de la Tour-Maubourg (forfait) . . .	Poirier.	6 800 »	»	»
Subvention à la classe 77 pour la construction d'une passerelle devant le pavillon de la classe.	Classe 77.	1 500 »	»	»
Totaux. . .		124 650 »	55 158 67	4 887 13
TOTAL DE L'ART. 8.		184 695 80		
ART. 9. — EAU ET GAZ				
1° Eau.				
Canalisation d'eau pour les différents services.	Rogé et Gibault .	147 634 07	7 855 11	6 230 77
Établissement de deux bouches d'eau pour les pompes à vapeur à l'Esplanade	Rogé et Gibault .	2 420 95	559 79	110 23
Consommation d'eau de rivière. . . .	Ville de Paris. . .	61 511 45	4 356 10	2 576 97
— — source. . . .	Ville de Paris. . .	4 018 10	»	160 72
Consommation d'eau pour les exposants	Ville de Paris. . .	»	2 143 04	3 848 48
		215 584 57	14 914 04	12 936 17
2° Gaz et appareils.				
Fourniture en location, pose et dépose des conduites, installation des appareils et fourniture de gaz.	Cie parisienne du gaz.	74 084 96	5 243 20	»
Fourniture des appareils devant renfermer les régulateurs pour l'éclairage électrique du Palais des Arts.	Lacarrière et Delatour	45 178 01	»	»
A reporter. .		119 262 97	5 243 20	»

NATURE DES DÉPENSES.	NOMS des ENTREPRENEURS.	DÉPENSES.		
		Entreprises.	Régies.	Frais d'agence.
		fr. c.	fr. c.	fr. c.
	Report . .	119 262 97	5 243 20	»
Fourniture des appareils devant renfermer les régulateurs pour l'éclairage des galeries des Expositions diverses.	Beau et Bertrand-Faillet. . . . . . Monduit fils. . . .	14 400 » 14 998 »	2 999 78	»
Consommation de gaz pour les exposants	Cⁱᵉ Parisienne du gaz.	593 08	2 898 60	»
		149 254 05	11 141 58	»
ART. 10. — VOIES FERRÉES	Totaux généraux.	364 838 62	26 055 62	12 936 47
	TOTAL DE L'ART. 9.	403 830 41		
Terrassements.	Régie.	»	12 000 »	»
Voies ferrées	Cⁱᵉ de l'Ouest. . .	75 900 07		
Voies ferrées	Grenier père et fils.		18 717 45	4 043 82
Modifications au chemin de fer de la manutention.	Gaillot et Gaillot.	110 516 29		
Modification au chemin de fer de la manutention.	Grenier père et fils.	10 000 »	»	»
Modification à la voie principale extérieure.	Grenier père et fils.	2 459 40	»	»
Raccordement du chemin de fer de la manutention avec la gare du Champ de Mars	Cⁱᵉ de l'Ouest. . .	899 71	»	»
Raccordement des voies et déplacements de plaques tournantes près le Palais des machines.	Grenier père et fils.	9 285 03	»	»
Nouvelle voie de raccordement reliant la gare du Champ de Mars à la voie latérale de l'avenue de Suffren . . .	Cⁱᵉ de l'Ouest. . . Grenier père et fils.	2 322 44 6 003 29	» »	» »
			1 059 33	
Indemnités à divers agents.	Grenier père et fils.	3 842 97		2 000 »
ART. 11. — WATER-CLOSETS	Totaux. . .	221 229 20	31 776 78	6 043 82
	TOTAL DE L'ART. 10.	259 049 80		
Curage des égouts. Construction de bouches et branchements d'égouts..	Huguet, Versillé et Appay	11 813 26	»	»
Fourniture et pose en location de 26 urinoirs.	Fouinat. . . . . . Rogé et Gibault. .	12 630 » 3 627 01	» »	» »
Alimentation d'eau des urinoirs. . . .	Mathieu et Garnier . . . . . Soc. de distribution d'eau. . . .	556 18 4 022 45	» »	» »
ART. 12. — REMISE EN ÉTAT DES LOCAUX OCCUPÉS		32 648 90	»	»
Remise en état des zones bitumées du parc du Trocadéro et des quais de Billy et de Passy.	TOTAL DE L'ART. 11. Régie.	32 648 90 »	8 200 »	»
	A reporter. . .	»	8 200 »	»

NATURE DES DÉPENSES.	NOMS des ENTREPRENEURS.	DÉPENSES.		
		Entreprises.	Régies.	Frais d'agence.
		fr. c.	fr. c.	fr. c.
	Report. . .	»	8 200 »	»
Remise en état des zones bitumées des chaussées et égouts	Régie.	»	19 941 95	»
Remise en état des zones bitumées de la chaussée du quai du Champ-de-Mars	Régie.	»	6 798 10	»
Remise en état des zones bitumées de la chaussée du quai d'Orsay	Régie.	»	9 958 59	»
Réfection des parcs du Champ de Mars, du Trocadéro et de l'Esplanade.. . }	Manoury et Cie. .	56 629 25	90 407 65 36 736 24 }	5 037 80
Remise en état des zones bitumées et du sol de l'Esplanade des Invalides. }	Huguet, Versillé et Appay	7 794 »		
	Soc. de pavage et asphalte . : . .	8 997 88	3 829 80	»
Enlèvement de la fontaine Saint-Vidal.	Régie.	»	2 500 »	»
Remise en état des voies ferrées . . .	Régie.	»	2 490 99	»
Remise en état des zones bitumées du quai d'Orsay.	Régie.	»	1 699 98	»
Réfection du bitume avenue de Suffren.	Soc. de pavage et asphalte	8 264 93	»	330 60
Réfection du bitume quai d'Orsay . .	Soc. de pavage et asphalte	4 390 05	302 97	»
Réfection de pavage et enlèvement de matériaux sur la berge de l'Esplanade	Régie.	»	846 46	»
Enlèvement de pavés au Champ de Mars	Régie.	»	747 71	»
Rétablissement de la rampe le long du bâtiment de l'exploitation	Régie.	»	2 519 97	»
Rétablissement de la rampe le long de la propriété Fougerousse.	Régie.	»	3 599 70	»
Remise en état des emplacements occupés par les exposants.	Régie.	»	24 177 30	»
Dépenses de démolitions et divorses. .	Régie.	»	16 864 98	»
Remise en état des plateaux nord de l'Esplanade	Manoury et Cie. .	6 065 95	416 55	»
Indemnité à divers agents	Manoury et Cie. .	»	»	3 000 »
Totaux. . .		92 442 06	232 047 04	8 368 40
ART. 13. — DÉPENSES IMPRÉVUES; TOUR EIFFEL; RÉSERVE.	TOTAL DE L'ART. 12.	332 558 40		
1° Tour Eiffel.				
Subvention à M. Eiffel.	Eiffel.	1 500 000 »	»	»
2° Exposition d'hygiène.				
Terrassements et maçonnerie.	Marc.	16 483 50		
Terrassements et maçonnerie, charpente et menuiserie.	Pombla.	77 244 »	26 776 26	6 088 81
Travaux de peinture.	Ganguet	6 750 »	6 000 »	750 »
Exécution de la statue (déesse Hygie)	Cordonnier. . . .	5 000 »	»	250 »
Travaux complémentaires	Régie.	»	3 522 50	»
		105 477 50	36 298 76	7 088 81

NATURE DES DÉPENSES.	NOMS des ENTREPRENEURS.	DÉPENSES.		
		Entreprises.	Régies.	Frais d'agence.
3° Classe 65.		fr. c.	fr. c.	fr. c.
Travaux de construction des bâtiments de la Classe 65	Pombla.	116 876 »	27 138 36	7 200 71
4° Location Fougerousse.				
Loyer de 3 années d'un terrain	»	30 000 »	»	»
Impôt foncier	»	73 49	»	»
5° Annexes des machines. Cl. 61.		30 073 49	»	»
Construction en location d'une annexe du Palais des machines.	Kasel.	74 250 »	8 536 77	»
6° Indemnité à la Ville de Paris. Bagatelle.	Kasel.	48 000 »	»	»
7° Chambres de commerce maritime.				
Construction du pavillon des ⎰ 1er lot. Chambres de commerce . ⎱ 2e lot.	Pombla. . . . . . Chapelain	28 500 » 9 600 » ⎰⎱ 10 477 »		2 428 85
		38 100 »	10 477 »	2 428 85
8° Berges de la rive gauche.				
Établissement d'un bas port	»	150 000 »	»	»
9° Balnéothérapie.				
Travaux en location	Pombla.	14 700 »	2 443 »	857 »
10° Histoire de l'habitation.				
Construction et décoration	Rubé, Chaperon et Jambon.	131 500 »	33 000 »	15 000 »
Construction et décoration.	Dunaud et Cie. . .	380 500 »		
Travaux d'aménagement	Régie.	»	14 953 17	2 000 »
		512 000 »	47 953 17	17 000 »
11° Mâts.				
Fourniture de mâts	Belloir et Vazelle.	12 600 »	»	»
12° Paratonnerres.				
Travaux de protection des palais contre la foudre	Soc. des applications de l'électricité	13 752 49	747 48	»
13° Latrines de Bagatelle.	»	2 294 26	» .	»
14° Palais des produits alimentaires (1).	»	POUR MÉMOIRE		
Totaux généraux.		2 615 829 48	135 888 80	34 575 37
TOTAL DE L'ART. 13.		2 786 293 65		

TOTAL DU CHAPITRE II : **29 444 656 61.**

1. — Payé par les exposants du groupe VII.

Développements partiels des Dépenses du Chapitre III.
Exploitation.

NATURE DES DÉPENSES.	DÉPENSES.	TOTAUX.
	fr. c.	fr. c.
ART. I. — SERVICE MÉCANIQUE ET ÉLECTRIQUE		
Galeries voûtées.		
Grande galerie voûtée de 2^m,40 de largeur, 340 mètres à 82 fr. 54 le mètre linéaire (rabais déduit)	28 058,98	
Fouilles supplémentaires pour confection de formes en sable à 33 fr. 70 le mètre cube (rabais déduit).	1 289,00	
Formes en sable pour reconstitution du sol à 6 fr. 34 le mètre cube (rabais déduit).	2 504,94	
Petites galeries voûtées de 0^m,90 de largeur, 394^m,50 à 39 fr. 072 le mètre linéaire (rabais déduit).	15 413,90	
		47 266,82
Massifs de fondation des supports de la transmission.		
92 massifs de supports courants à double colonne.	16 395,61	
24 massifs de beffrois de 1^m,80.	10 842,80	
8 — — de 3^m,70.	1 599,05	
2 — — isolés	646,43	
12 — de supports isolés	1 758,56	
Fouilles supplémentaires pour confection de formes en sable. .	1 303,00	
Formes en sable pour reconstitution du sol.	2 532,20	
		35 077,65
Galeries boisées.		
Galeries boisées raccordant les machines motrices à la galerie voûtée, 194 mètres à 26 fr. 93 le mètre linéaire (rabais déduit).	5 230,76	
Têtes des galeries boisées, 21 à 99 fr. 69.	2 093,53	
		7 324,29
Travaux supplémentaires nécessités par l'importance des expositions étrangères.		
Galerie voûtée de 2 mètres de largeur, 220 mètres à 70 fr. 62 le mètre linéaire (rabais déduit).	15 536,40	
Petites galeries de 0^m,90 de largeur, 255 mètres à 39 fr. 07 le mètre linéaire (rabais déduit).	10 080,58	
Fouilles pour formes en sable.	325,16	
Formes en sable pour reconstitution du sol.	631,90	
		26 574,04
Travaux imprévus et d'entretien.		
Enduit en ciment de l'intrados des grandes galeries voûtées. .	8 218,39	
Escaliers et regards supplémentaires pour la ventilation des galeries voûtées	4 347,71	
Entretien et nettoyage des galeries.	10 615,79	
Nivellement du sol du Palais et nettoyage des voies ferrées. . .	18 482,65	
Massifs de fondation de la transmission supplémentaire de la classe 54, 19 massifs à 94 fr. 644.	1 798,44	
		43 462,98

NATURE DES DÉPENSES.	DÉPENSES.	TOTAUX.
	fr. c.	fr. c.

Canalisations.

Canalisations de 0m,60 de diamètre pour la distribution de l'eau à basse pression destinée au service des machines et à l'évacuation des eaux chaudes.	93 000,00	
Canalisation pour la vidange des générateurs et l'écoulement des eaux des galeries voûtées.	14 899,92	
Entretien des conduites.	5 999,95	
Travaux imprévus : déplacement d'une conduite de 0,60 pour l'installation d'un pont tournant.	1 700,18	
Nota. — Les canalisations de distribution de gaz et d'eau à haute pression ont été installées par le service des travaux.		115 600,05

Fourniture et montage d'un réservoir.

Réservoir en tôle à fond sphérique monté sur pylône en fer avec tuyau d'arrivée et de départ, échelle, indicateur de niveau, compris fouilles et maçonneries (prix à forfait).	12 000,00	
Travaux de consolidation d'un égout.	3 988,11	
Installation d'un niveau électrique	410,10	
		16 398,21

Fourniture des supports en fonte de la transmission principale.

Frais de modèles.	1 546,00	
Supports en fonte à double colonne de divers types ; 148 pièces pesant ensemble 522 226 kilos, à 28 francs les 100 kilos. . . .	146 223,28	
16 supports elliptiques pesant 25 130 kilos, à 28 francs les 100 kilos.	7 036,40	
Boulons de fondation 25 278k,200, à 40 francs les 100 kilos . . .	10 111,62	
	164 917,30	
A déduire remboursement de frais de modèles.	1 200,00	
		163 717,30

Poutres et chaises pendantes.

Poutres en treillis (boulons compris), 378 000 kilos à 27 francs les 100 kilos.	102 060,00	
Éclissage des poutres	11 500,00	
Chaises pendantes et boulons, 64 531 kilos à 60 francs les 100 kilos	38 718,60	
		156 278,60

Fourniture de l'eau à basse pression.

Traité de Quillacq et Meunier. Minimum stipulé au contrat, 540 000m3 à 0 fr. 85.	45 900,00	
Fourniture supplémentaire au commencement et à la fin de l'Exposition, 37 050m3,710 à 0,085.	3 149,30	
Traité Worthington. Minimum stipulé au contrat, 540 000m3 à 0,05 15.	31 050,00	
Fourniture supplémentaire à la fin de l'Exposition, 17 037m3 à 0,057,5.	979,63	
	81 078,93	
Déduire reversement par un exposant.	83,45	
		80 995,48

NATURE DES DÉPENSES.	DÉPENSES.	TOTAUX.
	fr. c.	fr. c.
Fourniture de la vapeur.		
Premier marché. Fourniture de 37 420 kilos de vapeur par heure pendant 180 journées de 7 heures, à 85 francs les 1 000 kilos .	318 070,00	
Marchés supplémentaires. Fourniture de 17 700 kilos de vapeur par heure pendant 180 journées de 7 heures, à des prix divers.	116 300,00	
Quantités supplémentaires pendant les jours de prolongation. .	38 443,19	
	472 813,19	
Déduire remboursements par divers exposants.	1 296,00	
		471 517,19
Fourniture de la force motrice.		
2 360 chevaux à 40 francs pour la durée de l'Exposition. . . .	94 400,00	
Force supplémentaire nécessaire à certaines classes.	3 603,73	
Fourniture de force pendant les jours de prolongation.	2 889,23	
	100 892,96	
Déduire un reversement de.	57,60	
		100 835,36
Transmission de mouvement.		
Fourniture en location, montage, démontage, graissage et entretien de 1 330ᵐ,81 de transmission, à 64 francs le mètre pour 180 jours de durée.	85 370,00	
Nota. — Ne sont pas compris dans cette longueur les 28ᵐ,75 de la transmission de M. Darblay, installés à ses frais pour le service exclusif de sa papeterie.		
Heures supplémentaires et jours de prolongation.	3 225,32	
		88 595,32
Fourniture de ventilateurs.		
Ventilateurs pour l'aération du Palais pendant les grandes chaleurs, 100 pièces à 40 francs.	4 000,00	
Transport. . . . . , , . .	187,30	
		4 187,30
Divers.		
Fourniture du gaz aux exposants.	19 349,60	
Construction d'un bureau sous l'escalier central du Palais. . .	2 891,63	
Vue en perspective du Palais (frais de dessin et de tirage). . .	1 500,00	
Frais d'agence, voyages aux usines, indemnités aux agents du service	6 927,01	
		30 668,24
Total		1 388 498,83

ART. 3. — EXPOSITION DE L'HISTOIRE DU TRAVAIL

Construction des portiques, escaliers et passerelles dans l'intérieur du Palais des Arts Libéraux.	129 923,83	
Peinture décorative	34 341,70	
Ojets décoratifs en location.	6 500,00	
A reporter.		170 765,53

NATURE DES DÉPENSES.	DÉPENSES.	TOTAUX.
	fr. c.	fr. c.
Report.		170 765,53
Travaux d'aménagement, d'installation, transport et déménagement.		1 471,50
Fournitures diverses.		1 919,18
Gardiennage. Salaires.	18 035,00	
Habillement.	1 894,40	
		19 929,40
Installation des sections.		
SECTION I. Sciences Anthropologiques.		
Travaux, objets mobiliers, vitrines.	17 629,70	
Collections.	37 927,95	
Frais généraux, transports, catalogues, etc. . . .	3 290,60	
SECTION II. Arts Libéraux.		58 848,25
Travaux, objets mobiliers, vitrines.	25 401,00	
Collections.	23 223,66	
Frais généraux, transports, emballages, catalogues, etc.	11 353,25	
SECTION III. Arts et métiers.		59 977,91
Travaux, objets mobiliers, vitrines.	39 545,99	
Cartes de France et vues photographiques.. . . .	2 300,00	
Frais généraux, transports, emballages, catalogue, etc	15 553,46	
SECTION IV. Moyens de transports.		57 399,45
Travaux, objets mobiliers, vitrines.	30 805,17	
Réfection des modèles exposés.	3 833,70	
Frais généraux, transports, emballages, catalogues, assurances, etc.	18 667,62	
		53 306,49
TOTAL.		423 017,71

III. — **Économies réalisées ; rabais d'adjudication.** — Il résulte des tableaux précédents que le montant des crédits mis à la disposition de la Direction des travaux était de 29 650 000 francs et que le montant des dépenses réellement effectuées ne s'est élevé qu'à 29 444 650 francs.

Ce résultat, remarquable par sa précision et qui montre que la presque totalité des ressources budgétaires a été intégralement et économiquement mise en valeur, est dû à un certain nombre de causes qu'il est intéressant de signaler.

D'une part, sauf de très rares exceptions, les dépenses n'ont été engagées que sur des projets complètement étudiés, et des pièces d'adjudication soigneusement préparées, comportant des cahiers de charges particulières avec avant-métré détaillé et série de prix spécialement établie pour chaque nature d'ouvrage; d'autre part, les travaux ont été mis en adjudication dans l'ordre logique de la construction, de façon à réserver pour la fin les opérations de luxe, de décoration, qui se trouveraient plus ou moins largement dotées suivant le résultat des marchés déjà conclus.

A côté de ces considérations de méthode, pour ainsi dire, s'en place une autre d'une importance capitale, elle aussi : la baisse des prix occasionnée par la situation commerciale au moment de l'exécution des travaux.

Il est certain, en effet, que les prix unitaires n'ont jamais été élevés, et que, dans les premiers marchés surtout, ils sont descendus à un taux véritablement surprenant.

Par exemple, l'adjudication des clôtures de l'Exposition (18 septembre 1886), dont les prix avaient été établis avec une réduction d'environ 24 p. 100 sur ceux de la série de la Ville de Paris, édition de 1882, a donné lieu respectivement, pour les 4 lots adjugés, à des rabais de 37 fr. 60, 37 francs, 34 fr. 25, 24 fr. 50 p. 100, représentant 52 fr. 57, 52 fr. 32, 50 fr. 03, 42 fr. 62 p. 100 sur cette série. L'adjudication des fermes métalliques de 25 mètres (4 décembre 1886), tentée sur le prix de 0 fr. 32 le kilo, représentant un rabais de 50 p. 100 sur la série de la Ville (droit d'octroi, frais de transport, montage, etc., compris), a donné lieu pour les 4 lots à des rabais de 13 francs, 11 fr. 40, 10 fr. 50, 8 fr. 30 p. 100, représentant respectivement 56.50, 55.70, 55.25, 54.15 p. 100 sur la série de la Ville.

Les terrassements et maçonneries pour les fondations des galeries des Expositions diverses (20 décembre 1880) furent adjugés à MM. Manoury, Grouselle et Cⁱᵉ, moyennant un rabais de 33 fr. 60 sur la série spéciale de l'entreprise, c'est-à-dire avec un rabais de 46 fr. 88 p. 100 sur la série de la Ville.

La fourniture des verres striés pour la couverture des combles des Palais fut soumissionnée le 31 janvier 1887 par la Cie de Saint-Gobain, Chauny et Cirey pour un lot, et par la manufacture de Recquignies, Jeumont et Aniche pour l'autre lot, avec des rabais de 62 fr. 89 et 62 fr. 93 p. 100 sur la série de la Ville.

Le nivellement général et le réseau d'égouts (14 février 1887) fit naître entre tous les entrepreneurs une concurrence qui se traduisit par un rabais de 43 fr. 30 sur les prix du devis, soit 48.97 p. 100 sur la série des égouts.

Ces conditions avaient permis de réaliser des économies considérables sur les prévisions des devis.

Les adjudications suivantes, sans comporter des rabais aussi importants, furent néanmoins effectuées dans des conditions très avantageuses.

Voici les rabais des principales entreprises, rapportés respectivement à la série spéciale dressée pour chaque ouvrage et à la série de la Ville, édition de 1882 :

DATES des ADJUDICATIONS	ENTREPRISES	RABAIS 0/0 consenti par l'adjudicataire sur la série spéciale.	RABAIS 0/0 rapporté à la série de la Ville 1882.
		fr. c.	fr. c.
28 février 87.	Terrassements et maçonnerie des fondations des Palais des Arts Libéraux et des Beaux-Arts (MM. Manoury, Grouselle et Cⁱᵉ).	25,30	41,74
25 avril 87. .	Fermes métalliques de la grande nef du Palais des Machines :		
	1ᵉʳ lot (Cⁱᵉ de Fives-Lille).	0,20	43,42
	2ᵉ lot (Société des anciens établissements Cail).	0,10	43,06
13 juin 87. .	Couverture, plomberie et zingage (en location) pour les galeries des Expositions diverses (M. Sansot et Cⁱᵉ).	26,70	45,02
20 juin 87. .	Terrassements et maçonneries de fondation du Palais des Machines (MM. Manoury, Grouselle et Cⁱᵉ). .	3,10	46,70
11 juillet 87..	Charpente en bois et grosse menuiserie (en location) pour les combles des galeries des Expositions diverses (M. Poirier)..	24,80	43,60
18 juillet 87.	Constructions métalliques des bas côtés du Palais des Machines :		
	Rabais moyen des 4 lots (divers entrepreneurs).	0,40	35,26
25 juillet 87.	Constructions métalliques des Palais des Beaux-Arts et des Arts Libéraux et des galeries Rapp et Desaix :		
	Rabais moyen des 4 lots (divers entrepreneurs).	1,45	45,80
27 février 88.	Parquets et lambourdes du 1ᵉʳ étage du Palais des Machines (M. Collet). . . . . : . .	6,10	31,27
27 février 88.	Maçonnerie en élévation des Palais des Beaux-Arts et des Arts Libéraux (MM. Manoury et Cⁱᵉ). . . .	4,60	33,22
16 avril 88. .	Couverture, plomberie et zingage du Palais des Machines (M. Robin fils).	12,70	38,90
28 mai 88 . .	Fourniture (en location), pose, nettoyage et dépose de la vitrerie des surfaces verticales des Palais du Champ de Mars (M. Maugas).	3,60	46,43
4 juin 88. . .	Maçonnerie en élévation pour les galeries des Expositions diverses (MM. Manoury et Cⁱᵉ)	12,00	38,40
2 juillet 88. .	Charpente en bois et grosse menuiserie des combles et des parquets (en location) pour les Palais des Beaux-Arts et des Arts Libéraux (Lecœur et Cⁱᵉ).	8,70	33,35
9 juillet 88. .	Couverture, plomberie et zingage des Palais des Beaux-Arts et des Arts Libéraux (M. Monduit). .	3,10	32,17
13 octobre 88.	Dallage en bitume pour les Palais et jardins de l'Exposition (M. Roux); rabais moyen sur les 3 lots.	5,83	51,95

A l'inspection de ce tableau, on peut constater que les rabais diminuent de plus en plus à mesure que les dates des adjudications se rapprochent de la date de l'ouverture de l'Exposition.

Cette diminution tient à plusieurs causes.

D'abord les travaux adjugés les premiers avaient beaucoup plus d'importance que ceux qui restaient à concéder, et il est plus facile à un entrepreneur de consentir un rabais élevé sur une entreprise considérable, où les frais généraux se répartissent sur une grande quantité d'ouvrage, que sur une entreprise de faible valeur; d'autre part, les conditions générales de l'industrie s'amélioraient au cours des travaux, et le prix de la main-d'œuvre et des matériaux subissait une plus-value qui eut sa répercussion directe sur le chiffre des rabais.

CHAPITRE III

CONCLUSION

I. — Considérations générales.

'EXPOSITION universelle de 1889 s'est terminée sur un succès financier, heureux complément du succès moral. Les capitaux privés qui, à la demande du premier Commissaire général, M. Lockroy, étaient venus apporter leur concours désintéressé et un peu hasardé, suivant les esprits craintifs, à l'œuvre de l'État, ont été récompensés de leur confiance par un remboursement anticipé avec prime, et la balance définitive de l'opération totale s'établit par un excédent de recettes considérable.

Le problème complexe de l'organisation d'une Exposition universelle, problème qui touche à tant d'intérêts et qui exige une si grande diversité de concours et d'efforts, a été complètement et victorieusement résolu par l'Administration de 1889. C'est là un précédent heureux pour l'avenir et qui laisse la tâche plus facile à ceux qui lui succèderont un jour.

Au point de vue de la construction même des édifices, qui a été la partie principale de l'œuvre de la Direction des travaux, deux faits dominent tous les autres : l'emploi, sur une échelle inconnue, du fer; l'usage constant des matériaux de décoration, terre cuite, staffs, zincs ornés, etc., peu usités jusqu'ici.

L'emploi du fer est à signaler, d'abord à cause des dimensions extraordinaires des ouvrages, des procédés de montage qui en ont été la conséquence et du nombre considérable de types de fermes (ferme sans tirant, avec tirant, avec et sans articulations, droites ou cintrées, etc.).

Quant aux procédés de décoration employés, ils ont été, dans une certaine mesure, imposés par l'importance donnée à la construction métallique : il a fallu, tout en indiquant nettement les grandes lignes de l'ossature, habiller la charpente afin de faire disparaître la maigreur que la grandeur des portées eût certainement accentuée. Mais, l'emploi dans de grandes proportions de la céramique et du staff a permis de constituer une architecture nouvelle, gaie, très originalement française, qui laissera certainement sa trace après avoir été une des caractéristiques de l'Exposition qui vient de finir.

Le goût avec lequel ont été groupées les constructions accessoires, l'heureuse disposition réalisée par l'établissement d'un jardin central entouré d'édifices, disposition qui ménageait de larges et belles perspectives, la création de fontaines lumineuses, combinaison heureuse d'art et de science, enfin la Tour de 300 mètres, merveille de hardiesse et chef-d'œuvre de métallurgie, ont contribué à faire de l'Exposition de 1889 un ensemble unique et inoubliable.

Mais, en dehors de ces résultats immédiats et visibles, l'Exposition universelle a exercé une influence plus générale et très heureuse sur la situation des affaires du pays.

Au moment où les premiers chantiers venaient de s'ouvrir, c'est-à-dire à la fin de 1886, le commerce et l'industrie subissaient une crise dangereuse. Des symptômes, d'une signification très claire, témoignaient de la difficulté des transactions.

Les recettes des chemins de fer, qui en 1883 pour 27 116 kilomètres s'étaient avancées à 1 105 millions, n'étaient plus en 1885 que de 1 044 millions pour 30 439 kilomètres.

Le revenu kilométrique s'était donc singulièrement amoindri.

Nos usines métallurgiques n'étaient pas moins éprouvées : pour la fonte, la fabrication, qui était de 2 069 430 tonnes en 1883, ne s'élevait plus qu'à 1 630 648 tonnes en 1885, présentant ainsi une réduction d'un quart. Pour les fers, elle était descendue de 1 046 000 tonnes à 777 696 tonnes ; pour les rails d'acier, de 498 607 tonnes à 401 571 tonnes.

Les industries du plomb, du cuivre, de l'étain, avaient subi des dépressions analogues dans les deux ans qui avaient précédé le commencement des travaux de l'Exposition.

Enfin, d'une façon générale, l'épargne française n'était pas encore remise des assauts terribles qu'elle avait dû soutenir à la suite du krack financier de 1882.

Pour sortir de ce malaise général, pour arrêter l'envahissement de l'étranger sur nos marchés, pour faciliter nos exportations, il fallait de toute nécessité une impulsion nouvelle donnée aux affaires, une consommation plus importante que celle des années précédentes. L'Exposition de 1889 s'offrait comme un moyen particulièrement propre à obtenir ce résultat.

L'ouverture des chantiers provoquait d'importantes commandes à faire aux usines métallurgiques en fonte, fer, acier. La reprise de la fabrication entraînait comme conséquence des demandes considérables aux industries minières. L'apport des matériaux à pied d'œuvre déterminait un mouvement très actif dans les transports par voie de fer ou d'eau. Le nombre exceptionnel d'ouvriers de toutes corporations employés au Champ de Mars avait une influence indiscutable sur tout ce qui touche à l'alimentation.

Les travaux terminés, l'Exposition attirait un nombre extraordinaire de visiteurs. Les dépenses inséparables de leur séjour profitaient au commerce et à l'industrie d'une façon générale. Les exposants français trouvaient de plus et sur place, dans l'exposition de leurs concurrents, des sujets d'étude et de comparaison, susceptibles de produire plus tard d'heureuses modifications dans leur outillage et dans leur vente.

Il reste à préciser l'action de cette œuvre éminemment pacifique sur les différentes branches du commerce et de l'industrie.

II. — Influence économique de l'Exposition. — Pendant l'année 1887, presque tous les ouvrages de nivellement, égouts, maçonneries et fondations nécessaires dans les différentes parties de l'Exposition sont exécutés; les constructions métalliques sont également adjugées.

La concession de ces travaux, d'une valeur d'environ 10 millions, produit les résultats suivants.

La fabrication métallurgique augmente d'une façon déjà appréciable. Celle de la fonte, de 1 516 574 tonnes en 1886 passe à 1 567 662; celle de l'acier, de 401 571 à 434 651 tonnes; celle du fer, de 766 566 à 771 610 tonnes.

Nos mines de houille voient leur débit s'élever. L'extraction atteint le chiffre de 21 287 589 tonnes, en progrès d'environ 8 p. 100 sur l'exercice écoulé.

Les recettes des voies de transport deviennent meilleures : les chemins de fer accusent une augmentation de 10 millions; les canaux et rivières, un tonnage supérieur de 265 385 901 tonnes à celui de 1886.

Pour le commerce et l'industrie considérés dans leurs résultats d'ensemble, l'approche de l'Exposition exerce déjà son influence morale. On lutte avec plus de courage contre les produits étrangers.

En 1888 l'activité redouble sur les chantiers de l'Exposition. C'est l'époque du montage de toutes les charpentes métalliques,

Palais des Machines, Dôme central, Palais des Arts au Champ de Mars, annexes de l'Agriculture au quai d'Orsay, constructions de l'Esplanade des Invalides, du Trocadéro, pavillons étrangers, Tour Eiffel, etc., qui emploient l'énorme quantité de 35 000 tonnes de fer et fonte.

La situation dans son ensemble est plus favorable qu'elle ne l'a été de longtemps. Il suffit pour s'en convaincre de remarquer que les recettes des voies ferrées ont gagné plus de 17 millions, que le tonnage des marchandises transportées par eau s'est accrû de 106 286 195 tonnes par comparaison avec l'année précédente.

Il suffit de signaler que l'extraction des combustibles minéraux a gagné dans les douze mois 1 664 351 tonnes; que la production de l'acier se chiffre pour la même période par 525 646 tonnes, celle du fer par 833 839 tonnes, celle de la fonte par 1 688 976 tonnes, ce qui correspond à une plus-value de 8 p. 100 d'une année à l'autre, de 12 p. 100 avec les quantités données pour 1886.

En 1889 les travaux s'achèvent durant le premier semestre. Pendant ces derniers mois, où les entreprises rivalisent d'ardeur pour être prêtes à l'heure indiquée, le mouvement d'affaires créé par l'ouverture des chantiers se maintient, et pour s'en convaincre il suffit de remarquer que du 1ᵉʳ janvier au 1ᵉʳ juillet 1889 les importations de bois sont en augmentation de près de 9 millions sur 1888. Mais cette influence indiscutable ne peut plus guère être appréciée à sa valeur. Une nouvelle cause d'activité dans les transactions, beaucoup plus puissante, l'approche de l'Exposition universelle devenue une certitude, est venue se confondre avec elle. En réalité, l'influence des travaux sur la marche du commerce et de l'industrie n'a plus d'histoire depuis fin 1888 : l'Exposition proprement dite domine tout du premier au dernier jour de l'année 1889.

Ce qui caractérise cette ère mémorable dans les luttes pacifiques du travail, c'est l'épanouissement des espérances données par les progrès acquis dans les deux dernières années.

Les importations s'élèvent à 4 175 015 000 francs, en excédent de 68 millions sur 1888, mais cet excédent porte sur des matières premières destinées à être transformées par nos industries.

A l'inverse, les fers, fontes, aciers, houilles et cokes étrangers ne pénètrent sur nos marchés qu'avec une difficulté de plus en plus grande.

Les entrées de produits alimentaires diminuent notablement sur l'année précédente : il y a déficit de 50 millions sur les vins, 19 millions sur les sucres, 3 millions sur le bétail.

Ainsi de ce côté on constate d'heureuses modifications de la balance commerciale.

Le chapitre des exportations n'est pas moins instructif : le total de l'année, soit 3 608 582 000 francs, dépasse celui de 1888 de 361 millions.

Les objets fabriqués figurent dans cette augmentation pour 155 millions, dont plus de 41 pour les machines, produits divers de l'industrie mécaniques, machines-outils et autres ouvrages en métaux.

En même temps les sorties de nos produits agricoles et alimentaires se sont développées d'une façon remarquable : il y a accroissement de 41 millions sur les sucres bruts exportés, de 15 millions sur les grains, légumes, de 20 millions sur œufs et volailles, le tout comparé aux résultats de 1888.

Les matières premières participent au progrès général. Il y a excédent de 85 millions sur le total de l'année précédente. Les fers, fontes et aciers y contribuent pour 17 millions, les bois, pour 12 millions, les laines, pour 22 millions, les soies, pour 16 millions.

Enfin nos voies de transport encaissent des sommes inespérées. Les chemins de fer reçoivent 1 096 384 000 francs, soit près de 80 millions en plus d'une année à l'autre.

A ces exemples frappants de l'impulsion donnée à l'ensemble des affaires par l'Exposition viennent se joindre les renseignements fournis par les principales industries et les commerces les plus importants de Paris :

Les omnibus, compagnies de voitures, voitures particulières, bateaux-omnibus, par le fait seul de l'Exposition touchent plus de 25 millions.

Pendant six mois, et malgré la concurrence du Champ de Mars, les théâtres de Paris bénéficient d'un supplément de moitié sur les mois de 1887 et 1888.

Les restaurants, cafés, brasseries, etc., du Champ de Mars font environ 20 millions d'affaires. Les mêmes établissements dans Paris doublent leurs recettes ordinaires et arrivent à 50 millions.

Les hôtels, d'après des données relevées à la Préfecture de police, reçoivent au moins 34 millions, soit environ 40 p. 100 en plus de la moyenne.

Les grandes maisons de nouveautés ou d'ameublements, les bazars, écoulent au moins 300 millions de marchandises en sus des années précédentes.

Au point de vue fiscal, les recettes de l'octroi de Paris dépassent les prévisions de 10 774 405 francs.

Les impôts présentent une plus-value de 15 400 600 francs sur l'exercice antérieur.

Ainsi, sous tous les rapports, importation, exportation, la situation générale s'est transformée, les entreprises privées les plus importantes ont avoué des bénéfices considérables. Notre production métallurgique et minière s'est augmentée dans des proportions variant de 10 p. 100. Dans ces conditions, les effets de l'Exposition de 1889 sont évidents pour tous. Du jour où elle a été décidée, la crise qui paralysait les efforts du commerce et de l'industrie a diminué d'intensité. Par un mouvement régulier, la marche en avant si longtemps entravée a pu être reprise. Ce sont là des résultats singulièrement encourageants, et qui autorisent à espérer sérieusement que l'avenir consolidera les résultats acquis, les verra se développer et fera de l'année 1889 le point de départ d'années prospères pour la France.

III. — Ordre de service final. — Voici l'ordre de service préparé, peu de temps avant sa mort, par le Directeur des travaux de l'Exposition et qui devait figurer à la fin du présent ouvrage. Les termes en sont scrupuleusement respectés. On y trouvera l'expression d'une des dernières pensées de l'illustre ingénieur au sujet de l'œuvre qui a été comme le résumé de sa vie et le couronnement de sa carrière :

ORDRE DE SERVICE

« En terminant ce rapport, qui constitue le dernier acte de sa gestion, le Directeur général des travaux adresse à ceux qui ont été ses collaborateurs pendant les quatre années qu'a demandées l'exécution de l'Exposition de 1889, ses remerciements pour le dévouement désintéressé qu'ils lui ont prêté et le concours absolu qu'ils lui ont apporté. Il leur est et leur sera toujours reconnaissant de n'avoir pas désespéré un seul instant du succès de l'œuvre entreprise, et, malgré les difficultés de toute nature accumulées dans les années 1887 et 1888, d'avoir sans hésitation continué leur tâche et surmonté tous les obstacles pour élever un monument qui contribuât à la prospérité de la France, en augmentant sa gloire et son rayonnement dans le monde.

« *Le Directeur général des travaux,*

« ALPHAND. »

QUATRIÈME PARTIE

INSTALLATIONS GÉNÉRALES

(COMPLÉMENT)

CHAPITRE PREMIER

SERVICE MÉCANIQUE ET ÉLECTRIQUE

I. — Observation préliminaire[1].

Comme le prévoyait le règlement général, l'administration était tenue de fournir gratuitement aux exposants l'eau, le gaz, la vapeur et la force motrice nécessaires pour le fonctionnement de leurs appareils.

Elle a eu à effectuer de ce chef d'importantes installations, qui seront groupées dans ce chapitre avec quelques renseignements sur d'autres installations mécaniques faites par des concessionnaires (Série T, Pl. 1-2).

1. — Ce chapitre est extrait du *Rapport général* de M. A. Picard, tome III.

II. — Travaux préparatoires dans le sous-sol du Palais des machines.

— Les appareils à alimenter étant, pour la plus large part, réunis dans le Palais des machines, la consommation d'eau et de vapeur devait y être considérable.

Dès l'origine, le service reconnut la nécessité d'y construire un réseau de galeries souterraines, destinées à recevoir les conduites de distribution et celles d'écoulement des eaux chaudes (Série T, Pl. 8-11).

Les galeries principales étaient les suivantes :

1° Galerie de $2^m,40$ d'ouverture, régnant sur toute la longueur de la nef, parallèle à son axe, et placée sous le chemin de 3 mètres qui séparait les deux zones de 15 mètres de largeur réservées aux machines en mouvement, côté de l'École militaire ;

2° Galerie de 2 mètres d'ouverture, symétrique de la précédente, par rapport à l'axe, mais ne régnant que dans la moitié de la nef voisine de l'avenue de La Bourdonnais ;

3° Galerie de $2^m,40$, perpendiculaire au grand axe de la nef, tracée à 45 mètres environ de son axe transversal et reliant les deux galeries longitudinales entre elles ;

4° Sept galeries transversales de $0^m,90$ d'ouverture et $1^m,80$ de hauteur, rattachant les galeries longitudinales aux générateurs de vapeur échelonnés dans la cour de la force motrice, le long de l'avenue de La Motte-Piquet.

Les galeries de $2^m,40$ et de 2 mètres devaient livrer passage aux conduites de distribution d'eau et de vapeur et aux conduites de retour des eaux chaudes évacuées par les machines et appareils. On avait pu restreindre la dernière à la moitié de la longueur de la nef, côté de La Bourdonnais, parce que les classes occupant l'autre moitié n'avaient besoin que de force motrice ; sa situation à l'extrémité du réseau avait d'ailleurs permis d'en diminuer un peu la largeur.

Quant aux sept galeries transversales de $0^m,90$, elles étaient affectées aux conduites alimentaires des générateurs, ainsi qu'aux conduites d'amenée de vapeur dans le Palais.

Les deux galeries longitudinales de $2^m,40$ et de 2 mètres avaient une pente régulière de 0,00282 vers l'avenue de Suffren. Ainsi, en cas de fuite des tuyaux qui y étaient placés, les eaux s'écoulaient vers l'égout de cette avenue par un caniveau ménagé dans le radier.

La voûte de chacune des deux galeries était percée d'une série de regards, espacés de 4ᵐ,30 et correspondant aux joints des tuyaux. Ces joints se faisaient au moyen de manchons à tubulures sur lesquels se greffaient les branchements particuliers des exposants.

Des douelles en bastin avaient été employées provisoirement pour la fermeture des regards. Au fur et à mesure de la pose des branchements, on les remplaçait par des caissons en bois auxquels faisaient suite des caniveaux boisés renfermant les conduites d'eau et de vapeur.

En tenant compte des rabais d'adjudication, les prix unitaires ont été les suivants :

		fr. c.
	de 2ᵐ,40, le mètre courant.	82,54
Galeries. .	de 2 mètres, le mètre courant . . .	70,62
	de 0ᵐ,90, le mètre courant.	39,07
Caniveau boisé, le mètre courant.		26,93
Caisson de caniveau boisé, la pièce		99,69

Les prix indiqués pour les galeries comprennent les accessoires, tels que regards, échelles, panneaux de fermeture, etc.

III. — Élévation et distribution spéciale d'eau de Seine à basse pression. — a. Machines élévatoires. — La mise en mouvement des machines exposées dans le Palais exigeait un volume d'eau que le service avait évalué à 220 litres par seconde, en supposant une force totale de 2 500 chevaux consommant chacun 316 litres par heure.

Pour y pourvoir, l'administration prit le parti d'établir une élévation d'eau spéciale, en aval du pont d'Iéna, et d'installer à cet effet des machines sur le nouveau quai construit à frais communs par les services de l'Exposition et de la navigation. Elle résolut d'ailleurs d'avoir deux machines, dont chacune fût assez puissante pour assurer l'alimentation, de manière à ne jamais subir aucun arrêt dans la distribution et à ne jamais laisser en détresse les générateurs fournissant la vapeur au Palais : bien que, dans les conditions normales, une seule machine élévatoire dût fonctionner, l'autre n'en devait pas moins être tenue prête à marcher, un quart d'heure après la réception de l'ordre qui en serait délivré par les ingénieurs ; le fonctionnement était alterné entre les deux machines par périodes de deux jours.

Le niveau moyen du bief de la Seine étant réglé à la cote (27) et le sommet du réservoir de refoulement à la cote (49), la hauteur d'élévation atteignait ainsi 22 mètres.

Un concours fut ouvert sur un programme et un cahier des charges très précis, pour la concession de la fourniture de l'eau. Les concessionnaires prenaient à leur compte toutes les dépenses de construction, d'installation, d'entretien et de fonctionnement des machines ; ils recevaient, par mètre cube d'eau élevé, une redevance déterminée par leur soumission, mais limitée au chiffre maximum de 0 fr. 09.

Deux projets furent présentés : l'un, émanant de MM. de Quillacq et Meunier, divisait les machines en deux groupes conformément au programme et fixait le prix du mètre cube d'eau à 0 fr. 085 ; l'autre, remis par M. Powell, constructeur à Rouen, ne comportait qu'un groupe de machines et s'écartait ainsi du programme, mais réduisait le prix du mètre cube à 0 fr. 057.

Après un examen minutieux, le Comité technique des machines renonça à établir un classement entre les deux projets, qui lui paraissaient se recommander à des titres divers, et proposa de les admettre tous deux, en restreignant l'entreprise de MM. de Quillacq et Meunier, à un groupe de machines, le second demeurant confié à M. Powell.

Des marchés conformes furent passés par l'administration. Au commencement de 1889, la Société Worthington prit la place de M. Powell.

L'installation de MM. de Quillacq et Meunier comprenait : 1° un générateur du système Collet, disposé pour le chauffage au coke (afin de réduire la hauteur de la cheminée), présentant une surface de chauffe de 69 mètres carrés, avec une surface de grille de $1^{m2},90$, et donnant de la vapeur à 6 kilogrammes ; 2° un moteur horizontal à cylindre unique, du système Wheelock, faisant 30 tours par minute avec une course de $1^m,066$, réglé pour une admission normale du 1/7 (mais avec action du régulateur sur la détente), et commandant un arbre sur lequel était claveté un fort volant; 3° une pompe Girard à connexion directe et à double effet, avec piston plongeur de $0^m,53$ de diamètre, placé en prolongement du cylindre à vapeur. Deux réservoirs d'air de 2 mètres cubes environ, le premier à l'aspiration, le second au refoulement, complétaient l'ensemble.

L'installation de la Société Worthington comprenait : 1° un générateur du système Babcock et Wilcox, chauffé au coke, présentant une surface de chauffe de 95 mètres carrés, avec une surface de grille de $2^{m3},50$, et donnant de la vapeur à 7 kilogrammes ; 2° deux groupes de deux cylindres à vapeur, montés en tandem, fonctionnant suivant le système Woolf (le rapport des deux cylindres était de 4), donnant 22 coups doubles à la minute, et pourvus d'une admission qui se réglait automatiquement d'après la hauteur de l'eau dans le réservoir de refoulement; 3° une pompe double à action directe du système Worthington, avec clapets formés de plaques en caoutchouc qui étaient appuyées sur leur siège par des ressorts de laiton en spirale; 4° des compensateurs à pression hydraulique, disposés à la suite des corps de pompe et servant à régulariser l'effort des pistons moteurs. Une pompe à air à simple effet se trouvait sous chacun des jeux de cylindres.

Ces deux installations ont donné des résultats satisfaisants et suffi à tous les besoins, bien que les prévisions relatives à la consommation aient été sensiblement dépassées à certaines heures de la journée. La machine Worthington avait du reste un excès de puissance; quant à la machine de Quillacq et Meunier, la vitesse a dû en être parfois poussée à la limite extrême de 38 tours.

Le tableau ci-après récapitule les données principales relatives au travail fourni par les concessionnaires pendant la durée de l'Exposition (185 jours) :

| DÉSIGNATION DES QUANTITÉS | MACHINE | | TOTAUX OU MOYENNES |
	DE QUILLACQ ET MEUNIER	WORTHINGTON	
Nombre d'heures de marche. . .	679 heures.	630 heures.	1 309 heures.
Volume moyen d'eau élevé par seconde.	221 litres.	246 litres.	233 litres.
Volume moyen par journée de 7 heures..	5 585 m. c.	6 218 m. c.	5 901 m. c.
Volume total.	541 821 m. c.	559 616 m. c.	1 101 437 m. c.
Somme payée aux fournisseurs.	49 049 francs.	32 030 francs.	81 079 francs.

b. *Puits d'aspiration. Réservoir de refoulement.* — Un puits, où plongeaient les deux tuyaux desservant les deux machines élévatoires, avait été ménagé dans la maçonnerie du mur du quai et communiquait avec la Seine au moyen d'une large baie fermée par une grille à barreaux serrés. On y accédait par une échelle. En cas de besoin, le nettoyage de la grille se faisait à l'aide d'un scaphandre (Série T, Pl. 12 et 13).

Les eaux étaient refoulées dans un réservoir en tôle de 160 mètres cubes, monté à l'angle de l'avenue de Suffren et du quai d'Orsay, dont le rôle consistait bien moins à emmagasiner une réserve pour la consommation qu'à régulariser la pression et l'écoulement dans les conduites de distribution. Ainsi qu'il a été déjà indiqué, ce réservoir avait son sommet à la cote (49), soit à $13^m,40$ au-dessus du niveau du sol dans le Palais des machines. Il était muni d'un indicateur électrique de niveau, système Parenthon, communiquant avec des enregistreurs qui traçaient, dans les salles des machines élévatoires et dans le bureau des inspecteurs du service mécanique au Palais des machines, la courbe des variations de niveau, et qui permettaient par suite de contrôler le fonctionnement des machines élévatoires, en même temps qu'ils faisaient connaître à tout instant le volume emmagasiné. Le fil du récepteur placé dans le Palais des machines servait en outre pour les transmissions téléphoniques échangées entre le bureau des inspecteurs et les établissements d'élévation d'eau.

La conduite de refoulement, commune aux deux machines, aboutissait à la base du réservoir. Dans sa partie verticale, elle avait été placée à l'intérieur d'une conduite de plus gros diamètre formant tuyau de départ ; un branchement, établi sur la demande de l'un des concessionnaires, la raccordait directement avec la conduite de distribution.

L'exécution du réservoir a coûté 12 000 francs, somme à laquelle il convient d'ajouter 4 400 francs pour travaux imprévus de fondation.

c. *Conduite de distribution.* — Du réservoir partait la conduite de distribution déjà mentionnée dans le chapitre du « service des eaux ».

Cette conduite, de $0^m,60$ de diamètre, suivait le trottoir de l'avenue de Suffren où elle était enfouie dans le sol. Arrivée en face du Palais des machines, elle se retournait à angle droit, passait derrière l'escalier d'honneur et venait se placer dans la galerie longitudinale de $2^m,40$, dont elle remontait la pente et où elle reposait sur des murettes. Un branchement de $0^m,40$ de diamètre s'en détachait pour suivre la galerie transversale de $2^m,40$ et la galerie longitudinale de 2 mètres.

Dans les deux galeries longitudinales de $2^m,40$ et de 2 mètres, les manchons de joint portaient des tubulures de $0^m,10$ et $0^m,15$, sur lesquelles les exposants opéraient leurs prises d'eau.

d. *Jonction de secours avec la distribution d'eau de la Ville de Paris.* — Par mesure de précaution, on avait ménagé une jonction de secours entre la conduite de $0^m,60$ alimentant le Palais et le réseau de la Ville de Paris. Une vanne de barrage permettait d'isoler, le cas échéant, le réservoir, quand fonctionnait cette jonction de secours.

Des dispositions étaient d'ailleurs prises pour modérer la pression des eaux de la Ville, qui pouvait atteindre 60 mètres et en vue de laquelle n'avait point été établie la canalisation du Palais des machines.

IV. — Canalisation de retour des eaux chaudes. — Les eaux de condensation, ayant généralement une température de 35 degrés, ne pouvaient être jetées dans les égouts de la Ville : en effet, dans l'intérêt de la conservation des enduits en ciment, il est interdit d'utiliser ces égouts pour l'évacuation d'eaux chaudes à plus de 26 degrés.

Il a fallu en conséquence établir dans les galeries voûtées des conduites de retour, parallèles aux conduites d'adduction et présentant le même diamètre. La conduite de $0^m,60$ suivait l'avenue de Suffren avec une pente continue de $0^m,004$, plongeait brusquement près de la gare du Champ de Mars et débouchait dans la Seine un peu au-dessous du plan d'eau.

Ces conduites recevaient, outre les eaux de condensation, les eaux de vidange et de trop-plein, et celles de divers appareils. Dans les galeries de $2^m,40$ et de 2 mètres, leurs manchons de joint étaient munis de tubulures de $0^m,15$ et $0^m,20$.

Pour la vidange des chaudières, on avait placé le long des bâtiments des générateurs, dans la cour de la force motrice, une conduite spéciale de $0^m,08$, qui se raccordait à la canalisation de retour des eaux chaudes, près de l'avenue de Suffren.

V. — Distribution de l'eau de Seine à haute pression dans le Palais des machines. — Des files de tuyaux de $0^m,20$ de diamètre, reliées aux conduites de la Ville qui distribuaient dans le Champ de Mars l'eau à 55 ou 60 mètres de pression du réservoir de Villejuif, et dessinant un vaste rectangle au pourtour de la grande nef, alimentaient quinze bouches d'incendie au rez-de-chaussée, huit bouches analogues au premier étage, ainsi que les prises particulières pour divers appareils exposés, tels que machines à

colonnes d'eau, turbines, machines à glace, moteurs à gaz, etc.
La consommation peut être évaluée à 20 000 mètres cubes, pour
la durée de l'Exposition.

VI. — Distribution du gaz dans le Palais des machines. —

L'administration devait, conformément au règlement général, fournir
aux exposants le gaz nécessaire au fonctionnement de leurs machines; il fallait en outre assurer l'adduction du gaz pour des moteurs affectés à l'éclairage électrique et installés par le Syndicat des
électriciens.

On posa, dans ce but, une file de tuyaux de $0^m,108$ de diamètre,
suivant le même circuit que la conduite d'eau de Seine à haute
pression et raccordée, aux deux extrémités du Palais, près des avenues de Suffren et de La Bourdonnais, avec les conduites de la Compagnie parisienne.

Cette compagnie fournissait le gaz, à raison de 0 fr. 20 le mètre
cube, pour l'administration, et de 0 fr. 20 par cheval-heure, pour
le Syndicat des électriciens.

Deux compteurs, l'un de 200 mètres cubes, l'autre de 40 000 mètres cubes, furent prêtés gratuitement, à titre d'objets exposés, par
la *Compagnie continentale pour la fabrication des compteurs à gaz* et
par la *Compagnie pour la fabrication des compteurs et du matériel
d'usines à gaz.* De ces deux appareils, le second avait des dimensions excédant de beaucoup celles que nécessitait le service; mais
il ne pouvait en résulter aucun inconvénient.

Le Syndicat des électriciens devait recevoir gratuitement pendant le jour le gaz consommé par ses moteurs, qui figuraient comme
machines exposées, et le payer au contraire pendant la soirée en
qualité d'entrepreneur de l'éclairage.

Afin d'éviter la pose de compteurs spéciaux et la sujétion de
relevés journaliers, pour le départ entre la consommation au compte
du service mécanique et la consommation au compte du Syndicat,
on prit le parti de déterminer expérimentalement le rapport entre
le volume consommé et le nombre de watts fournis par les dynamos;

les expériences firent en outre connaître le nombre de watts et le nombre de chevaux produits par les moteurs ; elles montrèrent que la consommation était de 750 litres par cheval-heure. Il suffisait, dès lors, de relever chaque jour le travail électrique des machines, à l'aide du voltmètre et de l'ampère-mètre, pour en déduire la consommation spéciale à l'éclairage électrique, ainsi que le travail correspondant, et pour arrêter en conséquence le compte de l'administration et celui du Syndicat.

Le service a eu à payer, pendant la durée de l'Exposition, une somme de 19 350 francs, pour une consommation de 96 750 mètres cubes à la charge de son budget.

VII. — **Production et distribution de la vapeur dans le Palais des machines.** — a. *Production et fourniture de la vapeur.* — La consommation de vapeur dans le Palais des machines devait être considérable. Dès les premiers mois de 1888, les renseignements consignés dans les demandes d'admission, en conformité de l'article 33 du règlement général, permettaient de prévoir que cette consommation atteindrait au moins 40 000 kilogrammes par heure et d'en supputer la répartition approximative entre les diverses parties du Palais.

L'administration avait entièrement réservé la fourniture aux constructeurs français et étrangers, qui, après avoir été admis à exposer, présenteraient des appareils reconnus acceptables, sous tous les rapports, par le Comité technique des machines. Elle en avait d'ailleurs arrêté les conditions dans un projet de marché, antérieurement soumis aux délibérations de ce Comité.

Les prix de base étaient les suivants :

1° Fourniture normale pendant les 180 jours de durée de l'Exposition, à raison de 7 heures de travail par jour : par 1 000 kilos fournis en une heure . . . .   7 900 fr.

2° Fourniture en supplément pendant les heures réglementaires de marche : les 1 000 kil.   3

3° Fourniture en supplément, par suite d'une
prolongation de marche au delà de
7 heures par jour : les 1 000 kilos . .   3 fr.

Plus, pour chaque heure supplémentaire, une
rémunération, à titre de main-d'œuvre,
de.   3

4° Fourniture supplémentaire provenant d'une
prolongation de la durée de l'Exposition :
les 1 000 kilos   5

Moyennant ces sommes, les fournisseurs devaient pourvoir à
toutes leurs installations, y compris les abris, les cheminées, les
conduites d'adduction des eaux alimentaires entre la grande galerie
de 2^m,40 et les générateurs, et les conduites de vapeur dans les
limites que j'indiquerai plus loin.

A la suite de la publicité qu'avait reçue le projet de marché,
d'importantes maisons de construction françaises, belges et anglaises
formulèrent des offres, pour la fourniture d'environ 50 000 kilogrammes par heure. Tous les concurrents avaient jugé insuffisant
le prix à forfait de 7 900 francs, que l'administration dut relever à
8 500 francs.

Après examen par le Comité technique des machines, les offres
furent agréées, sauf répartition nouvelle de la fourniture, de manière à ne pas dépasser le total de 40 000 kilogrammes. Une fois
cette répartition opérée, le Commissariat général passa des contrats
définitifs avec les concessionnaires.

Mais bientôt, la confiance dans le succès de l'Exposition s'affermissant chaque jour davantage, les exposants redoublèrent d'efforts
pour mieux utiliser les emplacements qui leur étaient accordés et
pour montrer en mouvement des appareils plus nombreux et plus
puissants ; les sections étrangères se garnirent en outre plus complètement. Les prévisions de consommation allaient se trouver considérablement dépassées : pour les sections belge et suisse, notamment, elles étaient triplées. Il s'agissait désormais de fournir, non
plus 40 000 kilogrammes de vapeur, mais au moins 60 000 kilogrammes se répartissant ainsi :

CLASSES OU SECTIONS	VAPEUR	
	pour FORCE MOTRICE (1).	pour APPAREILS DIVERS,
	kilogr.	kilogr.
Classe 48. Matériel des mines et de la métallurgie.	800	»
50. Matériel des industries alimentaires. .	1 080	940
52. Mécanique générale.	4 010	8 000
53. Machines-outils.	2 542	»
54-55. Matériel de la filature et du tissage.	2 790	»
57. Matériel de la confection du mobilier.	1 125	»
58. Matériel de la papeterie	2 020	1 105
62. Électricité	2 000	1 250
Belgique.	1 620	11 220
États-Unis	1 800	3 500
Grande-Bretagne	2 300	3 500
Suisse.	2 250	7 090
TOTAUX.	24 337	36 605
TOTAL GÉNÉRAL.	60 942	

1. — A raison de 13 kilogrammes par cheval-heure.

Des contrats supplémentaires durent être passés avec les soumissionnaires primitifs et la fourniture se trouva définitivement répartie comme l'indique le tableau ci-après :

NOMS DES FOURNISSEURS.	NOMBRE de CHAUDIÈRES.	SYSTÈME DE CHAUDIÈRES.	POIDS DE VAPEUR par heure.
			kilogr.
Cⁱᵉ Babcock et Wilcox.	2	Multitubulaires.	7 000
Conrad Knap et Cⁱᵉ . .	1	Idem.	1 500
Daydé-Pillé.	2	Multitubulaires, système Lagorse et Boucher. .	3 000
Roser	5	Multitubulaires.	8 500
De Naeyer	5	Idem.	12 500
Belleville et Cⁱᵉ. . . .	6	Idem.	10 000
Weyher et Richemond.	2	Tubulaires à retour de flammes. . .	2 000
Cⁱᵉ de Fives-Lille. . .	1	Idem. . . .	620
Crespel-Fontaine . . .	1	Semi-tubulaire avec réchauffeur. . .	1 000
Dulac	1	Système Dulac à tubes Field.	1 000
Davey Paxman et Cᵒ. .	4	Type locomotive.	5 000
TOTAL.			52 120

On n'arrivait pas encore au total de 60 000 kilogrammes. Mais l'administration avait tout intérêt à rester en dessous de ce chiffre, que les défections de la dernière heure pouvaient réduire : d'une part, en effet, l'allocation correspondant au poids de vapeur fixé par le contrat avait un caractère forfaitaire et était acquise aux concessionnaires, alors même que la consommation eût été moindre ; d'autre part, le prix des fournitures supplémentaires était inférieur au prix des fournitures normales. La puissance des générateurs offrait d'ailleurs assez d'élasticité pour mettre à l'abri de tout mécompte.

Les concessionnaires furent répartis en sept groupes, dont six dans la cour de la force motrice et un dans le jardin d'isolement. Ces groupes desservaient des secteurs déterminés de l'Exposition.

Presque tous les constructeurs élevèrent, pour abriter leurs générateurs, des bâtiments à charpente métallique, avec remplissage en briques ; la distance entre le Palais des machines et ceux de ces bâtiments, qui étaient adossés à l'avenue de La-Motte-Piquet, fut fixée à 13^m,50.

Dans la cour de la force motrice, les cheminées eurent leur axe placé à 22 mètres du Palais et furent ainsi assises sur un sol sableux très favorable aux fondations. Leur hauteur était de 35 mètres, minimum arrêté par l'administration pour les générateurs chauffés à la houille. La plupart des concessionnaires donnèrent la préférence à la construction en briques, et les entrepreneurs auxquels ils confièrent leurs travaux présentèrent des spécimens d'une exécution fort remarquable ; cependant MM. de Naeyer et Daydé-Pillé établirent des cheminées en tôle ; celle de MM. Daydé-Pillé, dont la stabilité était assurée sans haubans pas des contreforts bien étudiés, mérite une mention spéciale.

Bien que compris dans le même groupe, les constructeurs tinrent en général à avoir leurs bâtiments séparés ; dans trois groupes, ils se mirent d'accord pour n'avoir qu'une cheminée et l'élever à frais communs.

Aux termes des marchés, l'administration devait mettre gratuitement à la disposition des concessionnaires l'eau d'alimentation de leurs générateurs, et les autorisait à greffer des branchements sur la conduite maîtresse d'adduction des eaux de Seine à basse pression dans le Palais des machines. Ces branchements, placés dans les galeries transversales de $0^m,90$, étaient munis de compteurs dont la clef restait entre les mains de l'inspecteur du service mécanique, chargé d'en relever les indications tous les matins. Les contrats interdisaient d'ailleurs aux concessionnaires d'opérer la vidange des chaudières autrement qu'en présence de l'inspecteur et leur prescrivaient de veiller à la fermeture des robinets d'évacuation et de purge, de manière à ne pas fausser les résultats de la vaporisation. On pouvait donc se rendre compte chaque jour du volume d'eau réellement vaporisé, c'est-à-dire du poids de vapeur fournie.

Les indications relatives à la tension de la vapeur étaient données par un manomètre enregistreur à deux clefs, dont l'une demeurait entre les mains de l'inspecteur du service mécanique. Cette tension, généralement assez élevée dans les chaudières, était maintenue à 7 kilogrammes environ dans les conduites, au moyen de détendeurs.

Grâce à la perfection des générateurs et au zèle du personnel, l'alimentation du Palais s'est faite avec une régularité irréprochable. Il ne s'est pour ainsi dire produit aucun arrêt de chaudière, en dehors des jours réglementaires de nettoyage, malgré la surcharge de travail qu'ont imposée à certaines heures de la journés les nécessités du service.

Signalons, en passant, le concours ouvert par l'Administration, au mois d'octobre 1889, entre tous les chauffeurs qu'elle employait pour l'Exposition. Ce concours, organisé par M. Souchet, président de la fédération centrale des chauffeurs-conducteurs mécaniciens de France, permit de récompenser les agents les plus habiles et les plus méritants, en leur délivrant des diplômes conformément aux décisions d'un jury formé par les professeurs des cours de chauffeurs.

On trouvera, récapitulées dans le tableau suivant, les quantités
de vapeur fournies par les divers concessionnaires et les sommes
qui leur ont été payées par l'administration :

| NOMS DES FOURNISSEURS. | POIDS | | SOMME PAYÉE. |
	PRÉVU pour la marche normale de 180 jours.	FOURNI effectivement.	
	kilogr.	kilogr.	fr. c.
Compagnie Babcock et Wilcox. . .	8 820 000	5 070 640	60 455 20
Conrad Knap et Cⁱᵉ.	1 890 000	1 833 800	15 037 70
Daydé-Pillé.	3 780 000	4 163 670	27 543 01
Roser.	10 710 000	11 011 380	75 126 64
De Naeyer.	15 750 000	22 757 398	122 705 39
Belleville et Cⁱᵉ.	12 600 000	12 930 911	88 194 68
Weyher et Richemond	2 520 000	2 465 203	17 478 01
Compagnie de Fives-Lille	781 200	699 670	5 382 75
Crespel-Fontaine.	1 260 000	1 685 635	10 058 40
Dulac.	1 260 000	1 591 123	9 742 62
Davey Paxman et Cᵒ.	6 300 000	4 588 008	43 068 80
TOTAUX.	65 671 200	68 797 438	472 813 20

Pour se rendre compte de la consommation totale de vapeur
dans l'Exposition, il faudrait ajouter aux chiffres du tableau précédent la production d'un très grand nombre de générateurs épars
dans l'enceinte et affectés à la classe 65 (Navigation), au groupe
des produits alimentaires, aux ascenseurs de la Tour, aux ponts
roulants, aux stations électriques, etc. Il n'y avait pas moins de
34 chaudières ainsi disséminées, pouvant vaporiser près de 70 000 kilogrammes par heure.

b. *Tuyauterie.* — La grande largeur du Palais des machines et
la distance relativement considérable qui séparait les générateurs
des centres de consommation, surtout vers le jardin d'isolement,
ont donné lieu à de sérieuses difficultés dans l'étude et l'exécution

du réseau de distribution de la vapeur : dans certains cas, l'espace à franchir atteignait 270 mètres.

Conformément aux stipulations des marchés de fourniture de vapeur, les concessionnaires devaient établir à leurs frais : 1° dans les galeries de $0^m,90$, les conduites d'adduction de la vapeur; 2° dans les grandes galeries longitudinales de la nef, les conduites maîtresses de distribution. Pour chaque groupe, il ne devait y avoir qu'une conduite maîtresse, placée à frais communs et recueillant la vapeur envoyée par toutes les chaudières de ce groupe.

Les contrats prescrivaient aussi : 1° de disposer sur les canalisations, de 20 mètres en 20 mètres, des presse-étoupes pour parer aux effets de la dilatation; 2° de munir les conduites de purgeurs automatiques, en tous les points où la distribution du circuit rendrait cette mesure nécessaire; 3° d'entourer les tuyaux d'une enveloppe calorifuge, limitant à 50 degrés la température de la surface extérieure; 4° d'adapter aux conduites maîtresses des tubulures de $0^m,15$, pour les prises de vapeur des machines motrices, et des tubulures de $0^m,10$, pour les branchements des exposants.

Au début, on constata d'assez nombreuses ruptures de joints; mais la situation ne tarda pas à s'améliorer. M. Vigreux, chef du service mécanique de l'Exposition, signale en particulier et recommande le système de joints employé par MM. de Nayer et Cie dans les conduites qu'ils avaient à installer et dont la longueur totale s'élevait à 420 mètres environ. Ces conduites, de $0^m,20$ de diamètre, étaient en fonte : les constructeurs en avaient formé les joints au moyen de bagues en fer, coniques à leurs deux bouts, qui s'emboîtaient dans des fraisures pratiquées aux extrémités des tuyaux; quant aux joints à dilatation, ils consistaient en presse-étoupes, avec partie glissante en bronze tourné. L'étanchéité de tous les joints a été parfaite, et pas une fuite ne s'est produite pendant toute la durée de l'Exposition.

Divers dispositifs ont été adoptés pour supporter les tuyaux dans les galeries voûtées. Celui qui a été présenté par la Compagnie de Fives-Lille et appliqué par plusieurs constructeurs se recommande spécialement. Le type des supports variait suivant qu'ils étaient situés près d'un joint à dilatation ou dans la partie courante ; les supports d'ancrage présentaient des scellements très solides, pour résister aux efforts de la dilatation et assurer le jeu des presse-étoupes.

Un règlement détaillé édictait des prescriptions très rigoureuses pour la manœuvre des vannes et l'entretien des conduites de vapeur. On a pu ainsi éviter tout accident.

Chaque groupe de générateurs avait d'ailleurs été relié par une sonnerie électrique au bureau du service mécanique, ce qui permettait, le cas échéant, de faire fermer sans délai les vannes de prise de vapeur correspondant à ce groupe : la précaution n'était pas inutile, eu égard à l'étendue des distances à franchir et aux obstacles qu'aurait pu rencontrer la transmission rapide des ordres, s'il avait fallu traverser la foule souvent compacte des visiteurs.

L'Administration devait établir à ses frais les caniveaux destinés à recevoir les conduites de vapeur et d'eau de condensation des machines fournissant la force motrice au Palais.

Ces caniveaux, aboutissant aux regards des galeries voûtées, étaient formés de caisses en bois de 1 mètre de largeur, dont j'ai précédemment indiqué le prix de revient. Les panneaux mobiles qui les surmontaient au niveau du plancher permettaient la manœuvre des vannes et la réparation des joints.

VIII.— Production et distribution de la force motrice dans le Palais des machines. — a. *Installation et travail des machines motrices.* —. Quatre lignes d'arbres de couche étaient disposées suivant les lignes médianes des quatre massifs de 15 mètres, affectés dans toute la longueur de la nef, de part et d'autre de son axe, à l'exposition des machines en mouvement. Afin de faire participer un plus grand nombre de constructeurs exposants à la fourniture de la force motrice, l'Administration avait jugé à propos de diviser ces lignes d'arbres en 30 tronçons de 45 mètres environ de longueur, actionnés chacun par un moteur spécial ; deux machines supplémentaires durent en outre être employées, l'une pour commander une transmission additionnelle dans les classes 54 et 55, l'autre pour une dynamo qui envoyait environ 50 chevaux de force à la classe 49, sur le quai d'Orsay.

La force demandée par les exposants était la suivante :

CLASSES OU SECTIONS	FORCE MOTRICE
	Chevaux.
Classe 48. Matériel des mines et de la métallurgie.	65,0
50. Matériel des usines agricoles et des industries alimentaires.	169,0
51. Matériel des arts chimiques, de la pharmacie et de la tannerie.	51,0
52. Mécanique générale.	136,0
53. Machines-outils.	56,0
54. Matériel de la filature et de la corderie.	74,0
55. Matériel du tissage.	28,0
56. Matériel de la couture et de la confection des vêtements.	26,5
57. Matériel de la confection du mobilier.	107,0
58. Matériel de la papeterie, des teintures et des impressions.	82,0
59. Machines et procédés usités dans divers travaux.	28,0
61. Matériel des chemins de fer.	2,0
62. Électricité.	384,0
63. Matériel du génie civil.	5,0
Belgique.	215,0
États-Unis.	108,0
Grande-Bretagne.	154,0
Suisse.	108,0
TOTAL.	1 798,5

C'était, en nombre rond, 1 800 chevaux qu'il s'agissait de produire, non compris la classe 49.

Comme pour la production de la vapeur, l'Administration avait préparé un projet de marché, d'accord avec le Comité technique des machines, et en avait adressé un exemplaire aux principales maisons capables de concourir.

Voici quels étaient les prix de base :

fr. c.

1° Fourniture normale pendant les 180 jours de durée de l'Exposition, à raison de 7 heures de marche effective par jour : par cheval indiqué 40,00

2° Fourniture en supplément pendant les heures réglementaires de marche : par cheval-heure indiqué. 0,032

3° Fourniture en supplément, par suite d'une prolongation de marche au delà de 7 heures par jour : le cheval-heure indiqué 0,032

Plus, pour chaque heure supplémentaire, une rémunération fixe de. 2,00

4° Fourniture en supplément, due à une prolongation de la durée de l'Exposition : le cheval-heure indiqué 0,05

De même que dans les marchés relatifs à la vapeur, la rétribution afférente à la fourniture normale pour le nombre de chevaux prévu au contrat avait un caractère forfaitaire ; elle était due, alors même que le travail effectif serait inférieur aux prévisions : l'Administration ne pouvait en effet imposer aux soumissionnaires les frais de construction et d'installation de moteurs d'une puissance déterminée, sans leur garantir un minimum de rémunération.

Au commencement de 1888, la Direction générale de l'exploitation avait reçu de constructeurs français et étrangers des offres en rapport avec ses besoins. Après examen de ces offres par le Comité technique des machines, trente-deux soumissionnaires furent agréés et l'Administration conclut avec eux des traités définitifs, en les répartissant dans le Palais, d'après le rapport entre la puissance de

DÉSIGNATION DES CONCESSIONNAIRES.	NATIONALITÉ ET SIÈGE DES ÉTABLISSEMENTS	SYSTÈME DES MACHINES.	FORCE RÉELLE des machines.	FORCE A FOURNIR d'après les marchés.
			Chevaux.	Chevaux.
Berendorf fils	FRANCE. . . . Paris. . . .	Machine horizontale à un cylindre. .	50	40
Biétrix et Cie	St-Étienne..	Machine horizontale Compound; tiroirs rotatifs.	120	85
Boulet et Cie	Paris. . . .	Machine horizontale Compound; tiroirs plans.	100	75
Brasseur	Lille	Machines Wheelock; tiroirs cylindriques.	300	110
Buffaud et Robatel	Lyon. . . .	Machine pilon Compound	75	40
Cail (Société des anciens établissements).	Paris. . . .	Machine pilon Compound	200	40
Casse et fils	Fives-Lille .	Machines jumelles à balancier, système Fourlinier.	600	110
Chaligny et Cie	Paris. . .	Machine Compound horizontale. . .	60	50
Darblay	Essonnes. .	Machine horizontale à un cylindre, genre Corliss.	40	40
Douane, Jobin et Cie	Paris. . . .	Machine Pilon Woolf, syst. Quéruel.	100	75
Fives-Lille (Compagnie de).	Lille	Machine horizontale à un cylindre; quatre tiroirs plans.	100	75
Lecouteux et Garnier. . .	Paris. . . .	Machine horizontale à un cylindre, système Corliss.	300	110
Olry, Granddemange et Coulaughon.	Paris. . . .	Machine horizontale Compound; tiroirs plans	80	55
Powell	Rouen . . .	Machine horizontale à triple expansion; tiroir cylindrique.	150	90
Schneider et Cie	Le Creusot..	Machine horizontale, système Corliss, type 1885.	360	110
Société alsacienne de constructions mécaniques.	Belfort. . .	Machines jumelles Compound, système Frickart.	100	60
Société anonyme de constructions mécaniques.	Anzin. . . .	Machines jumelles Compound, système Wheelock.	160	90
Société centrale de constructions de machines.	Pantin . . .	Machine pilon à triple expansion. .	150	100
Société des forges et fonderies de l'Horme.	Lyon. . . .	Machine horizontale Compound. . .	240	80
Société française de matériel agricole.	Vierzon. . .	Machine horizontale Compound. . .	50	40
Windsor.	Rouen. . . .	Machine Woolf en tandem; distribution par soupapes.	150	90
Berger (André)	ALSACE. . . . Thann.. . .	Machines jumelles horizontales Compound; quatre distributeurs Corliss.	100	75
Carels frères.	BELGIQUE. . . Gand	Machines jumelles horizontales, système Sulzer.	350	110
Société anonyme le Phénix.	Gand. . . .	Machines jumelles Compound; tiroirs plans	100	100
Brown et Cie	ÉTATS-UNIS . . Fichtburg..	Machine horizontale à un cylindre; quatre tiroirs plans.	100	100
Straight Line Engine Co. .	Syracuse. .	Machine horizontale à un cylindre; deux tiroirs plans.	100	100
Davey Paxman et Cie. . .	Gde-BRETAGNE. Colchester..	Machines jumelles Compound; tiroirs plans	150	95
Davey Paxman et Cie. . .	Colchester..	Machine horizontale à un cylindre. .	125	80
Escher Wyss et Cie. . . .	SUISSE . . . . Zurich . . .	Machines jumelles Compound, système Frickart.	150	90
Ateliers de construction d'Oerlikon.	Oerlikon . .	Machine pilon Compound	300	110
Société suisse pour la construction de locomotives et machines.	Winterthur.	Machine horizontale Compound. . .	120	85
Sulzer.	Winterthur.	Machines jumelles Compound, système Sulzer.	150	90
TOTAUX			5 320	2 600

leurs moteurs et la force à livrer sur chacun des tronçons des arbres de couche, et en plaçant autant que possible les machines étrangères dans leurs sections respectives.

On trouvera ci-dessus la liste des concessionnaires, avec l'indication de la force réelle de leurs machines et celle de la force à fournir d'après les marchés.

A l'inverse de ce qui a été constaté pour la production de vapeur, la force totale indiquée dans les marchés dépassait sensiblement la force demandée par les classes ou sections.

Le nombre de tours par minute variait, suivant les machines, de 60 à 220; la consommation totale de vapeur accordée par l'Administration, pour une pression de 7 kilogrammes dans la conduite générale, était de 25 200 kilogrammes environ par heure, ce qui faisait ressortir à un peu moins de 10 kilogrammes la consommation moyenne par cheval-heure; les soumissionnaires avaient droit à un volume de 628 mètres cubes d'eau par heure, pour la condensation.

Sur les trente-deux machines, trois fonctionnaient gratuitement : 1° celle de MM. Darblay, dont l'action était limitée à leur machine à papier; 2° celles des États-Unis, établies sur la demande du commissaire général, alors que les crédits afférents à la section étaient déjà engagés.

Des relevés à l'indicateur, effectués pendant toute la période de l'exploitation, ont montré que les machines avaient en général une force suffisante, bien que renfermée dans les prévisions du contrat.

Ces prévisions n'ont été dépassées que pour cinq d'entre elles, qui ont eu à fournir un excédent de puissance de 89 chevaux.

La dépense forfaitaire, que les marchés fixaient à 99 400 francs, a été portée à 100 900 francs environ, par suite du petit excédent de travail produit par cinq moteurs et des heures supplémentaires demandées à toutes les machines.

Le fonctionnement des installations a été satisfaisant. Un seul accident sérieux s'est produit : le volant de la machine de la *Straight*

Line, dans la section des États-Unis, s'est rompu, mais heureusement les éclats n'en ont atteint aucun visiteur ; à la suite de cet accident, survenu en octobre, la machine a définitivement cessé d'être utilisée.

En général, les machines motrices, qui, pour la plupart, avaient pu être mises en service le jour de l'ouverture, n'ont subi d'autre arrêt que celui qui leur était accordé chaque mois, d'après le contrat.

Des dispositions avaient du reste été prises pour qu'en cas d'arrêt le tronçon correspondant de l'arbre de couche pût être relié par un manchon à l'un des tronçons voisins, et continuât ainsi à recevoir la force nécessaire. Cette faculté de jonction a été mise à profit, non seulement à l'occasion des arrêts mensuels réglementaires, mais encore au début, pour parer au retard dans le montage de certains moteurs ou à l'échauffement de paliers dans lesquels la poussière avait pénétré pendant la période d'installation.

L'Exposition de 1889 n'a pas révélé de type nouveau véritablement classique, comme celle de 1867, où étaient apparus les moteurs Corliss et Sulzer.

Cependant on a remarqué le grand nombre de machines horizontales jumelles : ces moteurs doubles ont l'avantage d'un mouvement très régulier, et se prêtent bien à l'application du système Compound, qui, combiné avec l'emploi de quatre distributeurs, assure une exploitation fort économique.

L'attention s'est également fixée sur les machines à triple expansion, que la marine a commencé à employer en 1874 et dont les spécimens présentés à l'Exposition alliaient l'économie de fonctionnement à la simplicité de construction.

Mentionnons encore l'installation des ateliers d'Oerlikon : au lieu d'actionner directement l'arbre de couche, la machine pilon Compound agissait sur une dynamo de très grand module ; celle-ci envoyait le courant à une réceptrice, sur l'arbre de laquelle étaient montées deux poulies recevant les courroies de commande.

b. *Dispositions générales de la transmission de mouvement.* —

Comme il a été dit précédemment, quatre bandes de 15 mètres de largeur étaient affectées, dans toute la longueur de la nef, à l'exposition des machines en mouvement (Série T, Pl. 1-2).

L'une des premières questions à résoudre fut celle de savoir si les arbres de couche seraient placés au-dessous ou au-dessus du sol. Chacune des deux solutions présentait des avantages et des inconvénients. Après un examen minutieux de la part du Comité technique des machines, la seconde parut devoir être adoptée.

Il était naturel d'attribuer à chaque zone de 15 mètres une ligne spéciale d'arbres de couche. Mais ces lignes d'arbres devaient-elles coïncider avec l'axe des massifs ou être rejetées latéralement? La position médiane fut préférée : elle convenait bien à l'établissement de la commande et avait en outre le mérite d'assurer, autant que possible, l'équilibre entre les composantes horizontales des tensions de courroies.

Pour que les installations des exposants ne fussent pas gênées par les courroies, il fallait placer les arbres à un niveau assez élevé : on admit la cote de 4^m,50 en contre-haut du sol.

La transmission reposait sur des supports en fonte dont l'espacement normal avait été fixé à 11^m,20, et qui consistaient en deux colonnes jumelées. Au droit des poulies motrices, ces supports étaient doublés, de manière à constituer des beffrois de 1^m,80 ou de 3^m,70 de largeur, suivant les cas. Chaque file de supports et de beffrois portait à sa partie supérieure une poutre à treillis destinée : 1° à la consolider et à l'entretoiser; 2° à recevoir des chaises pendantes espacées de 3^m,66 et disposées entre les supports; 3° à fournir des points d'appui pour les palans de manutention; 4° à servir de chemin de roulement pour un pont d'une force de 10 tonnes et d'une ouverture de 18 mètres (écartement de deux lignes d'arbres contiguës). Les ponts roulants devaient être utilisés, non seulement pour faciliter les opérations de levage, mais aussi pour promener les visiteurs pendant la période d'exposition.

Aux supports et aux chaises pendantes étaient adaptés des paliers dans lesquels tournaient les arbres de couche.

Telles furent les dispositions générales de la transmission de mouvement. Certaines dispositions exceptionnelles seront indiquées plus loin.

c. *Arbres de couche, paliers.* — Le diamètre normal des arbres de couche, primitivement fixé à $0^m,10$, fut ensuite réduit à $0^m,09$, chiffre suffisant pour distribuer 25 chevaux entre deux supports consécutifs. Dans les parties correspondant aux beffrois de $1^m,80$, l'arbre, attaqué par la poulie motrice à mi-distance entre les paliers, devait être un peu plus fort; son diamètre fut en conséquence porté à $0^m,14$. La même mesure ne s'imposait pas pour les beffrois de $3^m,70$: en effet, sur ces beffrois spéciaux, l'arbre était attaqué par deux poulies motrices placées près des paliers (Série T, Pl. 5).

Pour chaque file d'arbres de couche entre le grand passage transversal et l'extrémité de la nef, les divers tronçons pouvaient être réunis et solidarisés par des manchons d'accouplement, de manière à assurer le mouvement en cas d'arrêt de l'une ou l'autre des machines motrices. Cette solidarité conduisait à admettre la même vitesse de rotation. L'uniformité fut même étendue à toute la transmission. On s'arrêta à une vitesse de 150 tours par minute, en prenant pour base la moyenne des vitesses en usage dans les différentes industries représentées à l'Exposition.

Dans chacune des huit sections d'arbres de couche, l'accouplement éventuel des divers tronçons exigeait l'unité de sens de la rotation. L'administration dut avoir égard à cette nécessité dans la répartition des machines motrices.

Par suite de la nature des contrats, qui étaient de simples marchés de location, les constructeurs n'ont guère fourni que des paliers graisseurs de type courant. Entre les semelles des paliers et les plaques d'assise, étaient intercalées des planchettes en chêne; le réglage s'opérait, soit en rabotant les planchettes, soit en ajoutant des feuilles de carton.

Pour vérifier la position de l'axe et le niveau de chacune des lignes de transmission, on s'est servi de l'appareil imaginé par M. Leneveu, capitaine d'artillerie. Les résultats de l'opération étaient résumés dans un profil d'après lequel ont été effectuées les corrections.

Sans reproduire ici les calculs de résistance faits avec beaucoup de soin par le service mécanique et électrique, il est intéressant d'en rappeler les bases et les résultats.

On a supposé : 1° que le travail maximum des machines motrices serait limité à 150 chevaux et que ce travail se transmettrait aux arbres de couche par une ou deux poulies motrices de 2 mètres de diamètre et des courroies à brins parallèles, inclinés à 45 degrés ; 2° que la force prise entre deux paliers consécutifs atteindrait 25 chevaux et serait transmise par des poulies de 1 mètre et des courroies à brins parallèles, inclinés de même à 45 degrés.

Dès lors, en considérant les arbres comme coupés au droit des paliers, l'effort maximum par millimètre carré, dans les travées courantes, était de $11^{kil},12$ pour la flexion, de $2^{kil},535$ pour la torsion et de $11^{kil},50$ pour la résultante de la flexion et de la torsion : mais la solidarité des différentes travées réduisait notablement ces chiffres, en apparence excessifs. Dans les travées de beffroi, les efforts étaient respectivement de $4^{kil},44$, $5^{kil},333$, $6^{kil},95$, pour les beffrois de $1^m,80$, et de $7^{kil},7$, $2^{kil},535$, $8^{kil},10$, pour les beffrois de $3^m,70$.

La pression par centimètre carré sur les coussinets s'élevait à $7^{kil},12$ pour les travées courantes, à $8^{kil},48$ pour les beffrois de $1^m,80$, à $6^{kil},5$ pour les beffrois de $3^m,70$.

Les prix alloués aux fournisseurs des arbres et de leurs paliers ont été les suivants, pour location, entretien et graissage du mètre linéaire d'arbre :

		fr. c.
1° Fourniture normale pendant les 180 jours de durée de l'Exposition, à raison de 7 heures de marche effective par jour.		64,00
2° Fourniture en supplément pour prolongation de marche au delà de 7 heures : par heure.		0,04
3° Fourniture en supplément pour prolongation de la durée de l'Exposition : par journée de 7 heures.		0,40

Conformément à l'avis du Comité technique, des traités définitifs furent conclus avec les maisons dont la liste est indiquée au tableau ci-après :

NOMS DES FOURNISSEURS	LOTS
	mèt. c.
Burot	142 53
Casse et fils	166 49
Chérier	94 03
Darblay	28 75
Feray	94 03
Mathelin et Garnier	164 83
Orly, Granddemange et Coulanghon	93 20
Piat	209 63
Ravasse	111 18
Schneider	110 45
Société de Baume et Marpent	144 43
TOTAL	1 359 56

Ainsi que le montre ce tableau, la longueur totale des lots était de 1 360 mètres environ : les lignes étaient interrompues au droit du grand passage transversal; il n'y en avait qu'une aux abords du grand escalier d'honneur, près de l'avenue de Suffren; l'une des lignes isolées de cette extrémité du Palais fut d'ailleurs reportée dans l'angle du pignon de La Bourdonnais et de la façade de La Motte-Picquet.

Le minimum forfaitaire de dépense avait été fixé à 85 370 francs; la dépense effective a été de 88 345 francs. M. Darblay avait assumé gratuitement la charge de son installation.

Afin de garantir le bon entretien et le graissage, l'administration constatait, au moyen d'une feuille signée deux fois par jour, la présence de l'ouvrier que chacun des soumissionnaires devait avoir en permanence dans le Palais des machines.

Le fonctionnement a été normal. Au début, quelques paliers ont chauffé; mais la poussière qui s'y était introduite a promptement disparu par la circulation de l'huile.

d. *Supports et poutres.* — Les dimensions de la nef et l'emplacement des transmissions ne permettaient point de prendre des points d'appui sur la charpente métallique du Palais. Il fallait des supports indépendants. D'autre part, la distance de 18 mètres entre les deux files d'arbres occupant chacun des côtés de la nef était trop considérable pour un entretoisement transversal. Au contraire, les supports d'une même file longitudinale pouvaient être réunis par une poutre continue, établissant entre eux une étroite solidarité, s'opposant aux trépidations, répartissant les tensions de courroies, fournissant des points d'attache pour les palans, facilitant ainsi les travaux de montage et de démontage, recevant des chaises pendantes pour les paliers intermédiaires, servant enfin de chemin à des ponts roulants.

Comme il a été déjà indiqué, les supports étaient séparés par un intervalle de 11^m,20; placés à cette distance les uns des autres, ils n'encombraient nullement la nef et ne nuisaient point aux effets de perspective. Au droit des poulies motrices, qui devaient, en service courant, transmettre une force motrice allant au delà de 100 chevaux, il devenait indispensable d'avoir des supports plus résistants : l'administration prit le parti d'élever des beffrois dans lesquels s'engageaient les poulies. L'ouverture de ces beffrois fut fixée à 1^m,80 et exceptionnellement à 3^m,70, en face des machines motrices qui étaient pourvues de deux poulies-volants et appelaient dès lors deux poulies motrices sur l'arbre de couche.

La condition essentielle pour les supports était de présenter une rigidité et une stabilité qui assurassent leur résistance aux efforts de renversement développés par les tensions de courroies. Après de nombreuses études, le service s'arrêta à un modèle qui se composait de deux colonnes en fonte de 5^m,90 de hauteur, réunies à leur base par un socle, aux deux tiers de leur hauteur par un croisillon et au sommet par un entablement, le tout fondu en une seule pièce (Série T, Pl. 3). Le socle avait 3 mètres de longueur sur 1 mètre de largeur; six boulons le fixaient à la maçonnerie de fondation, sous laquelle ils étaient clavetés et butaient au moyen de plaques en fonte à nervures; des dispositions ingénieuses, qu'il m'est impossible de décrire ici, furent prises pour diriger avec certitude l'effort des clavettes suivant une des nervures des plaques, pour ne faire travailler les boulons qu'à la traction, pour donner aux supports une assise très étendue dans le sens des efforts, sans produire d'encombrement au niveau du plancher. Le croisillon comprenait une croix de Saint-André et deux traverses; la traverse supérieure, arasée à $0^m,175$ en dessous de l'axe de l'arbre, portait le palier par l'intermédiaire d'une cale en chêne, qui évitait tout travail d'ajustage, empêchait les trépidations de se propager et s'opposait au desserrage des boulons d'attache. Enfin, au-dessus des deux chapiteaux renforcés par des consoles, se développait l'entablement, sur lequel des boulons fixaient la poutre : celle-ci était d'ailleurs calée latéralement par des coins en fer. Ce modèle de support, d'un aspect décoratif et d'une construction économique, a très bien résisté; l'expérience a montré qu'il ne subissait aucune vibration.

Les supports de beffroi étaient simplement formés de deux supports ordinaires à double colonne.

A la limite des tronçons distincts d'arbres de couche, les supports recevaient deux paliers, entre lesquels venait se placer le manchon d'accouplement : de fortes consoles soutenaient ces paliers en porte à faux.

Des supports spéciaux portaient les deux lignes isolées d'arbres de couche, placées, l'une près de l'escalier d'honneur (côté de l'avenue de Suffren), l'autre dans l'angle du pignon de La Bourdonnais et de la façade de La Motte-Picquet. Ces supports indépendants, sans poutre supérieure de liaison, étaient également en fonte; leur section, circulaire au sommet, s'allongeait au fur et à mesure que l'on se rapprochait du socle, et dessinait une sorte de colonne méplate très évasée à sa partie inférieure; des vides élégissaient les faces latérales; le socle avait 2^m,70 sur 0^m,65 (Série T, Pl. 4).

Beffrois et supports de toute nature étaient assis sur des massifs de 1^m,85 d'épaisseur en aggloméré de sable fin, gravillon et ciment de Portland.

Par des calculs consciencieux, le service a établi que, sous l'action du poids propre de la transmission, des forces motrices et de la charge du pont roulant, le travail dans les supports du type ordinaire les plus fatigués, ceux des beffrois de 3^m,70, ne dépassait pas 0^{kil},275 à la flexion et 1 kilogramme à la compression; il a eu soin aussi de s'assurer que, dans l'hypothèse la plus défavorable, la résistance au renversement serait toujours assurée.

La construction et le montage des 164 supports et des boulons a été soumissionnée par MM. Ferry, Curicque et Cie et par la Société de Brousseval, au prix de 28 francs les 100 kilogrammes pour les supports et de 40 francs pour les boulons. Au total, la dépense s'est élevée à 163 400 francs. La revente des matériaux a produit 43 900 francs (y compris le réservoir de distribution d'eau et les ventilateurs dont il sera parlé plus loin).

Quant aux massifs de fondation, ils ont coûté 31 200 francs.

Les poutres couronnant les supports avaient leur semelle inférieure à 1^m,20 au-dessus de l'axe des arbres de couche, afin de permettre l'emploi de poulies présentant un rayon de 1^m,10, aussi bien pour les commandes par courroies que pour les commandes par câbles.

A la suite d'études comparatives, on leur attribua une hauteur de 1^m,10 environ et une section trapézoïdale constituée : 1° par deux âmes à treillis, s'écartant l'une de l'autre du sommet vers la base; 2° par une semelle supérieure de 0^m,30; 3° par une semelle inférieure de 1^m,16; 4° par des cornières ouvertes ou fermées, reliant les âmes et les semelles. Cette forme était très rationnelle : elle n'assignait à la semelle supérieure que la largeur voulue pour porter le rail, et donnait au contraire à la semelle inférieure toute l'ampleur nécessaire pour recevoir les chaises pendantes; en outre, elle offrait de la résistance à la torsion.

En vue de simplifier l'exécution, le service fit fabriquer les poutres par tronçons de $11^m,20$, $3^m,70$ et $1^m,80$, correspondant à l'ouverture des travées courantes et des beffrois. A chaque extrémité et aux points où se fixaient les paliers intermédiaires, la semelle inférieure s'élargissait de manière à prendre une forme se raccordant avec celle de l'entablement des supports et des plaques de jonction des chaises pendantes; le treillis des âmes était remplacé par une tôle pleine, avec renforcements. L'attache s'effectuait à l'aide de boulons et de coins.

Un rail Brunel du poids de 22 kilogrammes formait le chemin de roulement; ce rail était rivé à la poutre sur $5^m,14$ de longueur, dans la partie centrale des travées, afin d'accroître la résistance.

Le travail à la flexion n'excédait pas $7^{kil},6$ par millimètre carré, sous l'effet des charges qu'avait à lever le pont roulant, et $6^{kil},24$, pendant les périodes de transport des visiteurs. Quant au travail développé par l'effort tranchant et la torsion, il était limité respectivement à $1^{kil},34$ et $0^{kil},16$ (Série T, Pl. 3, 4, 6 et 7).

Les chaises pendantes avaient une hauteur de $1^m,345$ entre la plaque d'assise du palier et les patins d'attache sur la poutre.

Elles étaient en fer. Leur profil, constitué par deux gabarits en cornière et une paroi intérieure en tôle, affectait la forme d'un V, ayant au sommet une ouverture de 1 mètre égale à celle de la poutre et à la base une largeur dépassant un peu celle du palier, afin de permettre l'alignement des centres. De chaque côté du V, l'attache sur la poutre se faisait au moyen de boulons, avec interposition d'une planchette en chêne (Série T, Pl. 5).

Ce sont les concessionnaires des ponts roulants qui ont été chargés de la fourniture et de la pose des poutres et des chaises pendantes. L'intérêt qu'ils avaient à faire donner aux poutres le surcroît de résistance nécessaire pour les appareils les a conduits à accepter des prix dont ne se seraient point contentés d'autres constructeurs : les poutres étaient payées à raison de 27 francs les 100 kilogrammes et les chaises pendantes à raison de 60 francs.

Les dépenses ont été réglées à 156 300 francs; en fin d'Exposition, la revente des matériaux a donné 22 100 francs.

En définitive et sans rien défalquer pour la revente, le prix du mètre courant de transmission de mouvement avec supports à double colonne a été de 327 francs, et le même prix avec supports isolés, de 278 fr. 50.

e. *Transmissions secondaires.* — La Société alsacienne de constructions mécaniques ayant demandé d'occuper à elle seule le grand massif situé à droite du passage central, côté de Suffren, cette occupation exclusive a été autorisée sous la condition que la société installerait dans un massif voisin, de 10 mètres de largeur, une transmission avec arbre de $0^m,55$ pour divers exposants des classes 54 et 55 (Série T, Pl. 14).

Quelques-unes des classes, qui n'avaient pas d'emplacement dans les massifs traversés par les arbres de couche, durent cependant employer de petites quantités de force motrice. Telle était notamment la classe 56 (Matériel et procédés de la couture et de la confection des vêtements), dont les appareils, à raison de leur faible poids, avaient été placés au premier étage. Les 30 ou 35 chevaux de force dont elle avait besoin lui étaient transmis gratuitement par la Compagnie Edison : la machine à vapeur du Creusot actionnait une dynamo génératrice Edison de 28,000 watts; de là, le transport se faisait sous une différence de potentiel de 100 volts aux bornes de la génératrice; la réceptrice commandait un arbre tournant à 150 tours, monté par les soins et aux frais de la classe, et sur lequel étaient attelées les machines-outils.

IX. — Ponts roulants du Palais des machines. — L'intervalle de 18 mètres compris entre les deux lignes de poutres, dans chacune des moitiés de la nef, était précisément égal à l'ouverture ordinaire des halles de montage et se prêtait dès lors admirablement à l'installation de ponts roulants des modèles en usage.

Ces appareils étaient appelés à rendre les plus grands services aux exposants, pendant la période d'installation et la période de déménagement, en leur donnant des moyens de montage rapides et économiques. Affectés au transport des visiteurs pendant la période d'exposition, ils devaient fournir un mode de circulation original et nouveau, exercer un grand attrait sur le public et concourir au succès du groupe mécanique.

Il paraissait d'ailleurs hors de doute que l'entreprise tentât les spécialistes désireux de mettre en lumière les mérites de leur fabrication et pût être rémunératrice pour eux, ou du moins ne leur imposer que des sacrifices relativement minimes.

D'après le programme de l'Administration, les ponts roulants devaient être mus par l'électricité. Des transmissions par câbles eussent présenté trop de chances d'accidents pour les visiteurs et d'avaries pour les objets exposés, dans le cas où une rupture serait venue à se produire. Au surplus, les questions de transport et de distribution de l'énergie électrique étant à l'ordre du jour, un intérêt exceptionnel s'attachait à l'expérience ainsi faite sous les yeux de millions de personnes.

MM. Bon et Lustremant, d'une part, Mégy, Echeverria et Bazan, d'autre part, répondirent à l'appel de l'Administration; ils s'engagèrent solidairement à installer deux ponts desservant chacun une des lignes doubles de poutres.

Aux termes du contrat, les soumissionnaires entreprenaient la fourniture et la pose des poutres et des chaises pendantes, à des prix dont la modicité formait la contre-partie des avantages résultant pour eux de la concession des ponts roulants.

Ils avaient la faculté : 1° de déterminer à leur gré le prix de location des appareils pendant les périodes d'installation et de démontage; 2° de percevoir une taxe de 0 fr. 50 au maximum par visiteur transporté, soit à l'aller, soit au retour, pendant la période d'exposition.

Tous les objets compris dans leur concession ou leur entreprise étaient considérés comme objets exposés et soumis en conséquence à l'examen du jury des récompenses.

Les deux ponts roulants avaient une force de 10 tonnes au crochet. Leur course était de 325 mètres. Ils laissaient une hauteur libre sous poutre de 6^m,80, chiffre réduit à 5^m,90, près de l'une des extrémités, par la saillie de la cabine dans laquelle se tenait le mécanicien.

Aux terminus des voies de roulement avaient été aménagés des embarcadères, auxquels on accédait par des ascenseurs hydrauliques et des escaliers; le type d'escalier à vis adopté par MM. Mégy, Echeverria et Bazan rendait le mouvement de montée indépendant du mouvement de descente.

L'installation de force motrice, créée par les concessionnaires dans la cour voisine de l'École militaire, comprenait : 1° un générateur du système Petry-Chaudoir; 2° deux machines à vapeur et deux dynamos génératrices. MM. Bon et Lustremant employaient une machine à vapeur de 25 chevaux, système Westinghouse, tournant à 400 tours, et une dynamo Gramme; MM. Mégy, Echeverria et Bazan avaient une machine pilon de 15 chevaux, système Mégy, tournant à 600 tours, et une dynamo système Miot.

Le courant des dynamos arrivait par des fils souterrains à la base des colonnes de l'une des extrémités du parcours, puis était lancé dans un conducteur en cuivre fortement tendu et reposant de distance en distance sur des isolateurs en porcelaine; un collecteur à galet soulevait le conducteur au passage du pont et le laissait retomber sur les supports. Quant au fil de retour, il était établi dans des conditions identiques.

Sur chacun des ponts, une dynamo réceptrice commandait les trois mouvements de levage du fardeau, de déplacement transversal du chariot porte-crochet et de déplacement longitudinal. La transmission se faisait, pour l'un des ponts, par friction plate, et pour l'autre, par engrenages simples, à l'aide de l'embrayage élastique, graduel et sans choc, du système Mégy.

Le prix de location par heure pour la manutention était de

30 francs; en ce qui concerne le transport des visiteurs, les concessionnaires ont perçu le maximum de 0 fr. 50 assigné à la taxe par leur marché avec l'Administration.

Il résulte des constatations faites pendant la période d'exposition que le pont de MM. Bon et Lustremant pouvait marcher avec une vitesse de $0^m,52$ à la seconde et effectuer vingt-quatre voyages par jour. Cet appareil a parcouru 1 500 kilomètres, dont 1 350 kilomètres pour le transport des visiteurs, et fourni une recette totale de 96 865 francs.

Quant au pont de MM. Mégy, Echeverria et Bazan, sa vitesse ordinaire de translation était de $0^m,60$, bien qu'il ait donné une vitesse de $1^m,10$, avec un poids de 6 tonnes suspendu au crochet. Son parcours total a atteint 1 800 kilomètres, et la recette correspondante s'est élevée à 103 500 francs.

X. — Ascenseurs. Ventilateurs du Palais des machines. —

Indépendamment des ascenseurs desservant les plates-formes des ponts roulants, il y en avait quatre autres dans le Palais des machines, savoir : 1° deux ascenseurs hydrauliques installés par M. Samain dans les piliers du petit dôme et conduisant aux galeries du premier étage; 2° un ascenseur hydraulique établi par M. Édoux au pied de l'escalier d'honneur et relié au premier palier; 3° un ascenseur électrique monté par M. Chrétien dans l'un des grands pylônes du pignon La Bourdonnais.

Les ascenseurs de M. Samain utilisaient la pression de l'eau dans les conduites de distribution; ils étaient pourvus, l'un d'un piston télescopique, l'autre d'un piston ordinaire; leur particularité consistait en un appareil compensateur hydraulique.

M. Édoux avait disposé son ascenseur dans un pylône métallique, couronné à 23 mètres de hauteur par une galerie d'où l'on avait un beau coup d'œil sur la nef. L'appareil, à piston plongeur, recevait son eau d'un accumulateur et d'une pompe à compression exposés par M. Morane jeune; cette pompe était actionnée par un cylindre à vapeur spécial.

Dans l'ascenseur de M. Chrétien, la machinerie comprenait une dynamo génératrice mise en mouvement par l'une des machines à vapeur de MM. Farcot et fils, et une dynamo réceptrice placée au sommet du pylône. Cette dernière dynamo commandait, au moyen de vis sans fin, des poulies à gorge sur lesquelles passaient huit câbles soutenant la cage ; des contrepoids attachés aux extrémités des câbles équilibraient le poids mort.

Le prix des ascensions avait été fixé à 0 fr. 25 pour les ascenseurs de MM. Édoux et Chrétien, et à 0 fr. 15 pour ceux de M. Samain ; les concessionnaires devaient verser à l'Administration 0 fr. 05 par personne. Des compteurs sous scellés enregistraient le nombre des ascensions.

On avait ménagé pour la ventilation du Palais un intervalle de $0^m,025$ entre les diverses rangées de vitres de la toiture. Mais l'air frais, qui pénétrait par les portes et les autres baies latérales, s'élevait immédiatement vers la couverture, sans atteindre la partie centrale de la nef, où la température devint par suite très élevée pendant les chaleurs de juillet et d'août.

Pour y remédier, le service mécanique fit adapter aux arbres de transmission cent ventilateurs, qui se composaient de deux grandes palettes en tôle boulonnées à des bras en fonte (Série T, Pl. 14).

XI. — Installations spéciales de la classe 49 (quai d'Orsay). — La classe 49, située au quai d'Orsay, comprenait le matériel agricole, dont une partie devait être montrée en activité.

Pour divers motifs, l'administration n'avait pas voulu produire sur place la force motrice nécessaire, évaluée à 25 chevaux. Cette force, empruntée à la machine à vapeur de M. Brasseur, dans le Palais des machines, était transmise gratuitement, à l'aide d'une installation électrique comportant : 1° deux dynamos à double anneau, système Marcel Deprez (une génératrice dans le Palais et une réceptrice dans les galeries de l'agriculture), qu'avait fournies la *Société pour la transmission de la force* ; 2° une ligne de

2 800 mètres de longueur montée par la maison Lazare Weiller. Le transport s'effectuait sous une différence de potentiel de 1 000 volts.

La ligne, formée de fil en bronze siliceux et portée par des iso- lateurs à liquide, sortait du Palais à l'angle de l'avenue de La Bourdonnais et gagnait le quai d'Orsay en suivant l'avenue Bosquet, sur des supports en cornières d'acier de 7 mètres de hauteur, espacés de 75 mètres.

Un arbre de couche de 206 mètres de développement, reposant sur des chevalets en bois de 1 mètre de hauteur moyenne au- dessus du sol et fourni par MM. Delsart et Senet, dans des condi- tions analogues à celles que j'ai relatées pour les arbres du Palais des machines, communiquait le mouvement aux appareils exposés. Cet arbre se divisait en deux tronçons placés à des niveaux dif- férents, pour racheter la pente du quai dans l'étendue des galeries (Série T, Pl. 15).

Une ligne téléphonique reliait le Palais des machines et la classe 49.

La dépense pour l'arbre et les supports s'est élevée à 10 300 francs; elle a été imputée sur le crédit spécial de l'expo- sition agricole. Rapportée au mètre courant, cette dépense est de 50 francs.

La Société Thomson-Houston a également fait un transport de force entre son exposition du Palais des machines et la section américaine d'agriculture, au quai d'Orsay. L'installation de cette société était particulièrement intéressante, en ce qu'elle effectuait une distribution.

Placée dans le Palais, la génératrice était à enroulement com- pound; elle tournait à 900 tours, en débitant 125 ampères à 500 volts (80 chevaux environ).

La ligne de transport empruntait les poteaux de la *Société pour la transmission de la force*, le long de l'avenue Bosquet.

Au quai d'Orsay, la réceptrice excitée en shunt tournait à 1 125 tours et actionnait une seconde dynamo génératrice, du type Thomson-Houston compound à induit sphérique, tournant à 1 150 tours, réglable à volonté au moyen d'un rhéostat disposé sur son shunt inducteur, et distribuant son courant, par l'intermédiaire d'un égalisateur de potentiel, à divers petits moteurs de 220 et 110 volts.

XII. — Ensemble des dépenses payées sur les crédits du service mécanique. — Les dépenses payées sur les crédits du service mécanique ont été de 1 388 498 fr. 83 (Voir page 260).

Malgré tous les frais imprévus qui lui ont été imposés, le service mécanique a pu ne dépasser que de 4 250 francs son crédit principal et ne prélever que 1 000 francs sur sa réserve de 200 000 francs. La revente des matériaux a d'ailleurs apporté à l'Administration une recette importante.

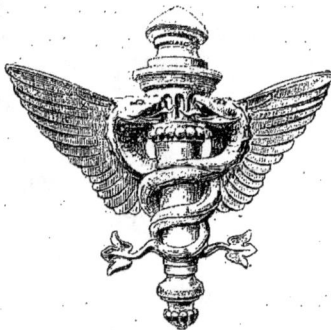

CHAPITRE II

DOCUMENTS ANNEXES RELATIFS A LA DIRECTION DES TRAVAUX

Annexe n° I.

Paris, le 27 août 1886.

ORDRE DE SERVICE DU DIRECTEUR GÉNÉRAL

SUR LES ATTRIBUTIONS DES DIVERS CHEFS DE SERVICE

Ingénieur en chef adjoint au Directeur général.

'Ingénieur en chef adjoint au Directeur général est chargé de la direction du personnel et des bureaux.

Il examine les projets de travaux et prépare les adjudications et les marchés.

Il exerce une surveillance générale sur l'exécution des travaux, dont il rend compte au Directeur général.

Il remplace le Directeur général en cas d'empêchement et partage avec lui les travaux de la Direction générale dans la limite des délégations qui lui sont données.

Secrétariat de la Direction générale. — Le Secrétariat de la Direction générale est chargé :

1° De l'ouverture des dépêches, de leur enregistrement, de la répartition des affaires entre les divers services, du visa du Directeur général et du Directeur général adjoint et du départ ;

2° Des audiences ;

3° Du secrétariat du Conseil des travaux ;

4° Des affaires confidentielles et réservées ;

5° Des affaires communes aux divers services ;

6° De la correspondance avec le Ministre, Commissaire général, les directeurs généraux, les fonctionnaires et les particuliers, dans les conditions de l'arrêté ministériel ;

7° De la préparation de la correspondance soumise à la signature du Ministre, Commissaire général ;

8° De l'étude préliminaire des affaires contentieuses à transmettre à la Direction générale des finances ;

9° De tout le personnel de la Direction générale ;

10° Des permissions et autorisations diverses ;

11° Des inventaires et des archives ;

12° Du matériel des bureaux et des divers locaux appartenant à la Direction générale.

Bureau technique. — Le Bureau technique est chargé de tout ce qui est relatif à l'exécution des travaux et de la préparation de la correspondance du Directeur général et du Directeur adjoint pour tout ce qui concerne les travaux.

Il prépare les adjudications et les marchés.

Comptabilité. — Le Service de la comptabilité est chargé, sous les ordres du chef du Bureau technique, de tout le service de la comptabilité des travaux et du matériel et du service des régies.

Contrôle des constructions métalliques. — Le Service du contrôle des constructions métalliques est chargé :

1° De contrôler les projets se rapportant aux constructions métalliques sous le double rapport des conditions de résistance auxquelles elles doivent satisfaire et des dispositions adoptées pour en assembler les différentes parties ensemble. Il reste convenu que le Service d'architecture préparera non seulement les dispositions d'ensemble de ces constructions, mais qu'il étudiera tous les détails d'exécution permettant la mise en adjudication des travaux ;

2° De préparer les cahiers des charges et marchés se rapportant à la mise en adjudication des travaux métalliques dont les dessins lui sont transmis pour exécution ;

3° De procéder aux essais de résistance des matières, aux pesées, de surveiller le travail à l'usine et d'en suivre le montage sur place ;

4° De préparer les procès-verbaux d'épreuves, de réception dans les usines, et de réception provisoire après montage ;

5° De l'étude et de l'organisation des systèmes de voies ferrées et de transports dans l'Exposition.

Service d'architecture. — Les architectes sont chargés de l'étude des projets et des devis, de la préparation des pièces pour les adjudications et les marchés, le tout avec le concours du Service du contrôle des constructions métalliques tel qu'il est défini à l'article précédent.

Ils sont chargés ensuite de l'exécution de leurs projets et des propositions de paiement et du règlement des comptes.

Fait à Paris, le 27 août 1886.

Le Directeur général des travaux,
ALPHAND.

Annexe n° II.

CAHIER DES CLAUSES ET CONDITIONS GÉNÉRALES

IMPOSÉES AUX ENTREPRENEURS DE L'EXPOSITION

ARRÊTÉ

Le Ministre du Commerce et de l'Industrie, Commissaire général de l'Exposition,

Sur la proposition du Directeur général des travaux de l'Exposition,

ARRÊTE ce qui suit :

ARTICLE PREMIER. — Tous les marchés relatifs à l'exécution, à l'entretien des travaux et à la fourniture des matériaux de toute nature se rapportant à l'Exposition universelle de 1889, qu'ils soient passés dans la forme d'adjudications publiques ou qu'ils résultent de conventions faites de gré à gré, sont soumis, en tout ce qui leur est applicable, aux dispositions suivantes :

TITRE PREMIER. — ADJUDICATIONS

ART. 2. *Conditions à remplir pour être admis aux adjudications.* — Nul n'est admis à concourir aux adjudications s'il ne justifie qu'il a les qualités requises pour garantir la bonne exécution des travaux et des fournitures.

A cet effet, chaque concurrent autre que les sociétés ouvrières est tenu de fournir un certificat constatant sa capacité et, pour les cas prévus à l'article 5 ci-dessus, de présenter un acte régulier de cautionnement ou, au moins, un engagement en bonne et due forme de fournir le cautionnement. L'engagement doit être réalisé dans les cinq jours de l'adjudication.

ART. 3. *Certificats de capacité.* — Les certificats de capacité sont délivrés par les hommes de l'art. Ils ne doivent pas avoir plus de trois ans de date au moment de l'adjudication. Il y est fait mention de l'importance de l'entreprise ainsi que de la manière dont les soumissionnaires ont rempli leurs engagements, soit envers l'Administration, soit envers les tiers, soit envers les ouvriers, dans les travaux qu'ils ont exécutés, surveillés ou suivis.

Les certificats de capacité sont présentés, cinq jours au moins avant l'adjudication, au Directeur général des travaux, qui arrête la liste des entrepreneurs admis à concourir.

ART. 4. *Sociétés ouvrières.* — En ce qui concerne les sociétés ouvrières qui demanderont à concourir, elles devront produire à l'appui de leur demande la liste nominative de leurs membres et l'acte contenant les conditions auxquelles l'Association s'est formée ; cet acte devra stipuler la nomination d'un ou de plusieurs mandataires, dont le nombre ne pourra dépasser trois, qui seront fondés de pouvoirs et munis de certificats de capacité et de moralité au moment de leur élection ; ils seront chargés de soumissionner les travaux, de les diriger sous l'autorité des ingénieurs ou des architectes, de contracter pour l'Association, de la représenter dans ses rapports avec l'Administration pour la réception des travaux, le règlement des comptes et l'acquittement des mandats de payement.

Elles devront justifier également d'un fonds de réserve destiné à parer aux conséquences des accidents à leur charge et à subvenir aux besoins des ouvriers blessés par suite de l'exécution des travaux, ainsi qu'à ceux des veuves et des enfants des victimes. Ce fonds de réserve pourra être remplacé par une assurance contractée en faveur des ouvriers auprès d'une ou plusieurs compagnies d'assurances sur la vie offrant des garanties sérieuses.

Dans le cas où l'acte d'association ne contiendrait pas les conditions sus-énoncées, l'Association devra s'engager, au préalable, à les introduire dans ses statuts par un acte additionnel, dans un délai qui sera déterminé par le Directeur général des travaux.

Art. 5. *Cautionnements.* — Le cahier des charges détermine, s'il y a lieu, dans chaque cas particulier, la nature et le montant du cautionnement que l'entrepreneur doit fournir.

Ce cautionnement est fait soit en numéraire, soit en inscriptions de rentes sur l'État.

Le cautionnement reste affecté à la garantie des engagements contractés par l'adjudicataire jusqu'à la liquidation définitive des travaux. Toutefois, le Ministre peut, dans le cours de l'entreprise, autoriser la restitution de tout ou partie du cautionnement.

Art. 6. *Approbation de l'adjudication.* — L'adjudication n'est valable qu'après l'approbation du Ministre. L'entrepreneur ne peut prétendre à aucune indemnité dans le cas où l'adjudication n'est pas approuvée.

Art. 7. *Pièces à délivrer à l'entrepreneur.* — Aussitôt après l'approbation de l'adjudication, le Ministre délivre à l'entrepreneur, sur son récépissé, une expédition, vérifiée par le Directeur général des travaux et dûment légalisée, du devis, du bordereau des prix, du détail estimatif, ainsi qu'une copie certifiée du procès-verbal d'adjudication et un exemplaire imprimé des présentes clauses et conditions générales.

L'ingénieur ou l'architecte chargé de l'exécution lui délivre en outre, gratuitement, une expédition certifiée des dessins et autres pièces nécessaires à l'exécution des travaux.

Art. 8. *Frais d'adjudication.* — L'entrepreneur verse à la Caisse du Trésor le montant des frais du marché. Ces frais, dont l'état est arrêté par le Ministre, ne peuvent être autres que ceux d'affiches et de publication, ceux de timbre et d'expédition du devis, du bordereau des prix, du détail estimatif et du procès-verbal d'adjudication, et le droit fixe d'enregistrement de 3 francs.

ART. 9. *Domicile de l'entrepreneur.* — L'entrepreneur est tenu d'élire domicile à Paris et de faire connaître ce domicile au Ministre. Faute par lui de remplir cette obligation dans un délai de quinze jours à partir de l'approbation de l'adjudication, toutes les notifications qui se rattachent à son entreprise sont valables lorsqu'elles ont été faites à la mairie du VIIe arrondissement.

TITRE II. — EXÉCUTION DES TRAVAUX

ART. 10. *Défense de sous-traiter sans autorisation.* — L'entrepreneur ne peut céder à des sous-traitants une ou plusieurs parties de son entreprise sans le consentement du Ministre. Dans tous les cas, il demeure personnellement responsable tant envers l'Administration qu'envers les ouvriers et les tiers.

Si un sous-traité est passé sans autorisation, le Ministre peut, suivant le cas, soit prononcer la résiliation pure et simple de l'entreprise, soit procéder à une nouvelle adjudication à la folle enchère de l'entrepreneur.

ART. 11. *Ordres de service pour l'exécution des travaux.* — L'entrepreneur doit commencer les travaux dès qu'il en a reçu l'ordre de l'ingénieur ou de l'architecte. Il se conforme strictement aux plans, profils, tracés, ordres de service, et, s'il y a lieu, aux types et modèles qui lui sont donnés par l'ingénieur ou l'architecte, ou par leurs préposés, en exécution du devis.

L'entrepreneur se conforme également aux changements qui lui sont prescrits pendant le cours du travail, mais seulement lorsque le Directeur général des travaux les a ordonnés par écrit et sous sa responsabilité. Il ne lui est tenu compte de ces changements qu'autant qu'il justifie de l'ordre écrit du Directeur général des travaux.

ART. 12. *Règlement pour le bon ordre des chantiers.* — L'entrepreneur est tenu d'observer tous les règlements faits par l'autorité compétente pour le bon ordre des travaux et la police des chantiers.

ART. 13. *Présence de l'entrepreneur sur le lieu des travaux.* — Pendant la durée de l'entreprise, l'adjudicataire ne peut s'éloigner du lieu des travaux qu'après avoir fait agréer par le Directeur général des travaux un représentant capable de le remplacer, de manière qu'aucune opération ne puisse être retardée ou suspendue à raison de son absence.

L'entrepreneur accompagne les ingénieurs et architectes dans leurs tournées. Il est également tenu de se rendre à leurs bureaux toutes les fois qu'il en est requis.

ART. 14. *Choix des commis, chefs d'ateliers et ouvriers.* — L'entrepreneur ne peut prendre pour commis et chefs d'ateliers que des hommes capables de l'aider et de le remplacer au besoin dans la conduite et le métrage des travaux.

Les ingénieurs ou architectes ont le droit d'exiger le changement ou le renvoi des agents et ouvriers de l'entrepreneur pour insubordination, incapacité ou défaut de probité.

L'entrepreneur demeure, d'ailleurs, responsable des fraudes ou malfaçons qui seraient commises par des agents ou ouvriers dans la fourniture et dans l'emploi des matériaux.

Art. 15. *Liste nominative des ouvriers.* — Le nombre des ouvriers de chaque profession est toujours proportionné à la quantité d'ouvrage à faire. Pour assurer l'accomplissement de cette condition, le Directeur général des travaux aura le droit de se faire remettre la liste des ouvriers présents sur les chantiers. Cette liste indiquera leur nationalité.

Le Ministre se réserve le droit de fixer le nombre maximum d'ouvriers étrangers que l'entrepreneur pourra occuper pour chaque nature de travaux.

Art. 16. *Paiement des ouvriers.* — L'entrepreneur paie les ouvriers tous les mois, ou à des époques plus rapprochées, si le Ministre le juge nécessaire. En cas de retard régulièrement constaté, le Ministre se réserve la faculté de faire payer d'office les salaires arriérés sur les sommes dues à l'entrepreneur, sans préjudice des droits réservés par la loi du 20 pluviôse an II aux fournisseurs qui auraient fait des oppositions régulières.

Art. 17. *Secours aux ouvriers malades ou blessés.* — Les frais du service médical et les secours à donner aux ouvriers atteints de blessures ou de maladies occasionnées par les travaux, à leurs veuves et à leurs enfants, sont à la charge de l'entrepreneur.

Le service médical sera organisé et administré par le Directeur général des travaux. Il sera pourvu aux dépenses qu'il nécessitera au moyen d'une retenue de 1 p. 100 sur le montant des travaux exécutés et fournitures faites.

La partie de cette retenue qui resterait sans emploi à la fin de l'entreprise sera remise à l'administration de l'Assistance publique. En cas d'insuffisance, au contraire, l'État fournira la différence.

Art. 18. *Dépenses imputables sur la somme à valoir.* — S'il y a lieu de faire des épuisements ou autres travaux dont la dépense soit imputable sur la somme à valoir, l'entrepreneur doit, s'il en est requis, fournir les outils et machines nécessaires pour l'exécution de ces travaux.

Le loyer et l'entretien de ce matériel lui sont payés aux prix de l'adjudication.

Art 19. *Outils, équipages et faux frais de l'entreprise.* — L'entrepreneur est tenu de fournir à ses frais les magasins, équipages, voitures, ustensiles et outils de toute espèce nécessaires à l'exécution des travaux, sauf les exceptions stipulées au devis.

Sont également à sa charge l'établissement des chantiers et des chemins de service et les indemnités y relatives, les frais de tracé des ouvrages, les cordeaux, piquets et jalons, les frais d'éclairage des chantiers, s'il y a lieu, et généralement toutes les menues dépenses et tous les frais relatifs à l'entreprise.

ART. 20. *Carrières désignées au devis.* — Les matériaux sont pris dans les lieux indiqués au devis. L'entrepreneur ouvre, au besoin, des carrières à ses frais.

Il est tenu, avant de commencer les extractions, de prévenir les propriétaires suivant les formes déterminées par les règlements.

Il paie, sans recours contre l'Administration, et en se conformant aux lois et règlements sur la matière, tous les dommages qu'ont pu occasionner la prise ou l'extraction, le transport et le dépôt des matériaux.

L'entrepreneur doit justifier, toutes les fois qu'il en est requis, de l'accomplissement des obligations énoncées dans le présent article, ainsi que du paiement des indemnités pour établissement de chantiers et chemins de service.

ART. 21. *Carrières proposées par l'entrepreneur.* — Si l'entrepreneur demande à substituer aux carrières indiquées dans le devis d'autres carrières fournissant des matériaux d'une qualité que le Directeur des travaux reconnaît au moins égale, il reçoit l'autorisation de les exploiter et ne subit sur les prix de l'adjudication aucune réduction pour cause de diminution des frais d'extraction, de transport et de taille des matériaux.

ART. 22. *Défense de livrer au commerce les matériaux extraits des carrières désignées.* — L'entrepreneur ne peut livrer au commerce, sans l'autorisation du propriétaire, les matériaux qu'il a fait extraire dans les carrières exploitées par lui en vertu du droit qui lui a été confié par l'Administration.

ART. 23. *Qualités des matériaux.* — Les matériaux doivent être de la meilleure qualité dans chaque espèce, être parfaitement travaillés et mis en œuvre conformément aux règles de l'art; ils ne peuvent être employés qu'après avoir été vérifiés et provisoirement acceptés par les ingénieurs ou architectes, ou par leurs préposés. Nonobstant cette réception provisoire, et jusqu'à la réception définitive des travaux, ils peuvent, en cas de surprise, de mauvaise qualité ou de malfaçon, être rebutés par les ingénieurs ou architectes, et ils sont alors remplacés par l'entrepreneur.

ART. 24. *Dimensions et dispositions des matériaux et des ouvrages.* — L'entrepreneur ne peut, de lui-même, apporter aucun changement au projet.

Il est tenu de faire immédiatement, sur l'ordre des ingénieurs ou architectes, remplacer les matériaux ou reconstruire les ouvrages dont les dimensions ou dispositions ne sont pas conformes aux projets.

Toutefois, si les ingénieurs ou architectes reconnaissent que les changements faits par l'entrepreneur ne sont contraires ni à la solidité ni au goût, les nouvelles dispositions peuvent être maintenues; mais alors l'entrepreneur n'a droit à aucune augmentation de prix à raison des dimensions plus fortes ou de la valeur plus considérable que peuvent avoir les matériaux ou les ouvrages. Dans ce cas, les métrages sont basés sur les dimensions prescrites par le devis. Si, au contraire, les dimensions sont plus faibles ou la valeur des matériaux moindre, les prix sont réduits en conséquence.

Art. 25. *Démolition d'anciens ouvrages.* — Dans le cas où l'entrepreneur doit démolir d'anciens ouvrages, les matériaux sont déplacés avec soin pour qu'ils puissent être façonnés de nouveau et réemployés, s'il y a lieu.

Art. 26. *Objets trouvés dans les fouilles.* — L'Administration se réserve la propriété des matériaux qui se trouvent dans les fouilles et démolitions faites dans les terrains appartenant à l'État ou à la Ville de Paris, sauf à indemniser l'entrepreneur de ses soins particuliers.

Elle se réserve également les objets d'art et de toute nature qui pourraient s'y trouver, sauf indemnité à qui de droit.

Art. 27. *Emploi des matières neuves ou de démolition appartenant à l'État.* — Lorsque les ingénieurs ou architectes jugent à propos d'employer des matières neuves ou de démolition appartenant à l'État ou à la Ville, l'entrepreneur n'est payé que des frais de main-d'œuvre et d'emploi, d'après les éléments des prix du bordereau, rabais déduit.

Art. 28. *Vices de construction.* — Lorsque les ingénieurs ou architectes présument qu'il existe dans les ouvrages des vices de construction, ils ordonnent, soit en cours d'exécution, soit avant la réception définitive, la démolition et la reconstruction des ouvrages présumés vicieux.

Les dépenses résultant de cette vérification sont à la charge de l'entrepreneur lorsque les vices de construction sont constatés et reconnus.

Art. 29. *Pertes et avaries; cas de force majeure.* — Il n'est alloué à l'entrepreneur aucune indemnité à raison des pertes, avaries ou dommages occasionnés par négligence, imprévoyance, défaut de moyens ou fausses manœuvres.

Ne sont pas compris, toutefois, dans la disposition précédente, les cas de force majeure qui, dans le délai de dix jours au plus après l'événement, ont été signalés par l'entrepreneur ; dans ces cas, néanmoins, il ne peut être rien alloué qu'avec l'approbation du Ministre. Passé le délai de dix jours, l'entrepreneur n'est plus admis à réclamer.

Art. 30. *Règlements de prix des ouvrages non prévus.* — S'il est jugé nécessaire d'exécuter des ouvrages non prévus, ou d'extraire des matériaux dans des lieux autres que ceux qui sont désignés dans le devis, les prix en seront réglés d'après la série qui aura servi de base aux devis adjugés, et on leur appliquera le rabais de l'adjudication.

Art. 31. *Augmentation dans la masse des travaux.* — En cas d'augmentation dans la masse des travaux, l'entrepreneur est tenu d'en continuer l'exécution jusqu'à concurrence d'un sixième en sus du montant de l'entreprise. Au delà de cette limite, l'entrepreneur a droit à la résiliation de son marché.

ART. 32. *Diminution dans la masse des travaux.* — En cas de diminution dans la masse des ouvrages, l'entrepreneur ne peut élever aucune réclamation tant que la diminution n'excède pas le sixième du montant de l'entreprise. Si la diminution est de plus du sixième, il reçoit, s'il y a lieu, à titre de dédommagement, une indemnité qui, en cas de contestation, est réglée par le Conseil de Préfecture.

ART. 33. *Changements dans l'importance des diverses espèces d'ouvrages.* — Lorsque les changements ordonnés ont pour résultat de modifier l'importance de certaines natures d'ouvrages, de telle sorte que les quantités prescrites diffèrent de plus d'un tiers, en plus ou en moins, des quantités portées au détail estimatif, l'entrepreneur peut présenter, en fin de compte, une demande en indemnité basée sur le préjudice que lui auraient causé les modifications apportées à cet égard dans les prévisions du projet.

ART. 34. *Variations dans les prix.* — Il ne sera accordé à l'entrepreneur aucune indemnité pour cause de variations survenues dans les prix pendant la durée des travaux. Aucune circonstance de cette nature, même celle de grève, ne sera admise comme cas de force majeure et ne donnera à l'entrepreneur un droit à la résiliation du marché.

ART. 35. *Cessation absolue ou ajournement des travaux.* — Si le Ministre ordonnait la cessation absolue des travaux, l'entreprise serait immédiatement résiliée. S'il prescrivait leur ajournement pour plus d'une année, soit avant, soit après un commencement d'exécution, l'entrepreneur aurait le droit de demander la résiliation de son marché, sans préjudice de l'indemnité qui, dans ce cas comme dans l'autre, pourrait lui être allouée.

Si les travaux ont reçu un commencement d'exécution, l'entrepreneur pourra requérir qu'il soit procédé immédiatement à la réception provisoire des ouvrages exécutés et à leur réception définitive après l'expiration du délai de garantie.

ART. 36. *Mesures coercitives.* — Lorsque l'entrepreneur ne se conforme pas, soit aux dispositions du devis, soit aux ordres de service qui lui sont donnés par les ingénieurs ou architectes, un arrêté du Ministre le met en demeure d'y satisfaire dans un délai déterminé. Ce délai, sauf les cas d'urgence, n'est pas de moins de cinq jours à dater de la notification de l'arrêté de mise en demeure.

A l'expiration de ce délai, si l'entrepreneur n'a pas exécuté les dispositions prescrites, le Ministre, par un second arrêté et sans autre formalité, peut, selon les circonstances, soit ordonner l'établissement d'une régie aux frais de l'entrepreneur, soit prononcer la résiliation pure et simple du marché, soit prescrire une nouvelle adjudication à la folle enchère de l'entrepreneur.

En même temps il est procédé immédiatement, en présence de l'entrepreneur ou lui dûment appelé, à l'inventaire descriptif du matériel de l'entreprise.

Pendant la durée de la régie, l'entrepreneur est autorisé à en suivre les opérations sans qu'il puisse toutefois entraver l'exécution des ordres des ingénieurs ou architectes.

Il peut d'ailleurs être relevé de la régie s'il justifie des moyens nécessaires pour reprendre les travaux et les mener à bonne fin.

Les excédents de dépense qui résultent de la régie ou de l'adjudication sur folle enchère sont prélevés sur les sommes qui peuvent être dues à l'entrepreneur, sans préjudice des droits à exercer contre lui en cas d'insuffisance.

Si la régie ou l'adjudication sur folle enchère amène, au contraire, une diminution dans les dépenses, l'entrepreneur ne peut réclamer aucune part dans ce bénéfice, qui reste acquis à l'Administration.

ART. 37. *Décès de l'entrepreneur.* — En cas de décès de l'entrepreneur, le contrat est résilié de droit, sauf au Ministre à accepter, s'il y a lieu, les offres qui peuvent être faites par les héritiers pour la continuation des travaux.

ART. 38. *Faillite de l'entrepreneur.* — En cas de faillite de l'entrepreneur, le contrat est également résilié de plein droit, sauf au Ministre à accepter, s'il y a lieu, les offres qui peuvent être faites par les créanciers pour la continuation de l'entreprise.

TITRE III. — RÉGLEMENT DES DÉPENSES

ART. 39. *Bases du règlement des comptes.* — A défaut de stipulations spéciales dans les devis, les comptes sont établis d'après les quantités d'ouvrages réellement effectuées suivant les dimensions et les poids constatés par des métrés définitifs et des pesages faits en cours ou en fin d'exécution, sauf les cas prévus par l'article 24, et les dépenses sont réglées d'après les prix de l'adjudication.

L'entrepreneur ne peut dans aucun cas, pour les métrés et pesages, invoquer en sa faveur les us et coutumes.

ART. 40. *Attachements.* — Les attachements sont pris, au fur et à mesure de l'avancement des travaux, par les agents chargés de leur surveillance, en présence de l'entrepreneur et contradictoirement avec lui; celui-ci doit les signer au moment de la présentation qui lui en est faite.

Lorsque l'entrepreneur refuse de signer ces attachements ou ne les signe qu'avec réserve, il lui est accordé un délai de dix jours, à dater de la présentation des pièces, pour formuler par écrit ses observations. Passé ce délai, les attachements sont censés acceptés par lui comme s'ils étaient signés sans réserve. Dans ce cas, il est dressé procès-verbal de la présentation et des circonstances qui l'ont accompagnée. Ce procès-verbal est annexé aux pièces non acceptées.

Les résultats des attachements inscrits sur les carnets ne sont portés en compte qu'autant ils ont été admis par les ingénieurs ou architectes.

Art. 41. *Décomptes mensuels.* — A la fin de chaque mois, il est dressé un décompte des ouvrages exécutés et des dépenses faites pour servir de base aux paiements à faire à l'entrepreneur.

Art. 42. *Décomptes définitifs.* — A la fin de l'entreprise et lorsque la réception provisoire a eu lieu, le Directeur général des travaux fait dresser le décompte définitif des travaux exécutés par l'entrepreneur.

Ce décompte est présenté dans les bureaux du Directeur général des travaux à l'acceptation de l'entrepreneur. Les métrés et attachements qui ont servi de base à la rédaction de ce décompte sont joints à l'appui.

L'entrepreneur est autorisé, en outre, à faire transcrire par ses commis, dans les bureaux du Directeur général des travaux, celles de ces pièces dont il voudra se procurer des expéditions.

Si l'entrepreneur refuse de signer le décompte ou ne l'accepte qu'avec réserve, il déduit ses motifs par écrit dans les vingt jours qui suivent la présentation des pièces, et, dans ce cas, il est dressé par le Directeur général des travaux procès-verbal de la présentation et des circonstances qui l'ont accompagnée.

Il est expressément stipulé que l'entrepreneur n'est point admis à élever des réclamations au sujet des pièces ci-dessus indiquées après le délai de vingt jours et que, passé ce délai, l'état de situation définitive est censé accepté par lui quand bien même il ne l'aurait pas signé ou ne l'aurait signé qu'avec une réserve dont les motifs ne seraient pas spécifiés.

Le procès-verbal de présentation doit toujours être annexé aux pièces non acceptées.

Art. 43. *L'entrepreneur ne peut revenir sur les prix du marché.* — L'entrepreneur ne peut, sous aucun prétexte, revenir sur les prix du marché qui ont été consentis par lui.

Art. 44. *Reprise du matériel en cas de résiliation.* — Dans les cas de résiliation prévus par les articles 36 et 37, les outils et équipages existant sur les chantiers et qui eussent été nécessaires pour l'achèvement des travaux sont acquis par l'État, si l'entrepreneur ou ses ayants droit en font la demande, et le prix en est réglé de gré à gré ou à dire d'experts.

Ne sont pas comprises dans cette mesure les bêtes de trait ou de somme qui auraient été employées dans les travaux.

La reprise du matériel est facultative pour l'Administration dans les cas prévus par les articles 10, 31, 34, 36 et 38.

Dans tous les cas de résiliation, l'entrepreneur est tenu d'évacuer les chantiers, magasins et emplacements utiles à l'entreprise dans le délai qui est fixé par l'Administration.

Les ouvrages exécutés et les matériaux approvisionnés par ordre et déposés sur les chantiers, s'ils remplissent les conditions du devis, seront payés par l'État au prix de l'adjudication, sauf stipulations contraires insérées au devis.

Les matériaux qui ne seraient pas déposés sur les chantiers ne seront pas portés en compte.

TITRE IV. — PAIEMENTS

ART. 45. *Paiements d'acompte.* — Les paiements d'acompte s'effectuent tous les mois en raison de la situation des travaux exécutés, sauf retenue d'un dixième pour la garantie et d'un centième pour la caisse de secours des ouvriers.

Il est, en outre, délivré des acomptes sur le prix des matériaux approvisionnés, jusqu'à concurrence des quatre cinquièmes de leur valeur.

Le tout sous la réserve énoncée à l'article 50 ci-après.

ART. 46. *Maximum de la retenue.* — Si la retenue du dixième est jugée devoir excéder la proportion nécessaire pour la garantie de l'entreprise, il peut être stipulé au devis ou décidé en cours d'exécution qu'elle cessera de s'accroître lorsqu'elle aura atteint un maximum déterminé.

ART. 47. *Réception provisoire.* — Immédiatement après l'achèvement de tous les travaux de l'entreprise, il sera procédé à une réception provisoire par les ingénieurs ou architectes, en présence de l'entrepreneur ou lui dûment appelé par écrit. En cas d'absence de l'entrepreneur, il en est fait mention au procès-verbal.

ART. 48. *Réception définitive.* — Il est procédé de la même manière à la réception définitive après l'expiration du délai de garantie. A défaut de stipulation expresse dans le devis, ce délai est d'un an pour les travaux de l'Exposition.

Pendant la durée de ce délai, l'entrepreneur demeure responsable de ses ouvrages et est tenu de les entretenir.

ART. 49. *Paiement du solde.* — Le dernier dixième n'est payé à l'entrepreneur qu'après la réception définitive et lorsqu'il a justifié de l'accomplissement des obligations énoncées dans l'article 20.

ART. 50. — *Intérêts pour retards de paiement.* — Les paiements ne pouvant être faits qu'au fur et à mesure des fonds disponibles, il ne sera jamais alloué d'indemnités, sous aucune dénomination, pour retards de paiement pendant l'exécution des travaux.

Toutefois, si l'entrepreneur ne peut être entièrement soldé dans les trois mois qui suivent la réception définitive régulièrement constatée, il a droit, à partir de l'expiration de ce délai de trois mois, à des intérêts calculés d'après le taux légal pour la somme qui lui reste due.

TITRE V. — CONTESTATIONS

Art. 51. — *Intervention du Directeur général des travaux.* — Si, dans le cours de l'entreprise, des difficultés s'élèvent entre les ingénieurs ou les architectes chargés des travaux et l'entrepreneur, il en est référé au Directeur général des travaux.

Dans les cas prévus par l'article 23, par le deuxième paragraphe de l'article 24 et par le deuxième paragraphe de l'article 28, si l'entrepreneur conteste les faits, le procès-verbal constatant les circonstances de la contestation est notifié par l'ingénieur ou l'architecte à l'entrepreneur, qui doit présenter ses observations dans un délai de vingt-quatre heures. Le procès-verbal est transmis par l'ingénieur ou l'architecte au Directeur général des travaux pour qu'il y soit donné telle suite que de droit.

Art. 52. *Intervention du Ministre.* — Si l'entrepreneur n'accepte pas la décision du Directeur des travaux, il doit adresser au Ministre un mémoire où il indique les motifs et le montant de ses réclamations.

Si, dans le délai de trois mois à partir de la remise du mémoire, le Ministre n'a pas fait connaître sa réponse, l'entrepreneur peut, comme dans le cas où ses réclamations ne seraient point admises, saisir desdites réclamations la juridiction contentieuse.

Art. 53. *Jugement des contestations.* — Conformément aux dispositions de la loi du 28 pluviôse an VIII, toute difficulté entre l'Administration et l'entrepreneur, concernant le sens ou l'exécution des clauses du marché, est portée devant le Conseil de Préfecture, qui statue, sauf recours au Conseil d'État.

A Paris, le 25 août 1886.

ÉDOUARD LOCKROY.

Annexe III

DIRECTION GÉNÉRALE DES TRAVAUX

FOURNITURE, TRANSPORT ET POSE DES CONSTRUCTIONS MÉTALLIQUES

CAHIER DES CHARGES SPÉCIALES

CHAPITRE PREMIER

DISPOSITIONS GÉNÉRALES

ARTICLE PREMIER. *Objet du cahier des charges.* — 1. Le présent cahier des charges a pour objet la fourniture, le transport et la pose des parties métalliques destinées aux bâtiments et annexes de l'Exposition universelle de 1889.

ART. 2. *Détail des travaux.* — 2. L'entrepreneur sera chargé en totalité de la fourniture des fers ordinaires, tôles, fers cornières ou autres, fontes, et en général des métaux entrant dans la construction.

3. Il aura, en outre, à faire, pour chaque travail, les façons et mains-d'œuvre suivantes, savoir :

1° Le dressage et le planage des tôles, fers à T, cornières et tous autres à employer;

2° Le coupage et le rabotage des tranches;

3° Le perçage, le montage et la rivure, dans l'atelier, de toutes les parties qui pourront y être définitivement rivées et dont les dimensions seront fixées par l'ingénieur en chef du contrôle des constructions métalliques;

4° Un montage provisoire, dans l'atelier, en totalité ou en partie, à la volonté de l'Ingénieur en chef du contrôle;

5° Le chargement à l'usine, le transport à pied-d'œuvre et le déchargement au lieu de pose;

6° La mise en place du tout, l'assemblage définitif et la rivure sur place des parties séparées;

7° Enfin, la peinture des fers, soit avant leur assemblage, soit après l'achèvement du montage sur place;

8° Tous autres travaux nécessaires à l'achèvement complet du travail, y compris frais et faux frais.

4. Le constructeur devra fournir et établir, à ses frais et sous sa responsabilité, les échafaudages et les engins nécessaires au montage, et combiner ces installations provisoires de manière à ne pas gêner les autres travaux du chantier de l'Exposition. Il devra communiquer, à l'avance, au Directeur général le projet des dispositions qu'il voudra adopter.

Art. 3. *Ordres de service.* — 5. Les ordres de service, au point de vue de la comptabilité, sont donnés par l'architecte.

Art. 3 *bis. Conformité de l'exécution aux dessins.* — 6. Tous les ouvrages seront exécutés conformément aux dessins cotés et détaillés qui seront remis à l'entrepreneur par l'architecte.

7. Dans le cas où le constructeur jugerait à propos d'apporter quelques modifications dans les dispositions adoptées, il serait tenu de les soumettre à l'approbation du Directeur général, sous peine de voir rejeter les pièces modifiées. Cette approbation n'atténuera en rien la responsabilité du constructeur, à moins de conventions contraires et spéciales stipulées par écrit.

8. L'Administration pourra apporter, en cours d'exécution, toutes les modifications qu'elle jugera convenables, sans rien changer aux conventions du présent cahier des charges. Si ces modifications occasionnent un supplément de dépenses, il en sera tenu compte au fournisseur, à la condition expresse que l'importance des indemnités aura été fixée d'un commun accord, avant l'exécution du travail. Toute réclamation qui se produirait en dehors de ces conditions ne serait pas admise.

CHAPITRE II

QUALITÉ ET PROVENANCE DES MATÉRIAUX

Art. 4. *Qualité de la fonte.* — 9. La fonte devra être exclusivement de deuxième fusion et de la meilleure qualité; elle présentera dans sa cassure un grain gris, serré, régulier et avec arrachements. Elle sera exempte de gerçures, gravelures, soufflures, gouttes froides et autres défauts susceptibles d'altérer sa résistance et la netteté de forme des pièces.

Elle devra être à la fois douce et tenace, facile à entamer au burin et à la lime, susceptible d'être refoulée au marteau; elle devra prendre peu de retrait au refroidissement. Elle sera égale, sous tous les rapports, aux meilleures fontes de moulage. Toutes les pièces de fonte devront être soigneusement moulées sur modèles spéciaux à la charge de l'entrepreneur; elles seront, après le moulage, ébarbées avec le plus grand soin au burin et à la lime.

Toutefois les modèles en plâtre seront fournis par l'Administration lorsqu'elle jugera à propos d'en faire.

Les fontes devront résister aux épreuves suivantes, au choc et à la flexion :

Première épreuve. Un barreau de vingt centimètres ($0^m,20$) de longueur et de quatre centimètres ($0^m,04$) d'équarrissage, placé horizontalement sur deux couteaux en acier espacés de seize centimètres ($0^m,16$), devra supporter, sans se rompre, le choc d'un mouton de douze kilogrammes (12^k) tombant librement sur le barreau de quarante centimètres ($0^m,40$) de hauteur, au milieu de l'intervalle des points d'appui.

L'enclume supportant les couteaux présentera un poids d'au moins huit cents kilogrammes (800^k).

Deuxième épreuve. Un lingot de quatre centimètres ($0^m,04$) d'équarrissage, soumis par l'appareil de Monge à un effort de flexion, supportera sans se rompre l'action d'un poids de cent soixante kilogrammes (160^k) agissant sur le levier à une distance de un mètre cinquante ($1^m,50$) du point d'appui le plus voisin du poids.

Le poids du levier, celui du plateau et des accessoires ramenés à la même distance de un mètre cinquante centimètres ($1^m,50$) seront compris dans le poids de 160 kilogrammes indiqué ci-dessus.

Si l'une des pièces est brisée pendant l'épreuve qui lui est relative, toutes les pièces provenant de la même coulée seront refusées sans autre examen.

Le représentant de l'Administration pourra assister à la coulée des pièces et déterminer le moment où les barreaux devront être fondus.

Art. 5. *Qualité des fers*. — 10. Tous les fers seront corroyés, doux, non cassants, malléables à chaud et à froid ; leur cassure présentera une texture à nerf fin et homogène.

Ils seront parfaitement laminés, sans pailles, criques ni autres défauts. Toute réparation destinée à dissimuler ces défauts est formellement interdite.

11. Les tôles seront de la qualité de la tôle commune décrite dans la circulaire du Ministre de la Marine du 5 août 1867.

Elles devront pouvoir supporter, à chaud et à froid, toutes les épreuves imposées à cette catégorie par ladite circulaire. Les tôles aigres, à nerf feuillé, qui se fendraient ou s'ouvriraient sous le poinçon, ou qui se déchireraient quand on voudrait les courber, infléchir ou cisailler, seront refusées.

Dans le travail à la machine à percer, à la machine à raboter ou à la cisaille, la tôle devra présenter dans sa tranche une coupe grasse.

Les feuilles seront planes : à cet effet, elles seront dressées par un laminoir travaillant à froid, très lentement, ou au tas, avec des marteaux. Leur exactitude, sous ce rapport, sera l'objet d'une vérification rigoureuse.

12. Les fers cornières, à T, ou de toute autre forme spéciale, seront de la qualité dite ordinaire dans la circulaire du Ministre de la Marine du 5 août 1867. Ils devront pouvoir supporter, à chaud et à froid, toutes les épreuves imposées à cette catégorie par ladite circulaire. Les épreuves à froid devront donner au moins trente-quatre kilogrammes (34^k) comme moyenne des

charges de rupture, dans une série de six expériences, mais on admettra que l'allongement correspondant à cette charge ne soit que de six pour cent (6 p. 100).

Ces fers seront parfaitement dressés avant leur emploi.

13. Les rivets seront en fer de même qualité que celui employé pour les rivets des chaudières de locomotives. Ce fer sera ductile et tenace et présentera, sous le rapport du nerf, de la finesse et de la propreté, toutes les apparences du fer le plus résistant. Les fers pour rivets seront capables de supporter des épreuves de deux espèces auxquelles on pourra les soumettre :

1° Pour s'assurer de la résistance transversale, on prendra des bouts de 20 centimètres de longueur à la température ordinaire, et on les enfoncera jusqu'à moitié de leur longueur dans des blocs de bois de chêne percés au préalable. On les frappera latéralement dans la partie supérieure, de manière à les infléchir sous un angle de 45 degrés. Ces fers ainsi courbés seront redressés à froid, et ne devront présenter ensuite ni cassures, ni criques, ni aucune détérioration.

2° Pour constater la résistance à la rivure, on rivera à chaud, et le fer devra s'étaler bien uniformément, sans se fendiller et sans qu'aucune parcelle s'en détache. La rivure faite, les têtes ne devront jamais se détacher, quels que soient les chocs auxquels on soumettra les tôles autour des rivets.

14. Les boulons seront en fer de première qualité, non cassant à froid.

Les écrous pourront être en fer laminé; dans ce cas, ils seront fabriqués par enroulements et soudures; si on veut les enlever dans la masse, ils le seront dans des barres étirées au marteau; on n'admettra pas les écrous qui seraient découpés dans des plates-bandes laminées.

Les fers pour boulons devront pouvoir supporter deux séries d'épreuves :

1° On éprouvera la résistance transversale des fers, comme il a été dit plus haut, pour le fer des rivets;

2° Dans la deuxième épreuve, qui sera faite sur les boulons fabriqués, on courbera le boulon à froid, sur une enclume, jusqu'à rupture, pour s'assurer que le fer présente une cassure à nerf fin et homogène.

ART. 6. — 15. On pourra employer, pour les scellements, du vieux plomb, mais convenablement épuré.

Le plomb laminé sera de la meilleure qualité, uni et doux, sans cassures ni gerçures.

ART. 7. — 16. Les épreuves des fers seront faites par les soins de l'Administration, aux frais du constructeur, qui devra fournir les appareils nécessaires et les pièces spécialement préparées pour les essais, le tout à ses frais et conformément aux instructions de l'ingénieur en chef du contrôle.

ART. 8. *Provenance.* — 17. L'entrepreneur devra faire connaître à ses fournisseurs les clauses stipulées dans le présent cahier des charges, relativement à la qualité des matières, et réserver, pour le service de contrôle, les droits définis à l'article 20 ci-après.

18. Tous les matériaux employés devront être de provenance française. L'entrepreneur devra faire agréer les usines auxquelles il voudrait faire les commandes, et justifier, par les marques de fabrique et par les traités passés avec les usines, de la provenance des matériaux employés.

19. Il donnera copie à l'Ingénieur en chef du contrôle des termes dans lesquels il aura fait aux fabricants la commande des matières employées par lui. Ces communications reproduiront exclusivement ce qui sera relatif aux qualités, aux dimensions, à la bonne exécution et aux délais de livraison de ces matières.

CHAPITRE III

EXÉCUTION DES OUVRAGES

Art. 9. *Ajustage.* — 20. L'ajustage sera fait de la manière suivante :

Les tôles seront parfaitement dressées et coupées carrément.

Les tranches des côtés découverts des tôles et couvre-joints seront dressées de manière à présenter des lignes régulières. Ces tranches seront franches sur toute l'épaisseur, et ne devront présenter ni déchirure ni manque de matière.

Les tranches de toutes les pièces, tôles, fers, cornières, etc., dans les parties où les jonctions, bout à bout, devront avoir lieu, seront dressées avec le plus grand soin pour assurer, sur toute la surface du joint, un contact parfait.

Des axes mathématiques, déterminés chacun par des coups de pointeau, seront établis au milieu de chaque feuille de tôle et serviront à repérer exactement les lignes de rabotage et les alignements des trous.

Tous les fers qui devront être travaillés à la forge seront chauffés avec les précautions nécessaires pour n'être pas brûlés.

21. Les patins en fonte et les têtes des colonnes servant de support à d'autres pièces seront rabotés dans toutes les parties en contact avec ces pièces et avec les clavettes de calage.

Un rabotage analogue sera exigé dans toutes les parties correspondantes des pièces à supporter.

22. Les boulons seront fabriqués avec le plus grand soin et parfaitement calibrés et tournés.

Les têtes seront refoulées dans la masse et non rapportées.

Dans les écrous fabriqués par enroulement, la soudure sera faite à cœur; elle aura une longueur au moins égale à deux fois l'épaisseur de l'anneau.

Le taraudage des boulons et des écrous devra être net, soigné et bien uniforme. Les boulons dont le filet serait égrené seront refusés. Les pas de vis seront faits au moyen d'étalons neufs déterminés, pour chaque diamètre, par l'Ingénieur en chef du contrôle.

Les boulons servant à l'assemblage des métaux entre eux seront tournés sur toute leur étendue; les têtes et les écrous seront à six pans. Les boulons servant à assembler les charpentes sur les pièces en fer ou en fonte ne seront pas tournés. Les têtes seront carrées et les écrous à six pans.

Les boulons de charpente proprement dits auront la tête et l'écrou carrés et seront munis de rondelles.

Les rondelles seront nettement fabriquées, parfaitement unies, planes et sans bavures.

23. Les fers pour garde-corps seront parfaitement dressés et auront exactement les formes prescrites.

Les divers assemblages seront faits avec le plus grand soin et aussi solidement que possible.

24. Les assemblages ne devront rien laisser à désirer sous le rapport de l'exactitude et de la solidité.

25. Le mode d'exécution des scellements sera déterminé par l'architecte.

Art. 10. *Perçage.* — 26. Le perçage de toutes les pièces devra être fait d'une manière régulière.

Les fers percés seront complètement ébarbés des deux côtés, de telle sorte qu'ils puissent s'appliquer parfaitement les uns sur les autres.

Le perçage des tôles, cornières, fers spéciaux, couvre-joints et, en général, de toutes les pièces répétées plusieurs fois sera fait mécaniquement : à cet effet, le chariot du poinçon sera muni de moyens d'arrêt établissant des distances rigoureusement exactes entre les trous.

27. La tolérance pour l'irrégularité du perçage d'un trou à l'autre sera, au maximum, d'un demi-millimètre ($0^m,0005$) et, pour la feuille entière, de deux millimètres (0^m002) au plus.

Dans le cas où des feuilles seraient percées à la main, il ne sera plus accordé qu'une tolérance de un millimètre ($0^m,001$) au plus pour les distances extrêmes.

Il n'y aura aucune tolérance dans l'alignement des trous, c'est-à-dire que leurs centres devront se trouver sur la même ligne droite tracée au moyen des axes indiqués à l'article 9. Ces lignes devront être exactement parallèles aux tranches rabotées, à moins d'ordre contraire.

28. Pour vérifier les dimensions des tôles, l'alignement des trous et leur diamètre, il sera fait des calibres ayant exactement la forme des tôles à examiner. Ces calibres porteront des parties cylindriques qui auront les dimensions du corps du rivet et glisseront dans des rainures correspondant parfaitement avec les lignes des trous à percer.

On établira également des calibres sur lesquels seront fixés plusieurs boutons ayant la forme du corps du rivet. Ces calibres pourront servir à mesurer deux, quatre ou six trous à la fois.

ART. 11. *Rivures.* — 29. Les rivures près des joints devront être disposées de façon à provoquer le serrage des tôles en contact. Le contact des tranches devra être parfait, sinon la rivure pourra être refusée.

Les cornières, doublures et couvre-joints devront être, dans l'intervalle des rivets, parfaitement appliqués sur les tôles et fers qu'ils recouvrent, même dans les parties où se présenteront des changements d'épaisseur, et épouseront exactement toutes les irrégularités de la superficie. Dans le cas où ce résultat ne serait pas obtenu, les rivures pourront être refusées.

30. Les trous relatifs à un même rivet, dans des tôles et fers superposés, devront correspondre exactement d'une pièce à l'autre. Il sera néanmoins accordé une tolérance de un millimètre ($0^m,001$) au plus d'excentricité, à la condition de faire disparaître cette différence à l'équarrissoir.

Si l'excentricité était plus considérable, et qu'en raison de certaines circonstances, dont l'Ingénieur en chef du contrôle sera seul juge, les tôles et fers présentant ce défaut ne soient pas refusés, le constructeur ne pourra mettre le rivet que lorsque l'Ingénieur en chef lui aura prescrit la manière dont le trou devra être modifié.

31. La rivure devra être précédée du serrage des tôles et des fers superposés; elle devra, en outre, être opérée de manière qu'aucun déversement ne se produise dans le corps du rivet ou dans la tête de la rivure.

Les rivets devront être préparés avec un diamètre plus petit que celui des trous de un vingtième.

Les rivets seront chauffés au rouge; ils seront appliqués à cette température et travaillés de manière à serrer fortement les fers et tôles à assembler. Les têtes devront être bien cintrées. Celles obtenues par la rivure seront nourries à la naissance et ébarbées; elles ne seront ni criquées ni fendues.

Les rivets seront chauffés au four. Les fours seront placés près des ouvriers pour éviter le refroidissement dans le transport des fours à l'ouvrage. Le constructeur sera tenu de se munir, pour les travaux sur le lieu de dépôt, de fours portatifs. Le chauffage à la forge ne sera jamais admis dans l'atelier du constructeur. On ne pourra y recourir que pour des travaux partiels, isolés sur les points où les rivets des fours ne pourraient arriver suffisamment chauds.

32. Les rivures se feront à la bouterolle, avec un marteau à devant. Cependant, l'emploi de la machine à river est autorisé. Il ne sera autorisé aucune rivure par le petit marteau de chaudronnier, ni aucun écrasement direct des rivets à l'aide du marteau à devant ou avec une chasse plate. Les rivoirs et la forme de la bouterolle devront être approuvés par l'Ingénieur en chef du contrôle.

Les marteaux à main pèseront 4 kilogrammes (4ᵏ), et les marteaux à devant, au moins 9 kilogrammes (9ᵏ).

Au moment de la rivure, on maintiendra la tête du rivet avec des tas en fonte et des vis à pression.

On ne tolèrera les leviers que dans le cas où l'emploi des appareils ci-dessus ne serait pas possible.

33. La nature des travaux ci-dessus décrits sera considérée comme étant exclusivement du genre de la construction des machines, exigeant la même rectitude de montage et d'assemblage, et non comme étant du genre des travaux de chaudronnerie.

ART. 12. *Montage à l'atelier du constructeur.* — 34. Pour faciliter la pose et le levage des parties dont les dimensions seraient trop considérables, on pourra les river par section.

Les dimensions et les dispositions de ces sections seront fixées par l'Ingénieur en chef du contrôle.

35. Les poutres ou parties de poutres seront construites à plat sur des chantiers solidement établis, élevés de quatre-vingts centimètres (0ᵐ,80) environ au-dessus du niveau du sol, pour permettre le passage des hommes au-dessous de l'ouvrage. Le sol devra être damé et dressé de niveau pour que les carreaux en fonte sur lesquels seront appuyés les enclumes, trucks et autres engins nécessaires au travail de l'assemblage et de la rivure puissent être établis d'une manière stable.

36. La qualité du travail d'assemblage tenant principalement à la précision du contact des fers juxtaposés par la tranche, on exigera l'emploi de serre-joints capables d'assurer ce contact; on prendra, d'ailleurs, toutes les précautions nécessaires pour ne pas déranger leur position pendant l'opération de la rivure.

Le travail sera conduit, pour les pièces montées, de façon à n'entraîner aucun gondolage ni aucune déformation dans l'ensemble des parois. Les lignes et surfaces d'axe présenteront rigoureusement, en fin de compte, la forme et la continuité définies aux dessins des ouvrages.

37. Aucune pièce de fer ou de fonte ne sortira de l'atelier du constructeur sans avoir été préalablement assemblée avec celles qui précèdent et qui suivent, et avec les pièces latérales en contact. Cet assemblage provisoire devra être fait de manière à présenter un ensemble régulier, sans gauchissement, et en tout conforme à l'épure.

38. Chaque pièce sera ensuite numérotée pour qu'on puisse facilement la retrouver à la pose.

ART. 13. *Transports.* — 39. Le transport des pièces ou parties de pièces, des ateliers du constructeur au chantier de pose, ne pourra se faire qu'après l'autorisation de l'Ingénieur en chef du contrôle d'accord avec l'Architecte.

40. Tous les transports des chantiers de construction aux chantiers de

pose seront à la charge de l'entrepreneur. Il en sera de même des bardages sur place, soit des engins, soit des matériaux.

Art. 14. *Montage au lieu de pose.* — 41. L'assemblage définitif des constructions au lieu de pose, qui aura lieu sous la surveillance de l'Ingénieur en chef du contrôle, pourra se faire de plusieurs manières, suivant que les dimensions de ces constructions, la disposition de ces lieux ou les servitudes de passage permettront l'emploi de l'un ou l'autre procédé. Les tronçons construits à l'atelier et transportés à pied-d'œuvre, conformément aux paragraphes 34 et 39, pourront être assemblés définitivement entre eux, soit avant l'opération du levage, soit dans le courant de cette opération et au fur et à mesure de son avancement. Les poutres secondaires, disposées entre les poutres principales, pourront être assemblées et rivées définitivement, soit avant soit après la mise en place des parties qu'elles relient.

42. Quand il y aura lieu de faire des échafaudages, le fournisseur devra les établir en temps opportun, pour que l'opération du levage ne puisse pas être retardée de ce chef.

43. L'assemblage et la rivure, sur le lieu de pose, seront faits par les meilleurs ouvriers qui auront été employés à la fabrication; ces ouvriers seront en nombre suffisant pour assurer la bonne et prompte exécution des travaux; ils devront obéir aux prescriptions que l'Ingénieur en chef du contrôle pourrait donner dans l'intérêt du travail.

L'ajustage et la pose de toutes les pièces de fer et de fonte devront, d'ailleurs, être faits avec la plus grande exactitude. L'entrepreneur sera responsable de tous les vices de la pose, de même qu'il est chargé de tous les détails de son exécution. Il fera faire, à ses frais, tous les refouillements nécessaires pour sceller ou loger les pièces, mais après avoir obtenu l'autorisation expresse de l'Architecte, sous la surveillance toute spéciale duquel ce travail devra s'exécuter.

Art. 15. *Peinture.* — 44. L'exécution de la peinture se fera de la manière suivante : les pièces, immédiatement après le perçage et l'ajustement, seront parfaitement grattées et nettoyées sur toutes les surfaces, de manière à ce qu'il ne subsiste aucune trace d'oxydation; puis elles seront enduites d'une couche d'huile de lin, qu'on laissera sécher complètement, et soumises à un grattage. Ce n'est qu'à la suite de cette double opération qu'on pourra procéder à l'assemblage des pièces.

Les parties dont le rivage à l'atelier aura été achevé recevront, avant le transport, une première couche de peinture au minium de plomb, laquelle sera appliquée sur toutes les surfaces. On aura soin d'en faire l'application, autant que possible, dans un endroit couvert, ou tout au moins par un temps bien sec.

Les mêmes précautions devront être prises d'ailleurs pour la couche d'huile dont il a été parlé plus haut.

Après le montage, on commencera par faire des raccords au minium sur les rivets et sur toutes les parties non recouvertes de peinture. Une deuxième couche, qui pourra être soit au minium soit à la céruse pure, sera appliquée d'une manière générale, et la troisième couche, dont le ton sera assuré par l'Architecte, ne sera donnée qu'après que l'entrepreneur en aura reçu l'ordre exprès de l'Architecte.

Toutes les couleurs seront parfaitement broyées sur un marbre avec de l'huile de lin rendue siccative par une addition de trente grammes (30^k) de litharge pour chaque kilogramme d'huile. Elles seront ensuite détrempées avec un mélange de parties égales d'huile de lin et d'essence de térébenthine.

CHAPITRE IV

GARANTIE, RÉCEPTION DÉFINITIVE

ART. 16. *Délai de garantie.* — 45. Les avaries qui se déclareraient avant l'expiration du délai de garantie seront réparées par le constructeur et à ses frais si elles sont de son fait. Il est responsable de ses constructions pendant un an, à dater de la réception provisoire. Il devra, en conséquence, faire à ses frais toutes les réparations pour maintenir pendant ce temps le travail en parfait état de conservation, telles que matage des rivets, serrage des écrous, remplacement des pièces qui seraient défectueuses ou qui viendraient à s'altérer, soit à cause de malfaçons, soit à cause de mauvaise qualité des matières.

Si, dans l'intervalle du délai de garantie, des avaries constatées sur quelques pièces indiquaient un vice général dans la fabrication ou la qualité des matières, ou dans la façon de l'ouvrage, l'Administration aurait le droit de demander le remplacement, aux frais du fournisseur, de toutes les pièces affectées de ce vice, lors même qu'elles auraient résisté.

ART. 17. *Réception définitive.* — 46. La réception définitive ne sera prononcée qu'après l'expiration du délai de garantie, et après la réception des travaux par les fonctionnaires chargés de les examiner; elle sera reculée, au delà de ce terme, de tous les retards que le constructeur apporterait à l'exécution des réparations prescrites par l'article précédent.

CHAPITRE V

MODE D'ÉVALUATION DES OUVRAGES

ART. 18. *Évaluation du prix des métaux.* — 47. Les pièces de métal seront payées pour leur poids réel, en tant que ce poids n'excédera pas de plus de 4 p. 100 celui résultant des dimensions portées aux dessins. Tout excès au delà de cette tolérance ne sera pas compté.

Il n'y a aucune tolérance au-dessous pour l'épaisseur des tôles.

48. Toutes les pièces seront pesées avant leur emploi.

Dans le cas où les trous de rivets n'auraient pas été percés, on ajoutera au poids trouvé celui des têtes de rivets. Dans le cas, au contraire; où tous les trous de rivets auraient été percés, on ajoutera au poids trouvé celui de rivets, calculé d'après leurs dimensions moyennes. Le pesage sera fait par l'entrepreneur et à ses frais, sous la surveillance de l'Ingénieur en chef du contrôle.

Pour toutes les pièces qu'il n'aurait pas été possible de peser, le poids sera déduit des dimensions. Dans le calcul, on admettra que le poids du mètre cube de fer est de sept mille huit cents kilogrammes (7 800^k) et que celui du mètre cube de fonte est sept mille deux cents kilogrammes (7 200^k).

CHAPITRE VI

CLAUSES ET CONDITIONS GÉNÉRALES

Art. 19. *Surveillance à l'usine de fabrication des matières.* — 49. Le constructeur devra faire réserver, pour un agent de l'Administration, le droit de suivre la fabrication des matières aux usines où il les aura commandées. Cet agent pourra procéder aux épreuves qu'il jugera convenables, et refuser toute pièce qui serait défectueuse sous le rapport de la qualité, de la fabrication et des dimensions.

50. Le constructeur devra, en outre, donner la libre entrée de ses ateliers aux services du contrôle et à l'Architecte, qui pourront y rester tout le temps de la construction et pourront y procéder, aux frais du fournisseur, aux épreuves, essais et vérifications nécessaires pour s'assurer que les clauses du présent cahier des charges sont exactement remplies sous le rapport de la bonne qualité et de la résistance des matières et de la bonne exécution du travail.

51. Les travaux sur les lieux de pose seront également surveillés par l'Ingénieur en chef du contrôle et par l'Architecte.

Art. 20. *Responsabilité du constructeur.* — 52. La surveillance exercée par l'Ingénieur en chef du contrôle et par l'Architecte, dans l'usine de fabrication, à l'atelier du constructeur et sur le lieu de pose, les vérifications et épreuves, les réceptions provisoires de matériaux ou d'ouvrages exécutés, n'auront, dans aucun cas, pour effet de diminuer la responsabilité du constructeur, qui restera pleine et entière jusqu'à l'expiration du délai de garantie.

Art. 21. *Cas de force majeure.* — Ne sont pas comprises dans les cas de force majeure les difficultés de transport et de charrois, les détériorations, quelles qu'elles soient, des matériaux isolés ou assemblés, par suite des accidents de route ou de la violence des eaux, non plus que les chutes d'échafaudages et autres circonstances qu'une surveillance active et une bonne direction de l'entreprise peuvent prévenir et empêcher.

ART. 22. *Interdiction de céder.* — Il est formellement interdit au constructeur de céder à un autre constructeur, ou de faire confectionner dans une usine autre que la sienne, une partie quelconque des travaux faisant l'objet du présent cahier des charges, à moins du consentement exprès, formel et par écrit de l'Administration.

Les travaux d'assemblage et d'ajustage sur place ne pourront être marchandés dans leur ensemble.

Dressés de concert par l'Ingénieur en chef du contrôle des constructions métalliques et par les Architectes de l'Exposition.

Paris, le 25 octobre 1886.

Signé : CONTAMIN, BOUVARD, DUTERT, FORMIGÉ.

Vu et présenté par l'Ingénieur en chef adjoint au Directeur général,

Signé : BARTET.

Vu et adopté par le Directeur général.

Signé : ALPHAND.

Vu et approuvé,

Paris, le 4 novembre 1886.

Le Ministre du Commerce et de l'Industrie,

ÉDOUARD LOCKROY.

Annexe aux cahiers des charges pour constructions
métalliques.

EXTRAIT DE LA CIRCULAIRE DU MINISTRE DE LA MARINE
DU 5 AOUT 1867, DONNANT LES CONDITIONS DE RÉCEPTION ADOPTÉES
POUR LES TOLES CORNIÈRES
ET FERS SPÉCIAUX DES TABLIERS MÉTALLIQUES

TOLES.

Pour s'assurer de la qualité des tôles il sera fait deux sortes d'épreuves :
des épreuves à chaud et des épreuves à froid.

Épreuves à chaud. — Il sera exécuté avec un morceau de tôle de dimensions convenables, découpé dans une feuille prise au hasard dans chaque livraison, un cylindre ayant pour hauteur et pour diamètre intérieur vingt-cinq fois l'épaisseur de la tôle. Ce cylindre, exécuté avec le soin convenable, ne devra présenter ni fentes ni gerçures.

Cette expérience sera faite pour toutes les tôles d'épaisseurs différentes ; elle pourra être renouvelée si la Commission de recette le juge nécessaire.

Épreuves à froid. — Ces épreuves consisteront à déterminer la force de rupture des tôles et leur faculté d'allongement, tant dans le sens du laminage que dans le sens perpendiculaire.

On établira séparément les résultats moyens de résistance et d'allongement obtenus dans chacun de ces deux sens, au moyen de cinq épreuves au moins pour chacun d'eux.

Dans le sens qui aura donné la moindre résistance, la charge de rupture moyenne par millimètre carré de section sera d'au moins 28 kilogrammes, et l'allongement moyen correspondant d'au moins 3 1/2 p. 100.

En outre, aucune épreuve isolée faite sur une bande reconnue saine ne devra donner un résultat inférieur à 25 kilogrammes par millimètre carré, ni un allongement inférieur à 2 1/2 p. 100.

Pour ces épreuves, on découpera des bandes de tôle dans un certain nombre de feuilles prises au hasard dans chaque livraison, en ayant soin d'expérimenter, pour chaque feuille, un nombre égal de bandes dans le sens du laminage et dans le sens perpendiculaire. Ces bandes seront façonnées de manière à avoir, pour chaque section de rupture, un rectangle dont l'un des côtés aura 30 millimètres de largeur et l'autre l'épaisseur de la tôle. Par exception pour les tôles minces au-dessous de 5 millimètres, la largeur de la bande d'épreuve sera réduite à 20 millimètres. La longueur de la partie prismatique soumise à la traction sera toujours de 20 centimètres.

Ces bandes seront soumises, au moyen de poids agissant directement ou par l'intermédiaire de leviers tarés avec soin, à des efforts de traction crois-sant jusqu'à ce que la rupture ait lieu.

La charge initiale sera calculée de manière à produire un effort de traction de 25 kilogrammes par millimètre carré de section; cette première charge sera maintenue en action pendant cinq minutes.

Les charges additionnelles seront ensuite placées à des intervalles de temps sensiblement égaux et d'environ une minute. Elles seront calculées, aussi approximativement que le permettra la division des poids en usage, à raison de un quart de kilogramme de traction par millimètre carré de section.

On notera, pour chaque charge, l'allongement correspondant mesuré sur la longueur prismatique de 20 centimètres.

Les livraisons qui ne satisferont pas à ces conditions seront rebutées.

CORNIÈRES ORDINAIRES

Pour s'assurer de la qualité des fers à cornières, il sera fait deux sortes d'épreuves : des épreuves à chaud et des épreuves à froid.

Épreuves à chaud. — Il sera exécuté avec un bout de cornière coupé dans une barre prise au hasard, dans chaque livraison, un manchon cylindrique tel qu'une des lames de la cornière reste dans le plan perpendiculaire à l'axe du cylindre formé par l'autre lame. Le diamètre intérieur de ce cylindre sera égal à cinq fois la largeur de la lame restée plane.

Un autre bout coupé dans une autre barre sera ouvert jusqu'à ce que l'angle formé par les deux faces extérieures des lames soit de 135 degrés.

Un troisième bout coupé dans une troisième barre sera fermé jusqu'à ce que l'angle formé par les deux faces extérieures des lames soit de 45 degrés.

Les morceaux ainsi essayés ne devront présenter ni gerçures ni déchirures, ni fentes longitudinales, indiquant un corroyage imparfait.

Ces épreuves seront renouvelées autant de fois que la Commission le jugera utile.

Enfin la Commission de recette s'assurera que les fers à cornières présentés en recette peuvent se souder facilement et donner lieu à de bonnes soudures.

Épreuves à froid. — Ces épreuves auront pour but de déterminer la force de rupture du fer et sa faculté d'allongement. A cet effet, on découpera dans les lames d'un certain nombre de barres prises au hasard, dans chaque livraison, des bandes plates qui seront façonnées de manière à avoir une section de rupture à très peu près rectangulaire; l'épaisseur de ces bandes sera celle des lames des cornières ayant plus de 5 centimètres de côté et de 20 millimètres pour toutes celles de dimensions moindres.

La longueur de la partie prismatique soumise à la traction sera exactement de 20 centimètres.

Ces bandes seront soumises, au moyen de poids agissant directement ou par l'intermédiaire de leviers tarés avec soin, à des efforts de traction croissant jusqu'à ce que la rupture ait lieu.

La charge initiale sera calculée de manière à produire un effort de traction de 30 kilogrammes par millimètre carré de section.

Aucune bande reconnue saine ne devra rompre sous cette charge, qui sera maintenue en action pendant cinq minutes et ne devra, sous cette même charge, s'allonger de moins de 6 p. 100 de sa longueur primitive.

Les charges additionnelles seront ensuite placées à des intervalles de temps insensiblement égaux et d'environ une minute. Ces charges seront calculées aussi approximativement que le permettra la division des poids en usage, à raison de un quart de kilogramme de traction par millimètre carré de section. On notera, pour chaque charge, l'allongement correspondant, mesuré sur la longueur prismatique de 20 centimètres.

Les résultats moyens de ces expériences, au nombre de six au moins par livraison, ne devront pas être inférieurs aux chiffres suivants :

Charge de rupture moyenne par millimètre carré de section. 34 kilogr.
Allongement correspondant à cette charge. . . . . 9 p. 100

Les livraisons qui ne satisferaient pas à ces conditions seront rebutées.

FERS A T ET A DOUBLE T DE QUALITÉ ORDINAIRE

Pour s'assurer de la qualité des fers à T présentés en recette, il sera fait deux sortes d'épreuves : des épreuves à chaud et des épreuves à froid.

Épreuves à chaud. — Pour les fers à double T, on commencera par fendre à froid, au moyen de la cisaille, l'extrémité d'une barre prise au hasard dans chaque livraison, de manière que la fente divise longitudinalement la lame verticale en deux parties égales sur une longueur égale à trois fois la hauteur du fer, et on percera un trou à l'extrémité de cette fente pour l'empêcher de s'étendre. Puis on écartera, en la manchonnant régulièrement à chaud, l'une des moitiés ainsi séparée de l'autre moitié, jusqu'à ce que la distance entre les deux extrémités de la lame soit égale à la hauteur même du fer à double T.

Pour les fers à simple T, on manchonnera l'extrémité de la barre choisie pour l'épreuve, en laissant la lame verticale dans son plan, et on formera ainsi, avec la lame transversale, un quart de cylindre d'un rayon intérieur égal à cinq fois la hauteur totale du T.

Les fers présentés en recette devront supporter ces épreuves (qui pourront être renouvelées si la Commission de recette le juge utile) sans qu'il se manifeste ni déchirures, ni gerçures, ni fentes indiquant un corroyage imparfait.

Épreuves à froid. — On découpera, dans les lames verticales ou transversales d'un certain nombre de barres prises au hasard de chaque livraison, et dans le sens du laminage, des bandes plates qui seront façonnées de manière à avoir une section à très peu près rectangulaire.

L'épaisseur de ces bandes sera celle des lames; leur largeur sera de 30 millimètres. La longueur de la partie prismatique soumise à la traction sera exactement de 20 centimètres.

Ces bandes seront soumises, au moyen de poids agissant directement ou par l'intermédiaire de leviers tarés avec soin, à des efforts de traction croissant jusqu'à ce que la rupture ait lieu.

La charge initiale sera calculée de manière à produire un effort de traction de 30 kilogrammes par millimètre carré de section. Aucune bande reconnue saine ne devra rompre sous cette charge (qui sera maintenue en action pendant cinq minutes) et ne devra, sous cette même charge, s'allonger de moins de 6 p. 100 de sa longueur primitive. Les charges additionnelles seront ensuite placées à des intervalles de temps sensiblement égaux et d'environ une minute. Ces charges seront calculées aussi approximativement que le permettra la division des poids en usage, à raison de 1/4 de kilogramme de traction par millimètre carré de section.

On notera, pour chaque charge, l'allongement correspondant mesuré sur la longueur prismatique de 20 centimètres.

Les résultats moyens de ces expériences, au nombre de six au moins par livraison, ne devront pas être inférieurs aux chiffres suivants :

> Charge de rupture moyenne par millimètre carré de section. 34 kilogr.
> Allongement correspondant à cette charge................ 9 p. 100

Les livraisons qui ne satisferont pas à ces conditions seront rebutées.

Nota. Les fers à [⎵] subiront les mêmes épreuves que les fers à double T.

Annexe IV

DIRECTION GÉNÉRALE DES TRAVAUX

PALAIS DES MACHINES

CONDITIONS PARTICULIÈRES DES CONSTRUCTIONS MÉTALLIQUES

DE LA GRANDE NEF

ENTREPRISE EN DEUX LOTS

La grande nef se compose de 19 travées, savoir : 2 d'extrémités mesurant 25^m,296, 16 intermédiaires de chacune 21^m,50, et 1 travée milieu de 26^m,40, (travées mesurées d'axe en axe des fermes.)

La grande nef comprend 20 fermes, dont 2 plus fortes.

Ces fermes à deux versants portent, au sommet, 2 pannes de faîtage avec chemin et garde-fou, 8 pannes à treillis et 2 poutres pleines au droit des chéneaux.

Entre fermes, chaque travée est divisée en 4 parties, par 3 longerons assemblés aux pannes. Ces longerons reçoivent les petites pannes et les fers à vitrage de la couverture.

Latéralement, les fermes sont reliées entre elles par des poutres à treillis, au niveau du plancher du premier étage des bas-côtés et, sous le chéneau, par des arcs à treillis et des parties pleines avec châssis ouvrants.

La construction métallique des bas-côtés, complétant l'ensemble du Palais des Machines, fera l'objet d'une adjudication indépendante du présent marché. A cet effet, les constructeurs *de la grande nef devront préparer en attente, et conformément aux dispositions qui leur seront indiquées, tous les trous et équerres d'assemblage, fourrures, etc., nécessaires à la construction ultérieure de ces bas-côtés.*

Premier lot. — Dix travées complètes de la grande nef, côté de l'avenue de La Bourdonnais, comprenant :

10 fermes, dont une de pignon plus forte;

L'ossature de ces 10 travées.

(La tribune adossée au pignon, les grands escaliers, les marquises et le remplissage vertical du pignon de la grande nef sont réservés.)

L'ajustement et le rivage des pannes de la travée du milieu aux attaches laissées en attente de la première ferme du deuxième lot sont à la charge de l'entrepreneur du premier lot.

, DEUXIÈME LOT. — Neuf travées complètes de la grande nef, côté de l'avenue de Suffren, comprenant :

Dix fermes, dont une de pignon plus forte ;

L'ossature de ces neuf travées.

(La tribune adossée au pignon, le grand escalier et le remplissage vertical du pignon de la grande nef sont réservés.)

A la ferme séparant les deux lots, l'entrepreneur devra préparer, en attente et conformément aux dispositions qui lui seront indiquées, tous les trous, équerres d'assemblage, fourrures, etc., nécessaires à l'ajustage et au rivage des pièces faisant partie du premier lot.

CHAPITRE PREMIER

CLAUSES ET CONDITIONS PARTICULIÈRES

ARTICLE PREMIER. *Objet de l'entreprise.* — Les travaux, à exécuter en deux lots, comprennent la construction métallique de la grande nef du Palais des Machines, telle qu'elle est décrite ci-dessus, et conformément aux dispositions indiquées aux feuilles de dessins ci-annexées. Les travaux à adjuger comprennent la fourniture et la mise en place des fers de toute nature, y compris fers à vitrage, de remplissage, de décoration et autres. Pour le remplissage vertical des deux pignons de la grande nef, les escaliers, les tribunes et les marquises, avenue de La Bourdonnais, qui ne font pas partie des lots, l'Administration se réserve la faculté de traiter, de gré à gré, soit avec les entrepreneurs adjudicataires, soit avec tout autre constructeur.

ART. 2. *Désignation des métaux à employer.* — Les tourillons des fermes seront en acier moulé, les coussinets seront en fonte, le reste de la construction métallique sera entièrement en fer.

ART. 3. *Soumissions.* — Les concurrents seront admis à présenter leurs propositions sous plis cachetés, pour les deux lots.

L'adjudicataire du 1er lot pourra retirer la soumission qu'il aura déposée pour le 2e lot.

Par contre, l'administration se réserve la faculté d'admettre ou de ne pas admettre à concourir pour le 2e lot l'adjudicataire du 1er.

ART. 4. *Cautionnements.* — Chaque postulant à l'adjudication devra justifier, en déposant sa soumission, du versement préalable, à la Caisse des Dépôts et Consignations, d'un cautionnement de 40 000 francs pour chacun des deux lots.

Ce cautionnement provisoire servira à chaque entrepreneur de cautionnement définitif pour la garantie de l'exécution de leur marché. Les autres cautionnements seront restitués après l'adjudication.

Si les concessionnaires font leur cautionnement en argent, ils en toucheront les intérêts à 3 p. 100, à compter du soixante et unième jour du versement; s'il est fait en rentes, ils en toucheront les arrérages.

Art. 5. *Base du rabais. Série de prix.* — Les propositions sous pli cacheté auront lieu, pour chaque lot, séparément, au rabais exprimé en francs et décimes (sans fraction de décime) sur les prix ci-dessous, communs aux deux lots :

> Quarante-cinq centimes le kilogramme pour tous les fers de la fr.
> construction propre de la grande nef, ci. 0 45
> Trente-huit centimes le kilogramme pour tous les fers de la construction des arcs-verticaux à treillis, des parois latérales, y compris leurs pieds-droits, les tympans au-dessus jusqu'à la poutre
> pleine du chéneau et les poutres à treillis des planchers, ci. . . 0 38

La quincaillerie employée dans les parties ouvrantes sera réglée suivant les prix de la Série de la Ville de Paris, édition 1882, diminués de 25 p. 100. Ces prix, ainsi composés, seront passibles du rabais consenti par les entrepreneurs.

Les prix fixés ci-dessus s'appliquent à l'ensemble des travaux métalliques, de toute nature, des ouvrages précédemment décrits. Ils comprennent toutes fournitures, main-d'œuvre, droits d'octroi ou autres faux frais et bénéfices; tous transports, chargements et déchargements, bardages, collinages, montages à toutes hauteurs et poses; tous engins, matériel et échafaudages nécessaires, toutes plus-values de grandes ou petites dimensions ou de formes spéciales, d'ajustements ou assemblages droits, courbes ou biais, des parties ouvrantes dans les parties verticales, à bascule ou à tout autre système, de tôle découpée, garde-fous, etc., quels que soient leur nombre et leur nature; les plus-values d'assemblage avec le bois; toutes difficultés d'accès du chantier, ou de raccord avec les autres entreprises qui doivent se poursuivre simultanément avec celle de la ferronnerie; tous percements de trous; toutes fournitures de brides, plates-bandes, boulons et rivets pour fixer les différentes pièces entre elles, soit aux constructions adjacentes (*maçonneries et charpentes métalliques ou autres*), soit pour supports et attaches de tuyau de descente d'eau, fourrures, chéneaux, couvertures, vitreries, menuiseries, caissons, staffs, terre cuite et ornements divers, arbres de transmission, attaches d'appareils d'éclairage, etc., prévus aux dessins ou à déterminer en cours d'exécution.

Art. 6. *Peinture.* — Ces prix comprennent aussi la peinture, qui sera exécutée, tel qu'il est indiqué à l'art. 15 du Cahier des charges particulières aux constructions métalliques, avec cette réserve, toutefois, que la dernière couche (3e avec ton indiqué par l'architecte) ne sera donnée qu'après l'achèvement des couvertures, des vitreries, des travaux de maçonnerie et autres.

ART. 7. *Invariabilité des prix.* — En un mot, les prix indiqués ci-dessus comprennent un travail complètement et parfaitement exécuté, posé et peint dans les conditions imposées au Cahier des charges générales et au Cahier des charges particulières aux constructions métalliques, ci-annexées, sans admission d'aucune plus-value d'aucune sorte.

ART. 8. *Délais d'exécution.* — Les travaux commenceront aux ateliers des entrepreneurs aussitôt que les ordres de service auront été délivrés par l'architecte.

Ils seront conduits de telle sorte que la mise au levage des fermes s'exécute régulièrement.

L'ensemble des travaux faisant l'objet des présentes entreprises devra être complètement achevé, pour chacun des deux lots, le 1er juillet 1888, date de rigueur.

Les travaux de montage des deux lots seront commencés simultanément par la travée du milieu de la galerie, à la date fixée par l'Administration, les deux entrepreneurs entendus.

L'Administration aura le droit de prendre possession des diverses travées au fur et à mesure de leur achèvement, afin de faciliter la pose des galeries adjacentes.

ART. 9. *Ateliers sur les chantiers.* — *L'Administration accorde aux entrepreneurs, pour la grande ferme seulement, la faculté d'installer, sur les chantiers et dans le périmètre de chacun des lots, des ateliers d'ajustage et de montage,* mais à la condition expresse que ces ateliers ne seront cause d'aucune gêne ou empêchement pour les travaux à exécuter par l'Administration ou ses entrepreneurs.

Ils seront déplacés ou supprimés aussitôt que l'architecte en donnera l'ordre, sans que l'entrepreneur puisse réclamer aucune indemnité à ce sujet, la faculté accordée n'étant qu'une simple tolérance.

ART. 10. *Détails d'exécution.* — La Direction des travaux arrête les tracés et dessins d'exécution ; les entrepreneurs devront, avant de procéder à l'exécution de leurs travaux, présenter à l'Administration leurs tracés et dessins, grandeur d'exécution. Ils ne pourront introduire aucune modification sans l'approbation de l'Administration.

Il sera d'ailleurs pris, aux frais des entrepreneurs, toutes les précautions utiles pour assurer la parfaite concordance des pièces métalliques exécutées par les deux entrepreneurs.

ART. 11. *Pénalités pour retard.* — En cas de retard sur l'un quelconque des délais fixés à l'article 8, ou en cas de non-exécution de l'une des clauses établies, et quelle que puisse en être la cause, sauf les cas de force majeure régulièrement constatés, l'entrepreneur subira une retenue de 0 fr. 50 p. 100 sur le montant total de son entreprise par chaque semaine de retard, chiffre que les entrepreneurs adjudicataires déclarent accepter comme représentant le préjudice causé à l'Administration.

Ces retenues seront acquises à l'Administration par le seul fait des retards, et sans qu'il soit besoin de mise en demeure ou autre formalité préalable.

Dans le cas où l'un des entrepreneurs serait entravé dans l'exécution de ses travaux par quelque circonstance ne provenant pas de son fait, il devrait le faire constater immédiatement par le Directeur général des travaux, et les délais seraient prolongés, s'il y a lieu, en raison du temps perdu ; mais il ne serait dû à l'entrepreneur aucune indemnité pour ce fait. Toute réclamation tardive sera considérée comme nulle.

Art. 12. *Conservation des ouvrages.* — Pendant le cours des travaux, chacun des entrepreneurs devra prendre, à ses frais, les précautions nécessaires pour préserver de tout dommage les constructions existantes ainsi que les plantations et ouvrages de diverse nature qui s'exécuteront avant les siens ou concurremment avec eux.

Art. 13. *Propositions de paiement.* — Dans les propositions de paiement à établir conformément aux clauses et conditions générales, les acomptes seront limités à six dixièmes (6/10) de la valeur des ouvrages exécutés et reçus à l'usine ou aux ateliers du constructeur, lorsque ces objets pourront être reconnus et marqués de manière que leur distinction soit parfaitement établie. Trois dixièmes (3/10) pourront ensuite être payés après le montage définitif sur les chantiers de l'Exposition et réception provisoire.

Les paiements effectués n'auront, dans aucun cas, pour effet de diminuer la responsabilité du fournisseur, qui restera pleine et entière.

Art. 14. *Importance relative des pièces d'adjudication.* — L'avant-métré et le détail estimatif qui suivent, ainsi que les dessins annexés aux présentes, ne sont donnés qu'à titre de renseignements, et l'entrepreneur ne pourra, en aucun cas, se prévaloir des dispositions ou des quantités qui y sont portées, pas plus pour l'exécution des ouvrages que pour l'établissement des mémoires et comptes de dépenses.

Art. 15. *Modifications possibles.* — L'Administration se réserve le droit de modifier, dans la proportion qu'elle jugera convenable, pendant le cours des travaux, les dispositions, la nature, la qualité ou la quantité des constructions métalliques. Quelle que soit cette variation, les prix fixés plus haut seront seuls appliqués, sans aucune indemnité.

Cependant, si les parties modifiées avaient déjà reçu un commencement d'exécution et que la modification apportée fût une cause réelle de perte de fourniture ou de main-d'œuvre pour l'entrepreneur, ce dernier pourrait, par exception à la clause ci-dessus, être indemnisé du travail déjà exécuté, et ce à dire d'expert, et le chiffre de cette indemnité serait basé sur les prix acceptés, diminués du rabais consenti, et en tenant compte de toutes les obligations de l'entreprise.

Art. 16. *Prise de possession des constructions.* — Ainsi qu'il est dit plus haut, au fur et à mesure que certaines parties des constructions seront terminées, l'Administration aura le droit de les mettre en état de réception provisoire et d'en prendre livraison; mais le délai de réception définitive ne partira que de l'époque d'achèvement complet de tous les travaux.

Art. 17. *Chemin de fer.* — L'entrepreneur est prévenu que l'Administration est dans l'intention de prolonger, dans l'intérieur de l'Exposition, la ligne du chemin de fer qui s'arrête aujourd'hui à la gare du Champ de Mars. Si cette ligne est établie au moment où l'entrepreneur devra apporter ses fers sur le chantier, il pourra utiliser ce moyen de transport, en s'entendant, pour les conditions d'exploitation, avec la Compagnie exploitante. Aucune réclamation de ce chef ne pourra, d'ailleurs, être adressée à l'Administration.

Art. 18. *Service de santé.* — Les entrepreneurs sont prévenus que la retenue de 1 p. 100 opérée sur les décomptes, en vertu de l'art. 17 du Cahier des charges et conditions générales, pour le service médical, constitue essentiellement une œuvre charitable qui laisse entière la responsabilité de l'entrepreneur, en cas d'accident.

Art. 19. *Responsabilités.* — La durée du Palais des Machines étant subordonnée aux décisions de l'Administration supérieure, les entrepreneurs ne sont nullement déchargés des responsabilités qui leur incombent en droit, et, notamment, des charges imposées par les articles 1792 et 1797 du Code civil.

Art. 20. *Cahier des charges spéciales et générales.* — Indépendamment des conditions énoncées ici, les entrepreneurs seront soumis aux clauses et conditions générales approuvées par M. le Ministre du Commerce et de l'Industrie, le 25 août 1886, et imposées à tous les entrepreneurs de l'Exposition, ainsi qu'aux clauses et conditions du Cahier des charges spéciales aux travaux des constructions métalliques, en date du 4 novembre 1886, avec annexes pour les conditions de réception adoptées pour les tôles, cornières et fers spéciaux des tabliers métalliques et pour l'emploi de l'acier dans la construction, pour tout ce en quoi il n'est pas dérogé par les présentes stipulations.

CHAPITRE II. — Avant-métré.

NUMÉROS D'ORDRE.	INDICATION DES OUVRAGES.	QUANTITÉS.	POIDS DE L'UNITÉ.	POIDS PARTIEL.	POIDS TOTAL.
	PREMIER LOT				
	GRANDE NEF COTÉ DE L'AVENUE DE LA BOURDONNAIS				
1	Grandes fermes, compris pivots en acier fondu et coussinets en fonte.	9	171 000 k.	1 539 000 k.	
2	Ferme de tête.	1	240 000	240 000	
3	Travées de panne.	10	52 931	529 310	3 045 310 k.
4	— de couverture.	10	60 000	609 000	
5	— de poutre pleine, avec chéneau.	10	12 500	125 000	
6	Garde-fous de faîtage.	10	300	3 000	
7	Travées de poutre à treillis portant le plancher du 1er étage.	10	20 400	204 200	464 000
8	Travées d'arcade à treillis, y compris pieds-droits.	10	26 000	260 000	
9	QUINCAILLERIE : La ferrure des parties ouvrantes composée, chacune, de deux pivots, un ressort, un loqueteau à queue, une corde septain et un pied de biche.	40	»	»	
	DEUXIÈME LOT				
	GRANDE NEF COTÉ DE L'AVENUE DE SUFFREN				
1	Grandes fermes.	9	171 000 k.	1 539 000 k.	
2	Ferme de tête.	1	240 000	240 000	
3	Travées de panne.	9	52 931	476 379	2 918 679 k.
4	— de couverture.	9	60 000	548 100	
5	— de poutre pleine.	9	12 500	112 500	
6	Garde-fous des faîtages.	9	300	2 700	
7	Travées d'arcade à treillis, y compris pieds-droits	9	26 000	234 000	417 600
8	Travées de poutre à treillis portant le plancher du 1er étage.	9	20 400	183 600	
9	QUINCAILLERIE : Ferrure des parties ouvrantes : Comme il est dit au premier lot.	36			

CHAPITRE III. — Détail estimatif.

INDICATION DES OUVRAGES.	POIDS.	PRIX.	PRODUIT PARTIEL.	TOTAL.

PREMIER LOT

GRANDE NEF COTÉ DE L'AVENUE DE LA BOURDONNAIS

INDICATION DES OUVRAGES.	POIDS.	PRIX.	PRODUIT PARTIEL.	TOTAL.
Fers de toute nature pour fermes, pannes, longerons, poutres, chevrons, fers à vitrage, supports, tôles, etc.	3 045 310 k.	0,45	1 370 389,50	
Fers pour arcs à treillis, y compris pieds-droits, tympans au-dessus et poutres à treillis des planchers..	464 000	0,38	176 320 »	1 547 109,50
QUINCAILLERIE :				
La ferrure des parties ouvrantes à régler d'après les prix de la Série de la Ville de Paris, édition 1882, diminués de 25 p. 100, comme il est dit aux conditions particulières.		Évaluation :		
ENSEMBLE.	40	10 »	400 »	

DEUXIÈME LOT

GRANDE NEF COTÉ DE L'AVENUE DE SUFFREN

INDICATION DES OUVRAGES.	POIDS.	PRIX.	PRODUIT PARTIEL.	TOTAL.
Fers de toute nature, comme il est dit au 1er lot .	2 918 679 k.	0,45	1 313 405,55	
Fers de toute nature pour arcs à treillis, etc., comme ci-dessus au 1er lot .	417 600	0,38	158 688 »	1 472 493,55
QUINCAILLERIE (id.) . . .			400 »	
Sommes à valoir pour imprévus et dépenses en régie.				127 324,05
Honoraires et frais d'agence.				80 214 »
TOTAL GÉNÉRAL.				3 227 142 »

Nomenclature des feuilles de dessin d'exécution,

visées à l'article 1er ci-devant, jointes au dossier d'adjudication.

NUMÉROS des FEUILLES.	NATURE DES DESSINS.	ÉCHELLE.
1	Plan d'ensemble de la grande nef.	0,0025 par mètre.
2	Ensemble de la coupe transversale de la grande nef et des bas-côtés.	0,01 —
3	Coupes longitudinales sur les travées milieu, courantes et d'extrémités.	0,01 —
4	Plan d'une travée de 21m,50.	0,02 —
5	Plan d'une travée de 26m,40.	idem.
6	Plan d'une travée des extrémités.	—
7	Élévation d'ensemble de la grande ferme.	—
8	Monographie du tracé du gabarit de la grande ferme.	0,01 par mètre.
9	Monographie du tracé complet de la grande ferme. .	idem.
10	Détail de l'articulation au pied.	0,10 par mètre.
11	Détail de l'articulation au sommet.	idem.
12	Détail du panneau circulaire concentrique adjacent à l'articulation au pied.	—
13	Détail du panneau curviligne adjacent à l'articulation au sommet.	—
14	Détail du panneau curviligne adjacent à l'échantignole à la base du comble.	—
15	Élévation des pannes au faîtage 21m,50.	—
16	— — intermédiaire 21m,50.	—
17	— de faîtages des extrémités.	—
18	— — intermédiaires	—
19	— des pannes de faîtage 26m,40.	—
20	— — intermédiaires	—
21	— des chevrons 1,2.	—
22	— — 2,3.	—
23	— — 3,4.	—
24	— — 4,5.	—
25	— — 5,6.	—
26	— des pannes de vitrages courants 0m,15. . .	—
27	— — 0m,25. . .	—
28	— — 0m,35. . .	—
29	— — 0m,45. . .	—
30	— complètes de l'arc vertical de 21m,50 avec chéneau et tympan.	—
31	Entretoisement des fermes de tête.	—
32	Élévation de la panne de vitrage au faîtage. . . .	—

MODÈLE DE SOUMISSION

Je, soussigné, ...
Entrepreneur-Constructeur, demeurant à ....
.... , après avoir pris connaissance
des clauses et conditions générales imposées aux Entrepreneurs de l'Exposition
universelle de 1889, du Cahier des charges spéciales aux constructions métalliques
en fer et en acier, ainsi que des dessins et des conditions particulières se rapportant directement à l'exécution des charpentes et fermes en fer et acier formant la
grande nef du Palais des Machines au Champ de Mars,

M'engage à exécuter les travaux dont il s'agit formant le (1) ....
lot, évalué à la somme de..
moyennant un rabais de (1)...
sur les prix moyens indiqués aux clauses et conditions particulières.

Si ma proposition est acceptée, je me soumets à supporter tous les droits d'affi-
chage, de timbre, d'enregistrement *à droit fixe* ou autres, auxquels la présente soumission pourra donner lieu.

Paris, le.....................................1887.

(2)

1. — Le numéro du lot et le taux du rabais devront être écrits en toutes lettres.
2. — Signature du soumissionnaire.

Annexe V

INSTRUCTION SUR LA TENUE DE LA COMPTABILITÉ DE MM. LES ARCHITECTES

Un ordre de service doit être délivré à l'entrepreneur pour tout travail à exécuter. Tout travail exécuté sans ordre écrit peut être rejeté du compte de l'entrepreneur.

Les ordres de service sont rédigés par l'architecte ou l'inspecteur, et, dans tous les cas, toujours signés par l'Architecte. Ces ordres doivent être d'une grande précision, et les travaux, dont l'exécution est ordonnée, y être définis d'une manière exacte et complète : il est nécessaire d'y indiquer les moyens de construction, la nature des matériaux à employer et, autant que possible, le chiffre maximum de la dépense dans lequel l'entrepreneur doit se renfermer. Enfin, les ordres de service doivent fixer le délai d'exécution du travail et la date de production de l'annexe correspondante.

Tout ordre de service est signé par l'entrepreneur ou son représentant, au registre à souche, au-dessous de la formule disposée à cet effet.

S'il y a lieu de modifier un ordre de service transcrit, les modifications seront indiquées à l'encre rouge et parafées par l'architecte et par l'entrepreneur ou son représentant.

L'inspecteur, ou, à son défaut, le conducteur désigné par l'Architecte tient un journal ou carnet d'attachements, sur lequel il inscrit, par ordre chronologique, pour servir à la vérification des annexes, le détail de tous les travaux dont la trace doit disparaître ou qui doivent être cachés après l'achèvement des constructions; il y consigne également les poids de tous les métaux fournis ou façonnés.

Il inscrit également sur le carnet, par ordre chronologique, et en rappelant leurs numéros, l'intitulé sommaire de chacune des annexes, de telle sorte que tous les faits de dépense soient constatés sur les carnets et qu'aucun mémoire ne puisse être produit sans que la nature des faits de dépense qui y figurent se retrouve sur le carnet.

Tous les relevés, croquis, pesées ou constats doivent être écrits ou dessinés à l'encre sans grattages; ils doivent, en outre, être datés et parafés par le titulaire du carnet, reconnus exacts et signés par l'entrepreneur ou son représentant. Toutes les surcharges doivent être parafées par les deux parties.

Les constats, quels qu'ils soient, n'établissent aucun droit pour l'entrepreneur; ils sont destinés à éclairer l'Administration sur les prétentions qui peuvent se produire lors du règlement des dépenses : l'agent chargé du carnet ne doit donc jamais refuser d'y mentionner aucun travail dont l'entrepreneur réclame l'inscription comme exécuté dans les conditions exceptionnelles. Les dépenses qui figurent au carnet ne sont portées au décompte qu'autant qu'elles sont admises par l'Administration.

Les détails, comme dimensions métriques, croquis, analyse sommaire des travaux exécutés, doivent être portés sur la page de droite du carnet; celle de gauche ne devant contenir que la désignation succincte et le résumé en quantité des ouvrages. Lorsque les dessins seront de trop grande dimension pour être portés sur les carnets, ils formeront des feuilles séparées rattachées au carnet par un numéro d'ordre.

Le carnet est remis au vérificateur pour la vérification des annexes présentées par les entrepreneurs. En conséquence, pour éviter toute interruption dans les constatations des travaux, l'agent chargé du relevé des attachements tiendra concurremment deux carnets, l'un portant une série de numéros pairs, l'autre une série de numéros impairs.

Le vérificateur accolade et parafe à l'encre rouge, sur le carnet, chacun des articles par lui relevés, en indiquant, dans la colonne ad hoc, le numéro de l'annexe correspondante.

Les carnets doivent être visés une fois par mois, au moins, par l'Architecte, qui les délivre aux agents après en avoir parafé les feuillets par premier et dernier.

L'Architecte doit s'assurer que rien n'est oublié sur le carnet, et refusera de laisser porter dans les mémoires des entrepreneurs aucun fait de dépense qui ne figurerait pas sur les carnets. L'Architecte est personnellement responsable des erreurs ou des oublis qu'il laisserait commettre en n'exerçant pas très rigoureusement la surveillance qui lui est imposée par les règlements. La bonne tenue des carnets et l'application des règles prescrites doivent éviter la présentation de mémoires comprenant des travaux non exécutés ou dont les quantités sont exagérées.

Les annexes sont des mémoires partiels que produisent les entrepreneurs suivant les règles prescrites par l'Administration et qui servent, d'une part, à établir la situation des dépenses faites pour la délivrance des acomptes, d'autre part, à dresser les décomptes des travaux pour la liquidation définitive des sommes dues aux entrepreneurs.

Les annexes, rédigées en simple expédition, datées et signées par l'entrepreneur, sont présentées sur papier libre; elles doivent porter, avec la plus grande exactitude, les numéros des ordres de service correspondants. Elles sont divisées en deux parties : la première contenant le métré et le détail par article des ouvrages exécutés ou des fournitures faites; la deuxième comprenant le résumé par nature des travaux correspondant au même prix. Ces annexes sont accompagnées, chacune, d'un tableau de classement contenant les éléments du résumé des quantités de même nature, tableau qui doit être conforme au modèle fixé par l'Administration.

Les annexes doivent rappeler, avec les numéros des pages et des inscriptions, les travaux qui ont été inscrits sur les carnets.

L'inspecteur veille à ce que les annexes soient remises au bureau de l'architecte à l'époque indiquée par les ordres de service : il inscrit leur date de réception sur les souches du livre des ordres de service. Il en contrôle avec soin le contenu, pour s'assurer que, dans la nature et l'importance des travaux exécutés, on a strictement observé les prescriptions de l'ordre de service correspondant; il indique en marge ses observations sur l'exécution, s'il y a lieu.

Il vérifiera la concordance des articles portés sur les annexes, et relevés sur les carnets, et il barrera, par un trait rouge, les articles des carnets rapportés sur les annexes.

Ce contrôle terminé, il date et signe la formule de visa disposée à cet effet, en ayant soin de mentionner exactement les numéros des ordres de service auxquels les annexes sont relatives; ensuite, il remet immédiatement les annexes au vérificateur pour opérer le règlement.

S'il y a, dans les annexes, un défaut de concordance avec les prescriptions des ordres de service et avec les inscriptions des carnets, l'inspecteur devra, avant de faire procéder à la vérification, appeler l'entrepreneur à fin d'explication, et, en cas de difficulté, en référer sur-le-champ à l'Architecte.

Le vérificateur doit, dès qu'il a reçu une annexe, en inscrire le montant en demande au sommier et au dossier d'annexes, où elle sera ultérieurement classée.

Il la vérifie, tant sur place que sur attachement, et, après avoir indiqué à l'encre rouge, suivant l'usage, le règlement qu'il propose, l'avoir datée et signée, la remet à l'Architecte, qui, s'il y a lieu, revêt de sa signature le visa approbatif du règlement. L'annexe, visée par l'Architecte, sera ensuite transmise au bureau de la comptabilité des travaux pour revision. Les modifications à faire dans l'application des prix signalées par ce bureau seront toujours soumises à l'Architecte pour examen. Après revision, l'Architecte en donne communication à l'entrepreneur, qui accepte le règlement, en apposant sa signature au-dessous de la formule de visa préparée à cet effet, ou, dans le cas contraire, présente sa réclamation dans la forme usitée et dans les délais fixés par les cahiers des charges.

Les numéros des ordres de service doivent être rappelés avec soin sur chacune des annexes correspondantes.

Les décomptes sont établis par les vérificateurs à l'aide des annexes qu'ils ont vérifiées et réglées; ils sont de deux espèces : les uns sont partiels, les autres, définitifs ou de solde.

Les décomptes partiels s'appliquent aux opérations d'une certaine durée, et permettent de liquider tout ou partie des dépenses, au fur et à mesure de l'avancement des travaux.

Les décomptes définitifs sont établis en fin d'opération, de manière à en permettre la liquidation complète.

Les décomptes, quels qu'ils soient, sont les résumés des annexes revisées relatives à un même travail.

Une expédition de chaque décompte sera classée au dossier d'annexes et de décomptes de l'entreprise; deux autres expéditions, dont une timbrée, seront transmises au bureau de la comptabilité des travaux, pour être jointes à la proposition de solde. L'Architecte joindra à l'appui un procès-verbal de réception définitive en double expédition, dont une timbrée.

Les décomptes ne doivent contenir aucun grattage; si des surcharges ou rectifications d'écriture sont nécessaires, elles feront l'objet de renvois à l'encre rouge, approuvés et signés par l'Architecte.

Les décomptes se diviseront, s'il y a lieu, en plusieurs parties : l'une comprenant tous les travaux exécutés en vertu de l'adjudication et soumis à l'application du rabais; l'autre, les fournitures qui lui auront été demandées, et qui ne sont pas susceptibles d'être frappées de rabais.

Si des retenues sont à exercer en vertu des cahiers des charges, elles formeront une troisième partie, dont le montant viendra en déduction du total des deux autres.

Les décomptes partiels ou de solde seront dûment acceptés par les entrepreneurs, et ne pourront ultérieurement donner lieu, de leur part, à aucune réclamation.

Les annexes et les décomptes sont classés par le vérificateur, au bureau de l'Architecte, dans les chemises spéciales intitulées : *Dossier d'annexes et de décomptes*. Chacun de ces dossiers se rapporte à un entrepreneur et renfermera, en ce qui le concerne, toutes les pièces de dépense, relatives à un même crédit.

Le vérificateur inscrit au dossier des annexes et décomptes le chiffre des annexes en demande dès que les entrepreneurs les remettront, le montant des chiffres fournis par la vérification, et, enfin, le règlement définitif dès qu'il sera connu.

Le sommier est le livre de comptabilité de l'Architecte; il est tenu par le vérificateur.

Les faits de dépenses mentionnés dans les carnets d'attachements et les annexes au fur et à mesure de l'avancement des travaux y sont inscrits suivant un classement méthodique par crédit, par opération, et par nom d'entrepreneur.

Les mentions sont faites en rappelant les numéros des pages et des inscriptions sur les carnets, et l'on inscrit, sur les carnets, à l'encre rouge, l'indication de la transcription sur le sommier, avec le numéro de cette inscription, de manière qu'en feuilletant le carnet ou le sommier, on puisse retrouver immédiatement les articles correspondants.

Le sommier se divise en deux parties : la première est affectée à la nomenclature des crédits ou portions de crédits mis à la disposition de l'Architecte pour le paiement des dépenses autorisées; la seconde est formée des comptes ouverts par crédit aux divers entrepreneurs de travaux.

Les noms des entrepreneurs, les rabais d'adjudication, les dates des marchés doivent être écrits avec une grande exactitude. C'est après avoir porté toutes les indications qu'on passera à l'enregistrement des chiffres de dépenses. Les inscriptions doivent avoir lieu exactement au fur et à mesure de la production des pièces de comptabilité et de la connaissance des chiffres que fournissent les règlements successifs des dépenses.

Les acomptes ou soldes proposés doivent être mentionnés dès que la situation provisoire de l'entrepreneur a été produite par l'Architecte, et la date d'émission des certificats, dès que le bordereau mensuel des certificats délivrés est transmis à l'Architecte par la comptabilité des travaux.

Le sommier s'applique à tous les travaux; il contient toutes les dépenses imputables sur un même exercice, et, par conséquent, est renouvelé chaque année. Il ne doit renfermer ni grattage ni surcharge; toute modification doit faire l'objet d'un renvoi signé et approuvé dans la colonne d'observations.

Les états sommaires établis par les vérificateurs présentent la situation des dépenses faites à la fin de chaque mois.

Ces états contiennent les indications caractéristiques des travaux exécutés, telles que : nature des ouvrages, emplacement d'exécution, date des autorisations, noms des entrepreneurs, montant des dépenses autorisées et la constatation des dépenses faites. Les articles de dépenses y doivent être inscrits dans l'ordre numérique des crédits budgétaires.

Les chiffres de dépenses doivent se renfermer strictement dans la limite des sommes autorisées.

Les états sommaires, après avoir été vérifiés par l'Architecte, doivent être adressés au bureau de la comptabilité des travaux, au plus tard le 9 de chaque mois.

Les opérations dont toutes les dépenses ne sont pas liquidées d'une manière complète doivent figurer dans les états sommaires.

Lorsqu'il y a lieu de délivrer un acompte à un entrepreneur, l'Architecte présente une situation des dépenses faites depuis le commencement de l'entreprise; cette situation indique :

1° Le montant des dépenses portées sur la dernière situation dressée (*Travaux non terminés et approvisionnements exceptés*);

2° Les travaux exécutés depuis la dernière situation provisoire avec les quantités et les dépenses (*Travaux terminés, non terminés et approvisionnements*);

3° Le détail des fournitures faites par l'entrepreneur, depuis la dernière situation, avec les dépenses qui en résultent. Elle contient, en outre, un tableau comparatif des dépenses et des certificats de payement précédemment délivrés.

Pour les fournitures et travaux à exécuter par voie de régie, conformément à l'article 15 du règlement sur la comptabilité de l'Exposition, la constatation devra être faite immédiatement sur les carnets d'attachements. Ces dépenses seront décomptées toutes les fois qu'il y aura lieu à paiement, et, en général, à la fin de chaque mois, par le vérificateur, sur des formules de mémoires; l'Architecte les signera, après vérification, et en adressera trois expéditions, dont une timbrée, au bureau de la comptabilité des travaux, après inscription au carnet et au sommier, sur un compte spécial de régie.

Les dépenses désignées ci-dessus et dont le montant n'excède pas *dix francs* devront figurer sur des quittances exemptes du timbre.

Les travaux à exécuter à la tâche par un ouvrier seul, ou avec un aide, seront présentés sur des états à la tâche. Ces états sont exempts du timbre. Ils figureront aux carnets et au sommier.

Les journées de surveillants et d'ouvriers seront constatées sur des feuilles spéciales, arrêtées à la fin du mois ou plus fréquemment s'il est nécessaire; les résultats de ces feuilles seront inscrits immédiatement sur les carnets d'attachements et sur les sommiers.

Les salaires des surveillants et ouvriers employés à titre permanent seront décomptés sur des états mensuels émargés d'avance par les intéressés. Ces états devront être adressés au bureau de la comptabilité le 15 de chaque mois, au plus tard, après inscription comme ci-dessus.

Les ouvriers non compris sur les états de salaires mensuels, et ce qu'il y a lieu de payer d'urgence, seront portés sur des rôles de régie. Le montant en sera payé par le régisseur-comptable, qui comprendra ces rôles dans ses bordereaux justificatifs d'avances.

Paris, le 11 février 1887.

Vu et approuvé :

Le Directeur général des travaux,

ALPHAND.

Annexe VI

LOCATION DU MATÉRIEL DES VOIES FERRÉES

MARCHÉ

Entre les soussignés :

M. ALPHAND, Directeur général des Travaux de l'Exposition de 1889, d'une part,

Et M. CLERC, Ingénieur en chef des Ponts et Chaussées, Directeur des Travaux du Chemin de fer de l'Ouest, agissant au nom de cette Compagnie en vertu d'une délibération du Conseil d'administration en date du 11 novembre 1886, d'autre part,

Il a été convenu ce qui suit, sous la réserve expresse de l'approbation de M. le Ministre du Commerce et de l'Industrie, Commissaire général de l'Exposition :

ARTICLE PREMIER. *Objet du marché.* — La Compagnie s'engage à fournir, en location, le matériel nécessaire pour les voies ferrées à établir dans l'enceinte de l'Exposition, et à fournir à titre définitif, à la demande des ingénieurs, les matières ou appareils se rapportant à la construction des voies ferrées dont il est parlé ci-après.

Le réseau des voies ferrées de l'Exposition comprendra environ 7 200 mètres de voie, 49 plaques tournantes et 4 changements de voie.

ART. 2. *Durée de la location.* — La livraison des matériaux commencera aussitôt que le service de l'Exposition en fera la demande, et elle continuera au fur et à mesure des besoins du service, sous la réserve, en ce qui concerne les plaques tournantes, des ressources de la Compagnie.

La livraison sera faite à la gare du Champ de Mars, sur wagons.

La durée de la location est fixée à quatre ans.

A l'expiration de la location, les matériaux seront rendus à la Compagnie, en dépôt, soit dans l'enceinte de l'Exposition, soit dans la gare du Champ de Mars, mais, dans tous les cas, à proximité des voies sur lesquelles les wagons pourront arriver, de façon que la Compagnie, qui devra procéder, à ses frais, au chargement et à l'enlèvement, n'ait ni cultinage, ni transport en voiture à effectuer.

L'enlèvement devra être terminé deux mois après que la Compagnie aura été invitée à y procéder.

Art. 3. *Prix des fournitures en location.* — Les prix alloués à la Compagnie pour la location des différentes matières sont les suivants :

1° Rails, éclisses et coussinets, en matériaux ayant déjà servi, tirefonds et boulons en matériaux neufs, pour un mètre courant de voie simple :   fr.

Deux francs cinquante centimes.   2,50

La longueur de la voie sera calculée d'après la somme des longueurs des rails livrés, en divisant cette somme par deux.

Pour chaque rail livré avec une longueur déterminée et inférieure à 5 mètres, il sera payé, pour frais de coupe, en sus du prix ci-dessus une plus-value de un franc.   1,00

Les rails Brunel ou Vignoles qui pourraient être demandés seront assimilés aux rails ordinaires.

2° Plaques tournantes de 4ᵐ,50 de diamètre avec plancher en bois :

Huit cent cinquante francs.   850,00

3° Plaques tournantes de 5ᵐ,25 de diamètre avec plancher en bois :

Quatorze cents francs. 1.400,00

4° Changement à deux voies, composé du changement proprement dit et d'un croisement de 5°,30 ou de 7°,30, y compris les bois du châssis du changement et du croisement, le tout monté et assemblé, mais non posé :

Six cents francs.   600,00

Art. 4. *Prix de fournitures définitives.* — Outre les matières ci-dessus fournies en location, la Compagnie vendra à l'Exposition les coins en bois au prix de :

Douze centimes la pièce   0,12

Les gabarits de sabotage réglés pour 1ᵐ,450, au prix de :

Cinquante francs la pièce.   50,00

Les jauges de vérification, au prix de :

Dix francs la pièce.   10,00

Les presses à courber les rails, au prix de :

Soixante-cinq francs la pièce   65,00

Les objets analogues nécessaires à la construction, ou les croisements dont les angles seraient différents de 5°,30 ou de 7°,30 seront également acquis définitivement par l'Exposition, et payés sur facture, présentées par la Compagnie.

Art. 5. *Prix des transports.* — En sus des prix fixés ci-dessus, il sera payé à la Compagnie, pour toutes les matières livrées, un prix de trois francs (3 francs) par tonne; ce prix comprenant le chargement sur wagons, le transport à la gare du Champ de Mars, la location des wagons pendant le temps nécessaire pour conduire et décharger les matériaux à pied d'œuvre, et enfin tous les frais de chargement et d'enlèvement des matières rendues à la Compagnie dans les dépôts de l'Exposition à l'expiration du temps de la location.

Art. 6. *Prix d'acquisition des matières fournies en location.* — Les matières qui seraient perdues, brisées ou hors d'usage, ou qui seraient conservées par l'Exposition, seraient payées intégralement à la Compagnie aux prix suivants, représentant la valeur du matériel au moment de la livraison.

	fr.
Rails et coussinets-éclisses, le kilogramme : dix centimes . .	0,10
Coussinets en fonte, le kilogramme : sept centimes et demi .	0,075
Coussinets doubles pour passage à niveau, le kilogramme : douze centimes.	0,12
Plaques tournantes de 4ᵐ,50, la pièce : deux mille deux cents francs	2 200,00
Plaques tournantes de 5ᵐ,25, la pièce : trois mille six cents francs	3 600,00

Changement à 2 voies :

Changement proprement dit :

Sept cents francs. . . . . 700,00 } 1 300,00
Un croisement : Six cents francs. . . . . . 600,00 }

Ces prix seront toutefois diminués du montant de la location déjà due, sous déduction d'une somme calculée à raison de six pour cent (6 p. 100) par an à partir de l'origine de la location.

Art. 7. *Reprise des matériaux hors d'usage.* — La Compagnie devra reprendre, comme vieilles matières, aux prix fixés ci-après, les matériaux ou appareils brisés ou hors d'usage que l'Exposition aura dû acquérir en vertu de l'article précédent :

Rails en fer et fers de toute espèce, le kilogramme : six centimes	0,06
Coussinets en fonte et fontes diverses, le kilogramme : cinq centimes et demi	0,055
Rails en acier et aciers de toute espèce, le kilogramme : cinq centimes.	0,05

Seront considérés comme matériaux hors d'usage, et repris aux prix fixés ci-dessus, tous les matériaux en fer, fonte ou acier spécifiés à l'article 4 qui auront été livrés par la Compagnie et tous les rails qui seront rendus courbés ou coupés au-dessous des dimensions livrées par la Compagnie.

Art. 8. *Prolongation de la location.* — L'Administration pourra prolonger la durée de la location au delà de la date fixée à l'article 2 du présent marché, en payant à la Compagnie, pour chaque mois de prolongation, un quarantième $\left(\frac{1}{40}\right)$ du prix de la location des matières livrées.

Art. 9. *Paiements.* — Le paiement du prix de la location sera fait :

Un quart $\left(\frac{1}{4}\right)$ dans le mois qui suivra la livraison ;

Un quart $\left(\frac{1}{4}\right)$ un an après ;

Un quart $\left(\frac{1}{4}\right)$ deux ans après,

Et le dernier quart $\left(\frac{1}{4}\right)$ dans le mois qui suivra l'enlèvement, en comprenant dans ce paiement, s'il y a lieu, la dépense de la location supplémentaire.

Les matières vendues par la Compagnie seront payées dans le mois qui suivra la livraison ou la notification de l'acquisition définitive.

Fait double, à Paris, le 17 novembre 1886.

<table>
<tr><td>Présenté par
l'Ingénieur en chef de l'entretien et de
la surveillance de la Cie de l'Ouest,</td><td>Présenté par
l'Ingénieur en chef du Contrôle
des Constructions métalliques,</td></tr>
<tr><td>*Signé :* MORLIÈRE.</td><td>*Signé :* CONTAMIN.</td></tr>
<tr><td>Approuvé l'écriture ci-dessus :
Le Directeur des Travaux
de la Cie de l'Ouest,</td><td>Approuvé l'écriture ci-dessus :
Le Directeur général des travaux
de l'Exposition.</td></tr>
<tr><td>*Signé :* CLERC.</td><td>*Signé :* ALPHAND.</td></tr>
</table>

Vu et approuvé :
Le Ministre du Commerce et
de l'Industrie, Commissaire général,

Signé : LOCKROY.

3 fr. 75   Enregistré à Paris,
Bureau des actes administratifs,
le 18 novembre 1886, f° 6, n° 1,
Reçu trois francs ; décimes, soixante-quinze centimes.

Signé : GOURMAUX.

Annexe VII

CONVENTION

Entre M. Alphand, Directeur général des Travaux de l'Exposition universelle de 1889 et la Compagnie des Chemins de fer de l'Ouest, pour l'entretien et l'exploitation des voies situées à l'intérieur du palais en construction du Champ de Mars.

Entre les soussignés :

M. ALPHAND, Directeur général des Travaux de l'Exposition universelle de 1889, d'une part,

Et M. MARIN, Directeur de la Compagnie des Chemins de fer de l'Ouest, agissant pour le compte de ladite Compagnie, sous réserve d'approbation par le Conseil d'administration, d'autre part,

A été fait et convenu ce qui suit :

M. Alphand expose que le service de l'Exposition universelle a fait établir à ses frais dans l'intérieur du palais de l'Exposition un réseau de voies reliées dans les conditions indiquées par le plan ci-joint, avec celles de la gare du Champ de Mars. Ces voies peuvent être utilisées dès maintenant pour le transport et la conduite des wagons complets, chargés de matériaux pour la construction du palais.

M. Alphand demande qu'en attendant l'époque à laquelle ces mêmes voies serviront à amener les produits destinés à l'Exposition, la Compagnie de l'Ouest veuille bien se charger de leur exploitation.

La Compagnie des Chemins de fer de l'Ouest accepte aux conditions suivantes :

ARTICLE PREMIER. *Entretien des voies.* — Le service de l'Exposition universelle assurera par lui-même et à ses frais tous les travaux d'entretien de l'embranchement en dehors des clôtures du chemin de fer.

La Compagnie de l'Ouest aura droit de contrôle sur l'entretien de cette partie de l'embranchement, dont le bon état est d'un grand intérêt pour le matériel roulant qui doit y circuler. La Compagnie se chargera de la visite et du graissage des aiguilles.

ART. 2. — La Compagnie de l'Ouest se charge de conduire dans l'intérieur du palais sur la voie A B et jusqu'aux abords des plaques donnant accès sur les voies transversales, les wagons chargés de matériaux de construction, lorsque les destinataires lui en feront la demande.

Les wagons seront remis sur ce point aux intéressés, qui en donneront décharge à la Compagnie.

Les manœuvres pour la conduite des wagons jusqu'au point le plus rapproché où les matériaux doivent être déchargés seront assurées par les destinataires, sous la direction et la surveillance des agents de la Compagnie, qui fixeront les heures auxquelles ces manœuvres pourront avoir lieu.

Les wagons après leur déchargement seront ramenés dans les mêmes conditions par les soins des destinataires sur la voie C D, où ils seront repris par les machines de la Compagnie.

Un délai de 24 heures (non compris les dimanches et fêtes) est accordé pour les opérations de déchargement : passé ce délai, la Compagnie percevra les frais de stationnement prévus par les arrêtés ministériels en vigueur.

Toutes les avaries au matériel où à ses agrès, de même que tous les accidents qui seraient du fait du personnel des destinataires, resteront à la charge de ces derniers.

Art. 3. — Pour la conduite des wagons et toutes les opérations effectuées à l'intérieur du palais, la Compagnie des chemins de fer de l'Ouest percevra une taxe de un franc (1 franc) par tonne de marchandise.

Art. 4. — Le service des travaux de l'Exposition devra, au préalable, faire accepter par les destinataires toutes les dispositions prévues par la présente convention.

Art. 5. — Lorsque l'arrivée des matériaux sera terminée, une nouvelle convention interviendra pour régler les dispositions à appliquer pendant la période d'arrivée des produits destinés à l'Exposition.

Fait double à Paris, le quinze novembre mil huit cent quatre-vingt-sept.

Accepté sous la réserve mentionnée dans ma lettre du 21 octobre 1887

Le Directeur des Travaux de l'Exposition universelle,

Signé : ALPHAND.

Le Directeur de la Compagnie des chemins de fer de l'Ouest,

Signé : MARIN.

Enregistré à Paris, bureau des actes administratifs, le vingt-six novembre 1887, fol. 29 v° 2 ; reçu trois francs 75, 2 décimes compris.

Par Duplicata :

Signé : GOURMAUX.

TABLE DES MATIÈRES

TOME PREMIER

PREMIÈRE PARTIE

PÉRIODE D'ORGANISATION

DEUXIÈME PARTIE

PÉRIODE D'EXÉCUTION

TOME SECOND

TROISIÈME PARTIE

PÉRIODE DE LIQUIDATION

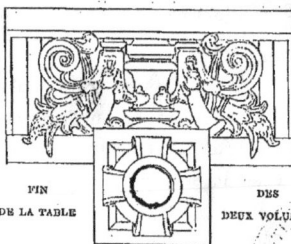

FIN
DE LA TABLE
DES
DEUX VOLUMES

Paris. — Typ. Chamerot et Renouard, 19, rue des Saints-Pères. — 28939.

Les Méthodes d'Essai des Matériaux de Construction. — Rapport de la Commission d'unification des Méthodes d'Essai, instituée au Ministère des Travaux publics sous la présidence de M. ALFRED PICARD. — 4 volumes in-folio avec 62 planches dont 3 doubles, et nombreuses figures dans le texte. Prix . . . . **50 fr.**

L'Exposition universelle internationale de 1889, à Paris. — Rapport général, publié sous les auspices du Ministre du Commerce et de l'Industrie, par M. ALFRED PICARD, inspecteur général des Ponts et Chaussées, Président de section au Conseil d'État. — 10 volumes grand in-8 avec 105 planches sur cuivre et 4 plans. Prix de l'ouvrage complet . . . . **125 fr.**

Les Expositions de l'État à l'Exposition universelle de 1889, comprenant les Ministères du Commerce, de l'Industrie et des Colonies (Postes et Télégraphes), des Affaires étrangères (les Protectorats), — de la Justice et des Cultes (Grande Chancellerie de la Légion d'honneur et l'Imprimerie nationale), — de l'Intérieur (Administration pénitentiaire), — de la Marine, — de l'Instruction publique et des Beaux-Arts, — des Travaux publics, — de l'Agriculture (les Forêts). — La Ville de Paris. — L'Algérie. — Les États-Unis. — Les Pavillons américains, — Exposition rétrospective du travail et des sciences anthropologiques. Économie sociale, etc., etc. 2 volumes in-folio de 700 pages, sur deux colonnes, reliés en un seul volume, tranches en rouge, avec 4 plans de l'Exposition. Prix . . . . **16 fr.**

L'Exposition universelle, par HENRI DE PARVILLE, rédacteur scientifique du JOURNAL OFFICIEL et des DÉBATS. Préface par A. ALPHAND, directeur général des Travaux, inspecteur général des Ponts et Chaussées. — 5e édition. — Ouvrage de luxe orné d'environ 700 gravures. Prix. . . . . **7 fr. 50**

Les Promenades de Paris. — Histoire, description des embellissements, dépenses de création et d'entretien des Bois de Boulogne et de Vincennes, des Champs-Élysées, parcs, squares, boulevards et des promenades intérieures de la Ville de Paris, par A. ALPHAND, inspecteur général des Ponts et Chaussées, directeur des travaux de la Ville de Paris. — Ouvrage formant deux volumes in-folio, illustrés de 80 gravures sur acier, de 23 chromolithographies et de 487 gravures sur bois. Prix : **500 fr.;** relié en demi-maroquin avec les armes de la Ville. Prix . . . . **600 fr.**

L'Art des Jardins, par A. ALPHAND, directeur général des Travaux de la Ville de Paris. — Étude historique, composition de Jardins, plantations, décoration artistique des Parcs et des Jardins publics. Traité pratique et didactique. — 3e édition. Ouvrage de luxe in-4, avec 512 illustrations représentant des plans, kiosques, ponts, tracés, détails d'architecture pittoresque et flore ornementale. — Prix . **20 fr.;** — en reliure de luxe, 25 fr.; — relié à coins, 30 fr.; — sur Hollande, 30 fr.; — sur Japon. . . . . **40 fr.**

Arboretum et Fleuriste de la Ville de Paris. — Description, culture et usages de tous les arbres, arbrisseaux et des plantes herbacées et frutescentes de plein air, de serre, employées dans l'ornementation des Parcs et des Jardins, par A. ALPHAND, directeur des travaux de la Ville de Paris. Un vol. grand in-folio. . . . . **50 fr.**

L'Alimentation du Canal de la Marne au Rhin, et du Canal de l'Est, par ALFRED PICARD. — Cet ouvrage traite des travaux exécutés depuis 1870 pour l'alimentation commune à ces deux voies navigables et pour l'alimentation spéciale à la première. — Machines élévatoires hydrauliques et à vapeur, réservoirs, rigoles. — Description et indications détaillées sur les dépenses de construction, d'entretien et d'exploitation. Un volume de texte in-8, accompagné d'un atlas de 25 planches in-folio. Prix . . . . **60 fr.**

Les Chemins de Fer français. — Étude historique sur la constitution et le régime du réseau, débats parlementaires, actes législatifs, règlements administratifs, etc., par ALFRED PICARD, président au Conseil d'État, ancien directeur général au Ministère des Travaux publics. 6 volumes in-8, 5 000 pages de texte, dont 500 pages de tableaux statistiques, imprimées sur papier teinté, avec 3 cartes de la France et de l'Algérie, en chromo . . **110 fr.** Les 6 volumes reliés toile. . . . . **125 fr.**

Traité des Chemins de Fer. — Économie politique, Commerce, Finances, Administration, Droit, Études comparées sur les chemins étrangers, par ALFRED PICARD, président au Conseil d'État, ancien directeur général au Ministère des Travaux publics.

4 forts volumes grand in-8, d'environ 3 500 pages, impression très compacte. L'ouvrage est complètement épuisé et très rare.

Exploitation commerciale des chemins de fer. Transport des voyageurs et des marchandises; régime des embranchements; obligations des concessionnaires pour les services publics; recettes de l'exploitation, par ALFRED PICARD, président au Conseil d'État, inspecteur général des Ponts et Chaussées. Un fort volume grand in-8, 1 164 pages avec une Table alphabétique des matières, en 48 pages. Relié ou demi-chagrin. Prix . . . . . **40 fr.**

Traité des Eaux. — Droit et administration, par ALFRED PICARD, inspecteur général des Ponts et Chaussées, président de section au Conseil d'État 5 volumes grand in-8, environ 3 000 pages. Prix. **75 fr.** Le 4e volume, contenant les irrigations, desséchement, l'alimentation des Communes, l'assainissement des villes, est par C. COLSON, ingénieur en chef des Ponts et Chaussées, directeur des Chemins de fer.

Les Travaux publics de l'Amérique du Nord. — Ponts et viaducs, Chemins de fer, Navigation intérieure, Ports de mer, Travaux des villes, etc., aux États-Unis et au Canada. — Ouvrage publié à la suite d'une Mission du Ministère des Travaux publics, par L. LE ROND, ingénieur des Ponts et Chaussées. — Avec une Introduction, par G. BOUSCAREN, ingénieur conseil à Cincinnati. Ouvrage in-folio avec 100 planches et un volume de texte, orné de nombreuses vignettes (sous presse).

Les Phares. — Histoire, construction, éclairage, tours et édifices des phares; intensité lumineuse des appareils, transparence de l'atmosphère et portée des phares, applications de l'électricité à l'éclairage des phares, balisages et signaux sonores, calculs, tableaux statistiques, etc., par E. ALLARD, inspecteur général des Ponts et Chaussées, directeur du service central des Phares. Ouvrage de 540 pages orné de 226 figures, et 36 planches et cartes. In-folio. Prix. . . . . **100 fr.**

Transports et Tarifs. — Précis du Régime des Routes et Chemins. — Canaux et Rivières. — Ports de mer. — Chemins de fer. — Lois économiques de la détermination des prix de transports; prix de revient. — Statistique du trafic. — Tarifs de Chemins de fer français. Comparaison avec les principaux pays étrangers, par C. COLSON, directeur des chemins de fer, ingénieur en chef des Ponts et Chaussées, maître de requêtes au Conseil d'État. Un volume in-8, 484 pages, avec planches. Prix . . . . **7 fr. 50**

Les Travaux Publics et les Mines dans les traditions et les superstitions de tous les Pays. — Routes — Ponts — Chemins de fer — Digues — Canaux — Hydraulique — Ports de Mer — Phares — Mines, par PAUL SÉBILLOT (Ancien chef du cabinet, du Personnel et du Secrétariat au Ministère des Travaux Publics). Un volume grand in-8, 630 pages avec 8 Planches de Médailles et 428 illustrations dans le texte. Prix. . . . . **40 fr.**

Le Gouvernement et le Parlement britannique, par le comte DE FRANQUEVILLE, membre de l'Institut, ancien maître des requêtes au Conseil d'État. — Tome Ier. Le Gouvernement. — Tome II. La Constitution du Parlement. — Tome III. La Procédure parlementaire. — Publication en 3 volumes grand in-8, formant 1 708 pages. Prix de l'ouvrage complet . . . . **30 fr.**

Le Système judiciaire de la Grande-Bretagne. Tome Ier. Organisation judiciaire. — Tome II. La procédure civile et criminelle, par le comte DE FRANQUEVILLE, membre de l'Institut, ancien avocat à la Cour d'appel de Paris. 2 volumes in-8, d'environ 1 100 pages. Prix . . . . **30 fr.**

Les Ministres dans les principaux pays d'Europe et d'Amérique, leur action dans la législation et dans l'administration, par L. DUPRIEZ, avocat à la Cour d'appel de Bruxelles, professeur à l'Université de Louvain. Tome Ier. **Les Monarchies** constitutionnelles, précédé d'une Introduction par le comte DE FRANQUEVILLE, membre de l'Institut. — Tome II. **Les Républiques.** Deux volumes de 1 100 pages in-8. Prix. . . . . **20 fr.**

Le Premier Siècle de l'Institut de France (25 octobre 1795 au 25 octobre 1895). — Histoire, organisation, Personnel; notices biographiques et bibliographiques sur les académiciens titulaires, les membres libres, les Associés étrangers et les correspondants; listes chronologiques des fauteuils des cinq Académies, par le comte DE FRANQUEVILLE (Membre de l'Institut), 2 volumes in-4 avec Médailles et illustrations (sous presse).